2.4 任务3 猫头鹰

3.3 任务5 可怜的地鼠

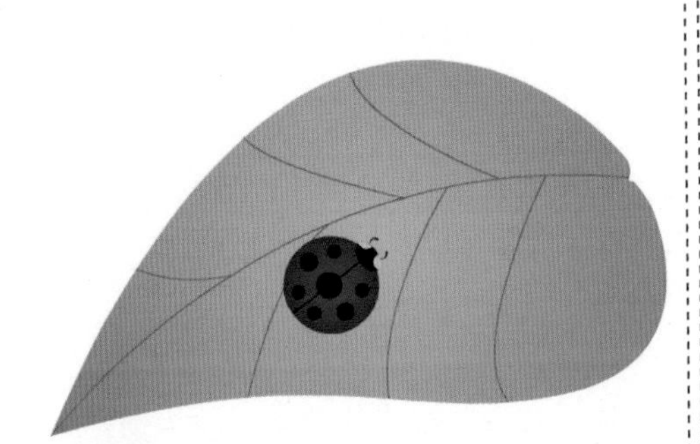

4.3 任务8 七星瓢虫

5.2 任务10 促销广告动画

游武夷

少读封禅书，始知武夷君。
晚乃游斯山，秀杰非昔闻。
三十六奇峰，秋晴无纤云。
空岩鸡晨号，峭壁丹夜瞰。

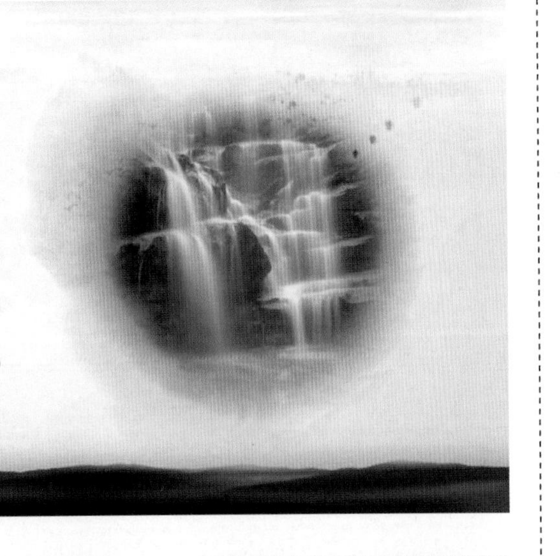

游武夷

游武夷

少读封禅书，始知武夷君。
晚乃游斯山，秀杰非昔闻。
三十六奇峰，秋晴无纤云。
空岩鸡晨号，峭壁丹夜瞰。

5.3 任务11 动感水墨画

6.2 任务12 MV动画

6.3 任务13 动态广告

7.2 任务14 天气预报动画

7.3 任务15 按钮控制动画播放

教材+教案+授课资源+考试系统+题库+教学辅助案例

一站式IT系列就业应用课程

# Flash CC动画制作任务教程

黑马程序员　编著

中国铁道出版社有限公司
CHINA RAILWAY PUBLISHING HOUSE CO., LTD.

## 内 容 简 介

本书通过实际的任务让学生掌握相关知识点。在内容编排上，以任务的内容为主线，结合任务的描述和分析，让读者更好地体验到设计思路、技巧和理念。

全书共分为8章，提供了15个精选任务和一个综合项目，其中第1章介绍了Flash的基础知识；第2章～第8章通过精彩的任务演示了Flash工具的操作技巧和不同的动画类型，涉及“逐帧动画”“形状补间动画”“传统补间动画”“遮罩动画”“引导层动画”等。

本书附有配套视频、素材、教学课件等资源。为了帮助初学者更好地学习本书内容，还提供了在线答疑，希望得到更多读者的关注。

本书适合作为高等院校本、专科相关专业的平面设计课程的教材，也可作为Flash的培训教材，适合网页制作、美工设计、广告宣传、多媒体制作、视频合成、三维动画辅助制作等行业人员阅读。

**图书在版编目（CIP）数据**

Flash CC动画制作任务教程／黑马程序员编著．—北京：中国铁道出版社，2017.8（2022.1重印）
国家信息技术紧缺人才培养工程指定教材
ISBN 978-7-113-23431-7

Ⅰ．①F… Ⅱ．①黑… Ⅲ．①动画制作软件－高等学校－教材 Ⅳ．①TP391.41

中国版本图书馆CIP数据核字（2017）第191544号

**书　　名：** Flash CC动画制作任务教程
**作　　者：** 黑马程序员

**策　　划：** 秦绪好　翟玉峰　　　　**编辑部电话：**（010）83517321
**责任编辑：** 翟玉峰　包　宁
**封面设计：** 徐文海
**封面制作：** 刘　颖
**责任校对：** 张玉华
**责任印制：** 樊启鹏

**出版发行：** 中国铁道出版社有限公司（100054，北京市西城区右安门西街8号）
**网　　址：** http://www.tdpress.com/51eds/
**印　　刷：** 国铁印务有限公司
**版　　次：** 2017年8月第1版　2022年1月第5次印刷
**开　　本：** 787 mm×1 092 mm　1/16　**印张：** 14　**彩插：** 1　**字数：** 331千
**印　　数：** 12 001～14 000册
**书　　号：** ISBN 978-7-113-23431-7
**定　　价：** 49.80元

# 序

江苏传智播客教育科技股份有限公司（简称传智教育）是一家培养高精尖数字化人才的公司，公司主要培养人工智能、大数据、智能制造、软件、互联网、区块链等数字化专业人才及数据分析、网络营销、新媒体等数字化应用人才。成立以来紧随国家互联网科技战略及产业发展步伐，始终与软件、互联网、智能制造等前沿技术齐头并进，已持续向社会高科技企业输送数十万名高新技术人员，为企业数字化转型升级提供了强有力的人才支撑。

公司由一批拥有10年以上开发管理经验，且来自互联网或研究机构的IT精英组成，负责研究、开发教学模式和课程内容。公司具有完善的课程研发体系，一直走在整个行业发展的前端，在行业内竖立起了良好的品质口碑。

一、黑马程序员——高端IT教育品牌

黑马程序员的学员多为大学毕业后，想从事IT行业，但各方面条件还不成熟的年轻人。“黑马程序员”的学员筛选制度非常严格，包括了严格的技术测试、自学能力测试，还包括性格测试、压力测试、品德测试等。百里挑一的残酷筛选制度确保学员质量，并降低企业的用人风险。

自黑马程序员成立以来，教学研发团队一直致力于打造精品课程资源，不断在产、学、研3个层面创新自己的执教理念与教学方针，并集中“黑马程序员”的优势力量，有针对性地出版了计算机系列教材百余种，制作教学视频数百套，发表各类技术文章数千篇。

二、院校邦——院校服务品牌

院校邦以“协万千名校育人、助天下英才圆梦”为核心理念，立足中国职业教育改革的痛点，为高校提供健全的校企合作解决方案。主要包括：原创教材、高校教辅平台、师资培训、院校公开课、实习实训、产学合作协同育人、专业建设、传智杯大赛等，每种方式已形成稳固的系统的高校合作模式，旨在深化教学改革，实现高校人才培养与企业发展的合作共赢。

（一）为大学生提供的配套服务

（1）请同学们登录http://stu.ityxb.com，进入“高校学习平台”，免费

# 序

获取海量学习资源，平台可以帮助高校学生解决各类学习问题。

（2）针对高校学生在学习过程中存在的压力等问题，我们面向大学生量身打造了IT学习小助手——“邦小苑”，可提供教材配套学习资源。同学们快来关注“邦小苑”微信公众号。

“邦小苑”微信公众号

（二）为教师提供的配套服务

（1）请高校老师登录http://tch.ityxb.com，进入“高校教辅平台”，院校邦为IT系列教材精心设计“教案+授课资源+考试系统+题库+教学辅助案例”系列教学资源。

（2）针对高校教师在教学过程中存在的授课压力等问题，我们专为教师打造了教学好帮手——“传智院校邦”，老师可添加“码大牛”老师微信/QQ：2011168841，或扫描右方二维码，获取最新的教学辅助资源。

“传智院校邦”微信公众号

三、意见与反馈

为了让高校教师和学生有更好的教材使用体验，如有任何关于教材信息的意见或建议欢迎您扫码进行反馈，您的意见和建议对我们十分重要。

“教材使用体验感反馈”二维码

黑马程序员

# 前 言

在今天，Flash已经逐渐被国内用户所认识和接受。作为一款优秀的动画制作软件，Flash被广泛应用于网页设计、网络动画、多媒体教学软件、游戏设计、企业介绍、产品展示等领域。Flash CC和之前的版本相比，在界面和使用功能等方面都做了很大的优化，便于用户在较短时间掌握该软件的操控方法。

**为什么要学习这本书**

Flash软件操作技能是计算机、设计、多媒体等专业学生必备的基本技能之一，但其操作又区别于传统的设计软件。为了方便初学者全面掌握Flash动画技术，并为动画师提供一本具备深度和广度的Flash技术手册，我们特别编写了本书，让读者在学习专业技能的同时，深入体会Flash CC的强大功能。

**如何使用本书**

本书针对的是零基础或者只是了解Flash的人群，以既定的编写体例（案例+任务式）规划理论知识点，通过实际任务让读者掌握Flash的知识点。在内容编排上，以任务为主线，结合任务描述和分析，让读者更好地体验到设计思路、技巧和理念。在内容选择、结构安排上处处为从业人员考虑，从而达到老师易教、学生易学的目的。

全书共分8章，结合Flash CC的基本工具和基础操作，提供了15个精选任务和1个综合项目，并且每个章节均配备相应的巩固练习，以帮助读者全面、快速吸收所学知识。各章主要内容介绍如下：

- 第1章：介绍了Flash的基础知识，包括认识Flash动画、Flash CC操作界面、文件的基本操作以及Flash中辅助操作的使用等知识；
- 第2章：介绍了逐帧动画的相关知识，主要包括逐帧动画的创建方法、形状工具组、颜色填充以及图层的基本操作等知识；
- 第3章：介绍了形状补间动画的相关知识，主要包括形状补间动画涉及的钢笔工具、画笔工具、渐变变形工具、套索工具以及对象的基本操作等知识；
- 第4章：介绍了传统补间动画的相关知识，主要包括传统补间动画涉及的创建方法、元件、库、实例以及位图的转换等知识；
- 第5章：介绍了遮罩动画的相关知识，主要包括遮罩动画的创建方法、文本的基本操作、3D旋转、3D平移等知识；

# 前 言

- 第6章：介绍了引导层动画的相关知识，主要包括引导层动画创建方法、音频的基本操作、视频的基本操作等知识；
- 第7章：介绍了ActionScript 3.0的相关知识，主要包括ActionScript 3.0基本语法、流程控制语句、影片播放控制、鼠标事件、键盘事件等知识；
- 第8章：介绍了电子相册综合项目的制作，主要包括电子相册的概念、电子相册的制作流程和优点以及实现电子相册项目的操作步骤。

全书按照Flash的动画类型进行规划，以任务案例的形式引出知识点，涉及逐帧动画、形状补间动画、传统补间动画、遮罩动画、引导层动画。读者需要多上机实践，以便掌握多种设计技巧。同时每章（除第1章）中均包含2～3个任务，教师在使用本书时，可以结合教学设计，采用任务式的教学模式，通过不同类型的任务案例，提升学生软件操作的熟练程度和对知识点的掌握与理解。

**致谢**

本书的编写和整理工作由传智播客教育科技股份有限公司完成，主要参与人员有吕春林、王哲、张鹏、李凤辉、陈亚坤、王佳等，全体人员在这近一年的编写过程中付出了很多辛勤的汗水，在此一并表示衷心的感谢。

**意见反馈**

尽管我们尽了最大的努力，但书中难免会有不妥之处，欢迎各界专家和读者来信来函给予宝贵意见，我们将不胜感激。

您在阅读本书时，如发现任何问题或有不认同之处可以通过电子邮件与我们取得联系。

请发送电子邮件至：itcast_book@vip.sina.com

黑马程序员

2017年6月

# 目 录

## 第1章 Flash CC入门

# 目录

# 目 录

# 目 录

# 目　录

# 目 录

# 第 1 章

# Flash CC入门

| 知识学习目标 | ☑ 了解Flash动画基础知识，能够掌握Flash动画的原理及特点。<br>☑ 熟悉Flash CC的操作界面，能够区分每一模块的基本用途。<br>☑ 掌握文件的操作方法，能够快速完成对文件的操作。 |
| --- | --- |

Flash是一款较为常用的多媒体矢量动画软件。作为一款创作设计类的软件，Flash囊括了新时代的一切时尚元素，是技术与艺术的完美结合，因此优秀的Flash动画设计师既要具有较高的美学修养又能熟练应用软件。本章将带领读者认识Flash动画、了解Flash软件的操作界面和文件的基本操作等基础知识，为后面的学习奠定基础。

# 1.1 认识Flash动画

在学习Flash动画设计之前，首先需要了解一些与Flash软件相关的概念，以便快速、准确地定位Flash动画所属范畴，对所学知识做到整体把控。本节将针对Flash软件的由来及动画原理、Flash动画的特点、Flash软件的应用领域等基础知识进行详细讲解。

## 1.1.1 Flash动画概述

为了帮助读者更深入地了解Flash动画，下面将具体讲解Flash软件的由来以及Flash动画的原理和分类。

1. Flash软件的由来

Flash 是一款集动画创作与应用程序开发于一身的创作软件，Flash的前身是Future Wave 公司的Future Splash，Future Splash是世界上第一个商用的二维矢量动画软件，用于设计和编辑Flash 文件。1996年11 月，Macromedia 公司收购了Future Wave，并将其改名为Flash，2007年，Adobe 公司收购了Macromedia，Flash软件继续推陈出新。

Flash CC是Flash软件的最新版本，该版本的软件界面更加简洁友好，更有利于用户在较短时间内掌握该软件的使用，本书以Flash CC版本为例，对该软件的使用及相关案例的制作方法进行详细讲解。Flash CC启动界面如图1-1所示。

图1-1　Flash CC启动界面

2. Flash动画的原理

Flash动画的产生是基于视觉暂留原理。通常人的肉眼可见的画面分为静止的画面和动态的画面，人眼的视觉暂留时间是0.04 s，因此，当连续的图像变化超过24帧/s（大于0.04 s）画面的时候，人眼便无法分辨每幅单独的静态画面，因而看上去是平滑连续的视觉效果，这种现象称为视觉暂留现象，视觉暂留是人眼的一种生理机能。在此之上，该软件通过采用交互式动画设计模式，将创作想法采用音乐、声效、动画以及富有新意的界面融合在一起，即可制作出高品质的动态效果。

3. Flash动画的分类

Flash动画主要分为逐帧动画、形状补间动画、传统补间动画、遮罩动画和引导层动画，本书针对每一种动画的概念及制作方法进行了详细介绍，希望读者在后续的学习中能够有所收获。

## 1.1.2 Flash动画的特点

Flash动画之所以被广泛应用，与其自身的特点密不可分，那么Flash动画都具有哪些特点呢?下面就来进行具体介绍。

1. 体积小效果好

由于Flash动画主要由矢量图（关于矢量图将在后续详细介绍）组成，因此使得Flash动画储存容量小、传播速度快，生成的.swf动画影片具有“流”媒体的特点，在网上可以边下载边播放，而不像GIF动画那样要把整个文件下载完了才能播放，这大大节省了用户的时间，而且在缩放播放窗口时不会影响画面的清晰度。

2. 具有良好的交互性

可以通过为Flash动画添加动作脚本使其具有交互性，从而让观众成为动画的一部分，通过点击、选择等动作决定动画的运行过程和结果，从而更好地满足观众的需求，这一点是传统动画无法比拟的。

3. 视觉效果强

Flash是目前最流行的网络多媒体动画之一，能够制作出声光效果极佳的动画，强烈的视觉冲击能够给用户留下深刻的印象，具有较好的宣传效果。

4. 制作成本低

Flash动画的制作比较简单，一个设计爱好者只要掌握一定的软件知识，拥有一台计算机，一套软件就可以制作出Flash动画，并且制作时间短，因此Flash动画更具有经济性。

## 1.1.3 Flash的应用领域

目前Flash被广泛应用于网页设计、网页广告、网络动画、多媒体教学软件、游戏设计、电子相册等领域。在互联网、电视媒体上经常可以看到用Flash软件制作的各种动画。

1. 网页设计

为达到一定的视觉冲击力，很多企业网站往往在进入主页前播放一段使用Flash软件制作的欢迎页（又称引导页）。此外，很多网站的Logo和Banner（网页横幅广告）都是Flash动画，图1-2所示为某网站的欢迎页。

图1-2 欢迎页

2. 网页广告

通常情况下，网页上的广告需要具有短小精悍、表现力强的特点，而Flash 动画正好可以满足这些要求。现在打开任何一个网站的网页，都会发现一些动感时尚的Flash网页广告，如图1-3所示。

图1-3 网页广告

3. 网络动画

网络动画指的是以通过互联网作为最初或主要发行渠道的动画作品。许多网友都喜欢把自己制作的Flash音乐动画，Flash电影动画传输到网上供其他网友欣赏，实际上正是因为这些网络动画的流行，Flash已经在网上形成了一种文化。图1-4所示为某网络动作作品截图。

图1-4 网络动画

4. 多媒体教学软件

在教学工作中，相对于其他软件制作的课件，Flash课件具有体积小、表现力强的特点。在制作实验演示或多媒体教学光盘时，Flash动画得到了大量引用，增加了学生学习的积极性。图1-5所示为某多媒体教学光盘的截图画面。

图1-5 多媒体教学

5. 游戏设计

使用Flash的动作脚本功能可以制作一些有趣的在线小游戏，如打字游戏、棋牌类游戏等。因为Flash游戏具有体积小的优点，一些手机厂商已在手机中嵌入Flash游戏。图1-6所示为某打字游戏的截图画面。

图1-6　游戏设计

6. 电子相册

通常电子相册界面美观度高，配合一些动画效果可以达到普通相册无法达到的视觉效果。电子相册具有易于保存、易于复制、易于展示、更具娱乐性、更具观赏性、更具时尚性的特点，并且电子相册易于用户的使用与管理。图1-7所示为某电子相册的截图。

图1-7　电子相册

## 1.1.4　Flash文件格式

Flash文件格式主要分为两种，分别为FLA格式和SWF格式。

1. FLA格式

FLA格式是Flash源文件的格式，如同Photoshop中的PSD文件。FLA格式文件可以在Flash中打开、编辑和保存（打开时只能用对应版本或高版本的软件）。FLA文件中包含有Flash影片的编码、场景等原始要素。

2. SWF格式

SWF（Shack Wave File）是FLA文件在Flash中编辑完成后输出的成品文件格式。这种格式的动画在缩放时不会失真，非常适合描述由几何图形组成的动画，如教学演示等。并且这种格式的动画可以与HTML文件充分结合，并能添加MP3音乐，因此被广泛应用于网页上，成为一种准“流”式媒体文件。

# 1.2 Flash CC的操作界面

通过1.1节的学习，相信读者已经对Flash软件有所了解，那么在实际工作中应该如何应用呢？下面就先来认识Flash CC的操作界面，为后面的学习打下坚实的基础。

## 1.2.1 启动软件

双击运行桌面上的软件图标，进入软件界面，为了统一操作界面，建议选择菜单栏中的“窗口”→“工作区”→“传统”命令进行设置，如图1-8所示。接下来，单击欢迎界面中图1-9所示框选的选项，即可进入操作界面。

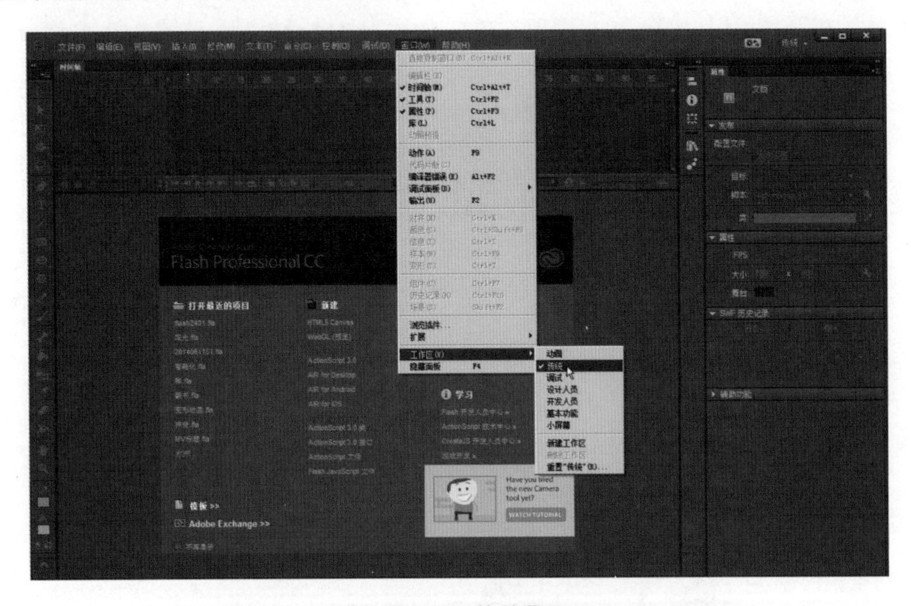


图1-8 Flash软件界面

图1-9 欢迎界面

## 1.2.2　操作界面的构成

Flash CC的操作界面主要由以下几部分组成：菜单栏、时间轴、工具箱、舞台、工作区域、浮动面板和属性面板，如图1-10所示。下面将对这些组成部分进行详细介绍。

菜单栏
时间轴
工具箱
舞台
工作区域
属性面板
浮动面板

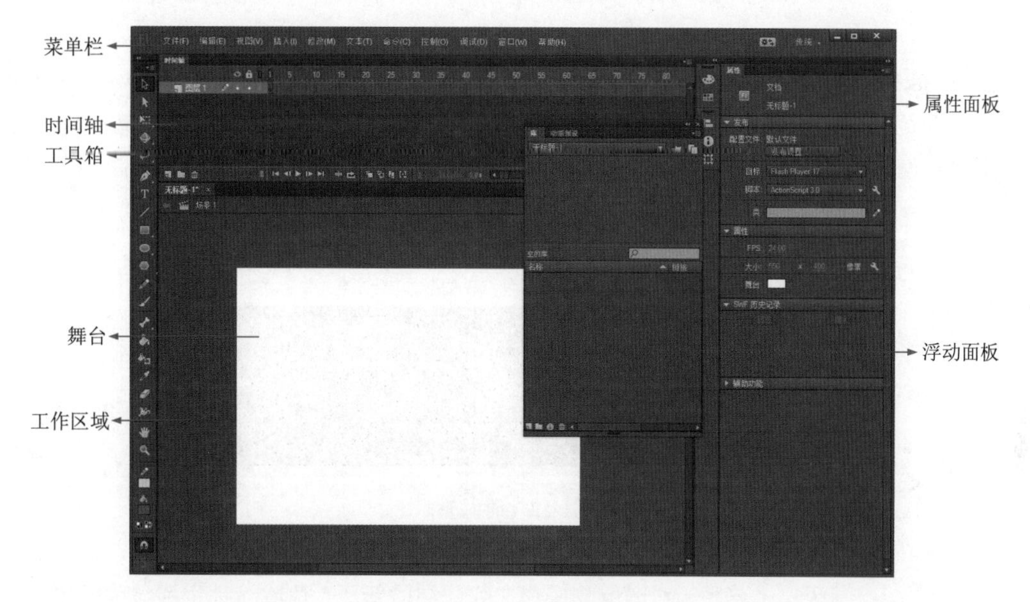

图1-10　操作界面

1. 菜单栏

菜单栏是作为一款操作软件必不可少的组成部分，主要用于为大多数命令提供功能入口。Flash CC的菜单栏依次为文件、编辑、视图、插入、修改、文本、命令、控制、调试、窗口、帮助，如图1-11所示。

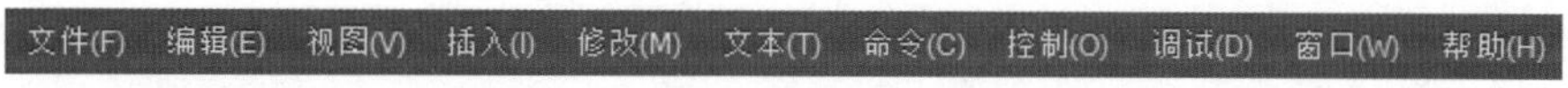

文件(F)　编辑(E)　视图(V)　插入(I)　修改(M)　文本(T)　命令(C)　控制(O)　调试(D)　窗口(W)　帮助(H)

图1-11　菜单栏

其中各菜单的具体说明如下：

（1）“文件”菜单：包含各种操作文件的命令以及导入外部文件命令，以便于在当前动画中使用。

（2）“编辑”菜单：主要功能为对舞台上的对象进行“剪切”“复制”“粘贴”等，还包括“首选参数”“快捷键”等设置。

（3）“视图”菜单：主要用于调整编译环境的视图命令，如“放大”“缩小”“标尺”“网格”“辅助线”等。

（4）“插入”菜单：主要用于向文件中插入对象，如插入“元件”“场景”等。

（5）“修改”菜单：主要用于修改文件中的对象，如“转换为元件”“变形”“排列”“对齐”“组合”等。

（6）“文本”菜单：主要功能为修改文字的外观，如“字体”“大小”“字母间距”等。

（7）“命令”菜单：主要功能为管理、运行用户创建的命令，或使用软件本身默认的命令。

（8）“控制”菜单：主要用于测试播放动画，如“测试影片”“测试场景”等。

（9）“调试”菜单：主要用于提供对动画进行调试的相关命令，如“调试”“调试影片”等。

（10）“窗口”菜单：主要用于控制各功能面板的显示与隐藏，还可调整界面的布局方式。

（11）“帮助”菜单：主要功能为提供在线帮助信息，以及当前Flash的版权信息等。

2. 时间轴

时间轴是Flash动画制作的重要组成部分，是使用层和帧组织和控制动画内容的窗口，可创建出不同类型的动画效果（关于帧的概念将在第2章进行详细介绍）。时间轴的主要组成部分是图层控制区、帧控制区和播放头，如图1-12所示。

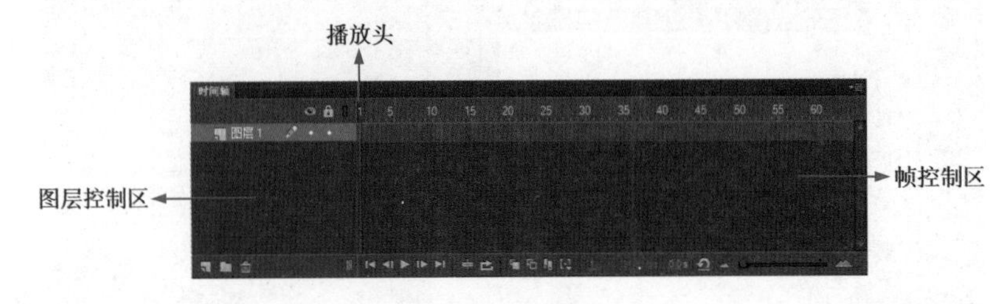


图1-12　时间轴

关于这3部分的具体分析如下：

（1）图层控制区：主要用于对图层的操作，如图层的新建、删除、锁定和显示隐藏等。

（2）帧控制区：主要用于对帧的操作，如插入、删除、选择和移动帧，上方的时间轴标题指示帧的编号，下方的状态栏显示当前帧的编号、速度和播放到当前帧用去的时间等信息。

（3）播放头：用于指示舞台中当前显示的帧。

3. 工具箱

Flash CC的工具箱提供了图形绘制和编辑的各种工具，熟练掌握它们的用法，能够加快操作速度、提高工作效率。工具箱中主要包括选择变换类工具、绘图类工具、绘图调整类工具、查看类工具、颜色类工具和工具选项区6部分，如图1-13所示。

1）移动工具箱

默认情况下，工具箱停放在窗口左侧。将光标放在工具箱顶部，单击并向右拖动鼠标，可以将工具箱拖出，放在窗口中的任意位置。

2）显示工具快捷键

将光标放置在相应工具的上方，停留片刻后，会显示出该工具的具体名称和快捷键，如图1-14所示。工具名称后面括号中的字母，代表选择此工具的快捷键，只要在键盘上按下该字母，就可以快速切换到相应的工具上。

3）显示并选择工具

由于Flash CC提供的工具比较多，因此工具箱中并不能显示所有的工具，有些工具被隐藏在相应的子菜单中。在工具箱的某些工具图标上可以看到一个小三角符号（见图1-15），表示该工具下还有隐藏的工具。将光标移至带有三角符号◢的工具上，按住鼠标左键不放，就会弹出隐藏的工具选项，将光标移动到隐藏的工具上然后单击，即可选择该工具。

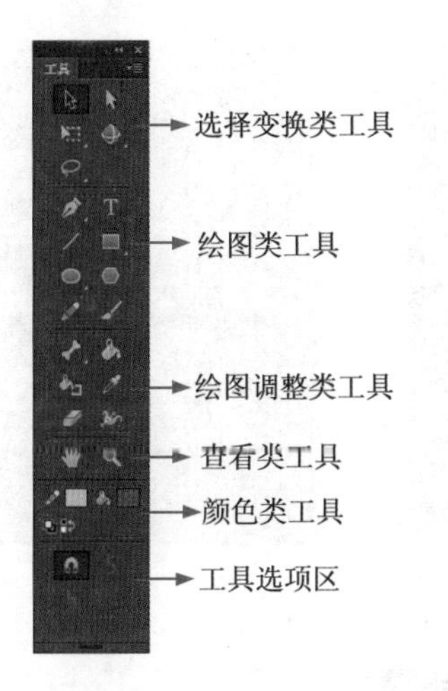


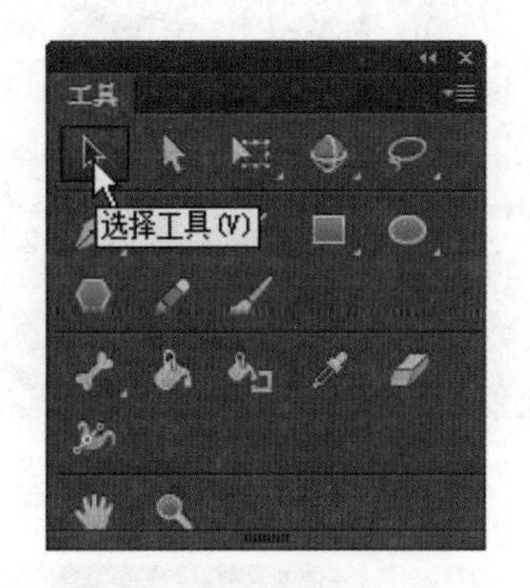

图1-13　工具箱

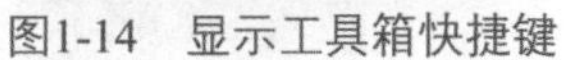
图1-14　显示工具箱快捷键　　图1-15　工具组

4. 舞台

舞台又称场景，是在动画播放过程中显示图形、视频、按钮等内容的矩形空间，也是动画与交互发生的位置。舞台中所显示的内容即为当前帧所播放的内容，用户在工作时可对舞台的大小和颜色进行设置。

5. 工作区域

"工作区域"指舞台周围的灰色区域，可将暂时不需要在动画中出现的对象元素放在该区域。

6. 浮动面板

浮动面板由各种不同功能的面板组成，通过面板的显示、隐藏、组合等可以修改操作界面的显示方式。通常情况下可通过"窗口"菜单显示或隐藏面板，还可通过拖动面板左上方的面板名称，将面板从组合中分离，如图1-16所示，也可用同样的方法将独立的面板添加到组合面板中，如图1-17所示。

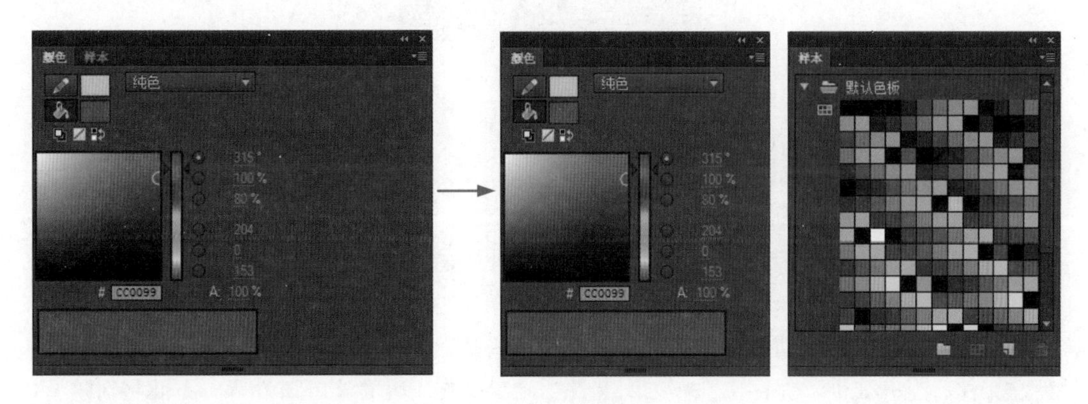


图1-16　分离面板

7. 属性面板

属性面板主要用于显示当前所选中对象的属性信息，还可通过该面板编辑修改对象的属性。属性面板的存在提高了动画编辑过程的工作效率。图1-18所示为选中某对象后属性面板的显示样式。

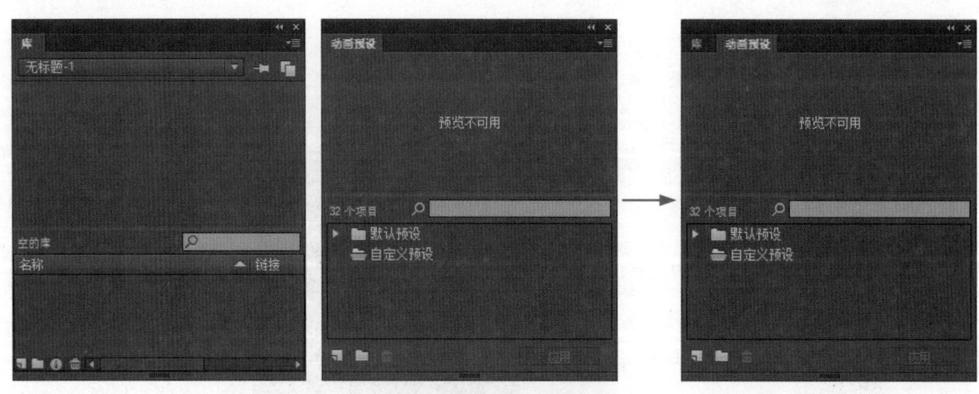


图1-17　组合面板

图1-18　属性面板

## 1.3 文件基本操作

在运用Flash CC进行动画制作前，需要掌握一些基础的文件操作方法。文件的基本操作包括新建文件、打开文件、保存文件、关闭文件、导出文件、设置文件属性等，下面将对这些内容进行具体介绍。

### 1.3.1　新建文件

新建文件是Flash软件操作的第一步。启动软件后在欢迎界面（见图1-9）中可新建空白文件，还可选择新建文件的类型。除此之外，还可通过执行“文件”→“新建”命令（或按【Ctrl+N】组合键），弹出“新建文档”对话框，如图1-19所示。在该对话框中可选择新建文件的类型，还可设置文件的大小等参数，最后单击“确定”按钮即可完成文件的新建。

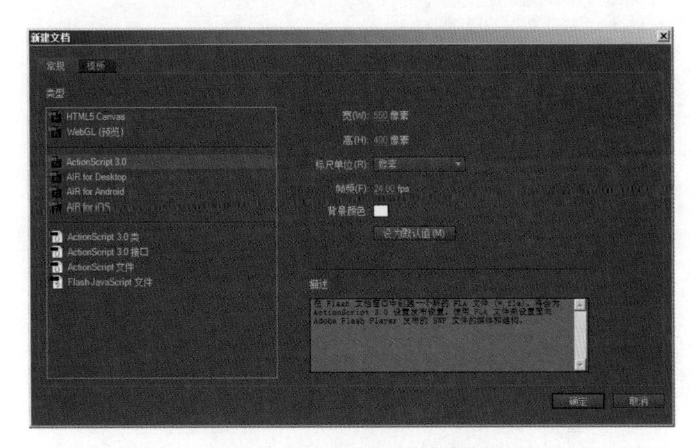


图1-19 “新建文档”对话框

## 1.3.2 打开文件

当要编辑修改某个Flash文件时，首先需要将其打开。执行“文件”→“打开”命令（或按【Ctrl+O】组合键），弹出“导入”对话框，如图1-20所示。在该对话框中可搜索路径和文件，选中需要打开的文件后，单击“打开”按钮，即可打开该文件。

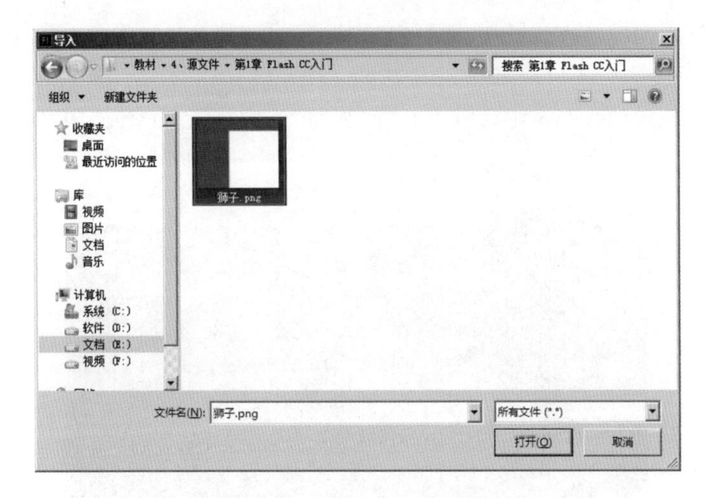


图1-20 “打开”对话框

## 1.3.3 保存文件

文件的保存是任何软件操作中都必不可少的。Flash CC中主要通过“保存”和“另存为”两种方法保存文件。除此之外，Flash CC软件每隔一定的时间会自动保存当前文件。

1. 保存文件

执行“文件”→“保存”命令（或按【Ctrl+S】组合键），即可对当前文件进行保存。如果文件是第一次保存，会弹出类似图1-21所示的“另存为”对话框。在该对话框中可设置文件保存的路径、文件名以及保存类型，单击“保存”按钮，完成保存。

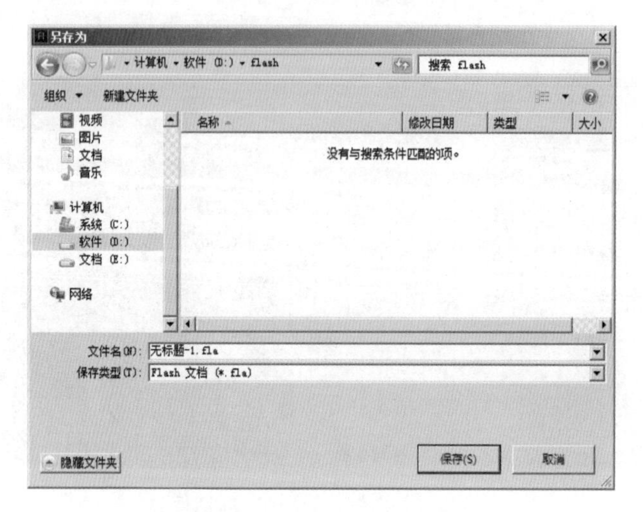


图1-21 “另存为”对话框

2. 另存文件

执行“文件”→“另存为”命令（或按【Ctrl+Shift+S】组合键），即可另存文件，一般用于在不同的位置保存文件或用不同的文件名及保存类型进行保存。

3. 自动保存文件

Flash CC软件具有自动保存文件的功能，默认情况下每隔10分钟会保存一次，以免遇到突发情况避免不必要的损失，再次启动Flash软件时，会将文件恢复到最近一次保存的状态。

如果用户不需要该功能可以禁用，也可自行调整保存的时间间隔，执行“编辑”→“首选参数”命令（或按【Ctrl+U】组合键），弹出“首选参数”对话框，在该对话框中选择“常规”选项，然后勾选“自动恢复”复选框，此时即可调整时间间隔，如图1-22所示。

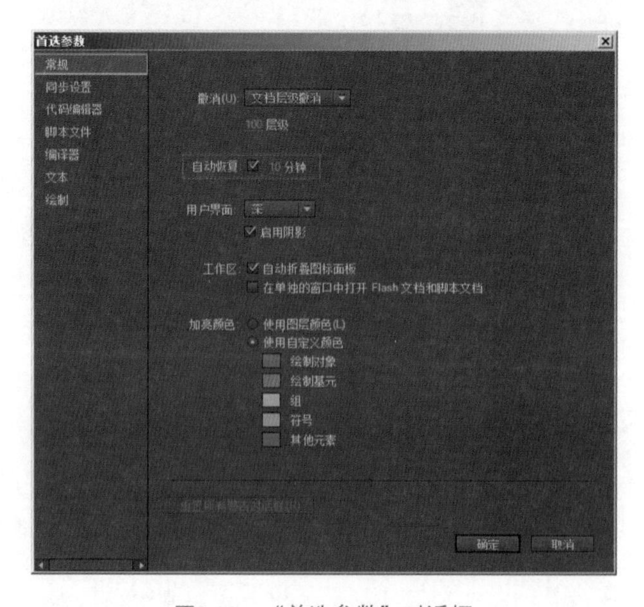


图1-22 “首选参数”对话框

## 1.3.4　关闭文件

在Flash CC中，执行“文件”→“关闭”命令（或按【Ctrl+W】组合键），可以关闭当前文件窗口。也可单击文件窗口上的 按钮关闭文件。如果要关闭所有文件可执行“文件”→“全部关闭”命令（或按【Ctrl+Alt+W】组合键），可以一次关闭全部文件窗口。如果当前文件是新建文件或被修改过的文件，那么在关闭文件时会弹出图1-23所示的提示框。

图1-23　提示框

在图1-23所示的提示框中，单击“是”按钮即可先保存再关闭文件；单击“否”按钮，直接关闭文件；单击“取消”按钮，则会取消关闭操作。

## 1.3.5　导出文件

为了满足用户需求，Flash CC软件可将文件导出为图像、影片和视频。下面针对导出文件的具体操作进行详细讲解。

1. 导出图像

通过“导出图像”操作可将当前文件导出为不同类型的图像。执行“文件”→“导出”→“导出图像”命令，弹出“导出图像”对话框，单击“保存类型”下拉按钮（见图1-24），从中可以选择导出的图像类型，单击“保存”按钮，弹出图1-25所示的对话框，从中可设置导出图像的参数。单击“确定”按钮即可导出图像。

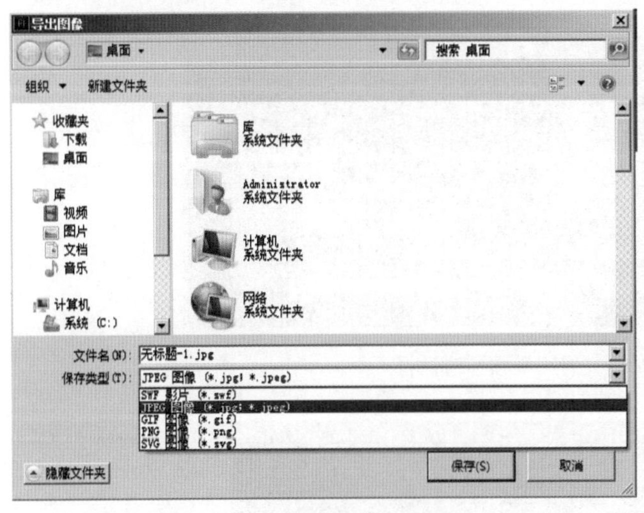


图1-24　“导出图像”对话框

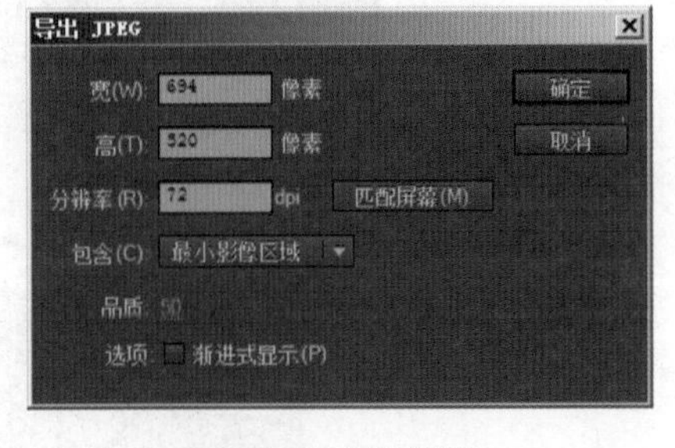


图1-25　参数设置

2. 导出影片

“导出影片”与“导出图像”的操作类似，通过此操作可将当前文件导出为不同类型的影片。执行“文件”→“导出”→“导出影片”命令，弹出“导出影片”对话框，单击“保存类型”下拉按钮（见图1-26），从中可以选择导出的影片类型，单击“保存”按钮，弹出图1-27所示的对话框，设置好参数后单击“导出”按钮即可。

值得一提的是，当选择JPEG和PNG等序列类型时，则会将文件中每一帧保存为一副图像，生成一组图像序列。

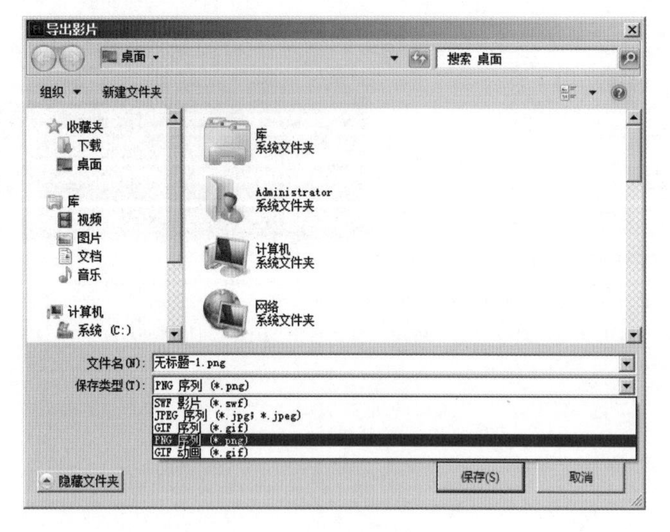


图1-26 “导出影片”对话框

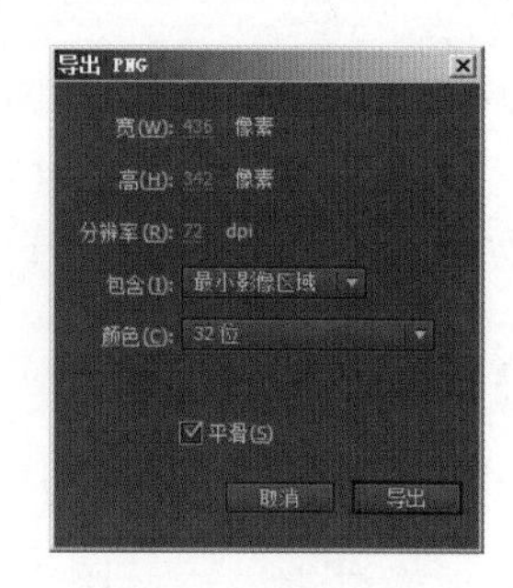


图1-27 参数设置

3. 导出视频

通过“导出视频”操作可将当前文件导出为MOV格式的视频文件，执行“文件”→“导出”→“导出视频”命令，弹出图1-28所示的对话框，设置好参数后单击“导出”按钮，弹出图1-29所示的提示框（导出视频需安装QuickTime软件，安装后仍会弹出提示框），单击“确定”按钮即可。

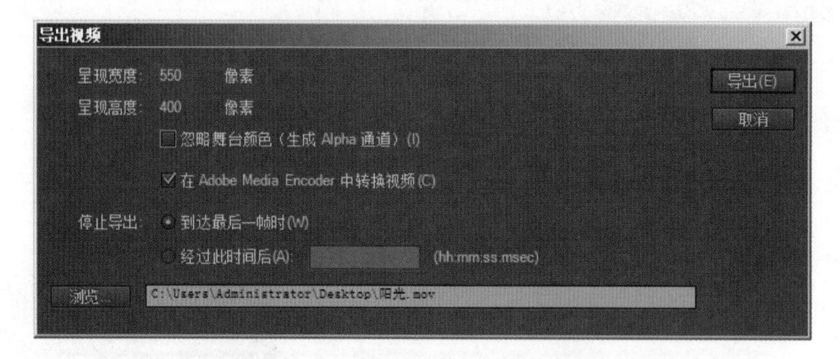


图1-28 “导出视频”对话框

图1-29 提示框

## 1.3.6 设置文件属性

Flash动画的应用领域非常广泛，不同类型的动画会根据所应用的范围设置不同的尺寸，因此在制作Flash动画之前预先设置好文件属性显得尤为重要。执行“修改”→“文件”命令（或按【Ctrl+J】组合键），弹出“文档设置”对话框，默认的参数设置如图1-30所示。

对图1-30中各项参数的具体解释如下：

（1）单位：单击该下拉按钮（见图1-31），从中可选择该文件所采用的单位标准。

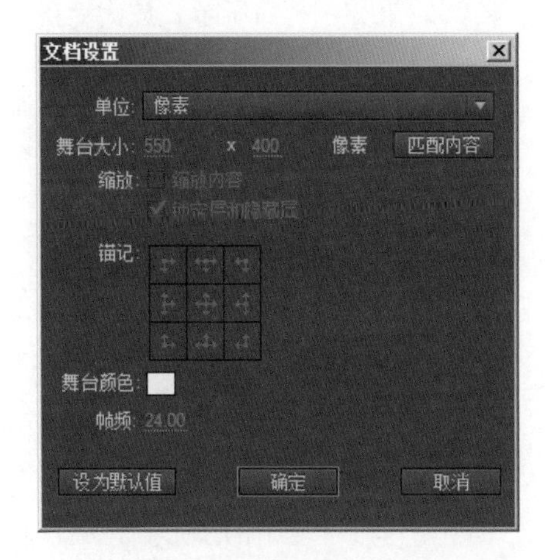


图1-30 “文件设置”对话框

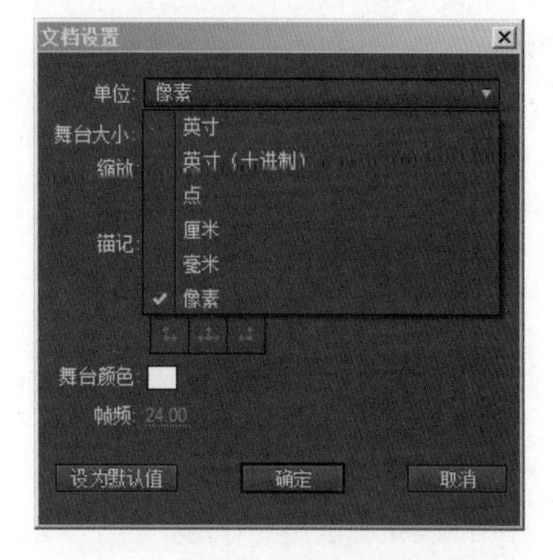


图1-31 单位选项

（2）舞台大小：该选项主要用于设置文件的宽度和高度，默认大小为550像素×400像素，单击右侧的“匹配内容”按钮，可使舞台大小正好能容纳所有对象。

（3）缩放：选中“缩放内容”复选框后，在调整舞台大小的同时，舞台中的对象会依据舞台的缩放比例一同进行调整。同时“锁定层和隐藏层”复选框会被激活，选中该复选框后，缩放内容时锁定的图层和隐藏的图层会一同缩放，否则将保持不变。

（4）锚记：该选项用于设置新舞台尺寸相对于原尺寸的位置，在对舞台进行缩放时，如果选择左上角的锚记，则会依据左上角为基准点进行缩放。

（5）舞台颜色：该选项用于设置舞台的背景色。

（6）帧频：该选项用于设置动画每秒播放的帧数，默认为24 帧/s。

除了通过上述方法对文件属性进行设置以外，还可通过“属性”面板对常用参数进行设置，如图1-32所示。

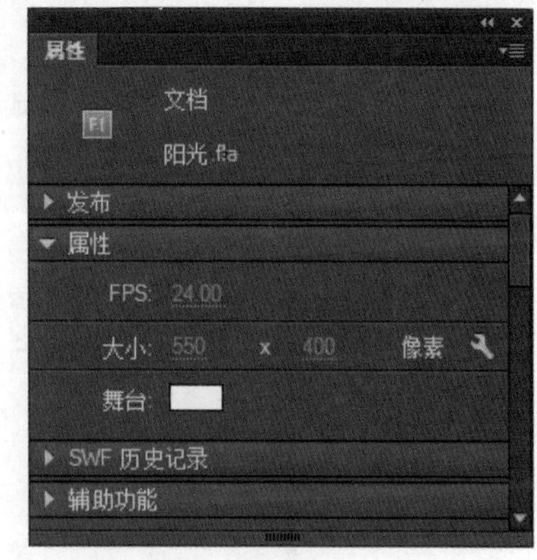


图1-32 “属性”面板

## 1.4 矢量图和位图

计算机图形主要分为两类，一类是矢量图，另一类是位图。Flash动画中的图像主要由矢量图组成。

### 1.4.1 矢量图

矢量图又称向量式图形，它使用数学的矢量方式来记录图像内容，以线条和色块为主。矢量图最大的优点是无论放大、缩小或旋转都不会失真；最大的缺点是难以表现色彩层次丰富且逼真的图像效果。以图1-33为例，将其放大至400%后，局部效果如图1-34所示，放大后的矢量图像依然光滑、清晰。

图1-33 矢量图原图

图1-34 矢量图局部放大

另外，矢量图占用的存储空间比位图小得多，但它不能创建过于复杂的图形，也无法像位图那样表现丰富的颜色变化和细腻的色彩过渡。

### 1.4.2 位图

位图又称点阵图（Bitmap images），它是由许多点组成的，这些点称为像素。当许多不同颜色的点组合在一起后，便构成了一幅完整的图像。

像素是组成图像的最小单位，而图像又是由以行和列的方式排列的像素组合而成的，像素越高，文件越大，图像的品质越好。位图可以记录每个点的数据信息，从而精确地制作色彩和色调变化丰富的图像。但是，由于位图图像与分辨率有关，它所包含的图像像素数目是一定的，若将图像放大到一定程度后，图像就会失真，边缘会出现锯齿，如图1-35和图1-36所示。

图1-35 位图原图

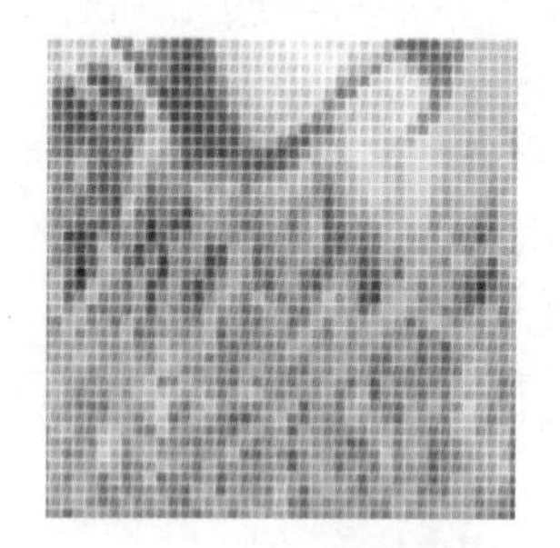

图1-36 位图局部放大

## 1.5 辅助操作的使用

在Flash CC中，提供了标尺、辅助线、网格等辅助工具，以及自定义工作环境，这些工具可以帮助用户对绘制和编辑的图像进行精准定位。

## 1.5.1　标尺

标尺是Flash软件的重要辅助工具之一，可以对图像进行精准定位，并且不会对图像造成任何修改。执行“视图”→“标尺”命令（或按【Ctrl+Shift+Alt+R】组合键），会在文件的上方和左侧出现带有刻度的标尺，如图1-37所示。再次按【Ctrl+Shift+Alt+R】组合键则会隐藏标尺。

图1-37　显示标尺

## 1.5.2　辅助线

辅助线起到辅助绘图的作用，一般用来对齐目标。在标尺处于显示状态时，只需单击标尺向舞台拖动即可添加辅助线，如图1-38所示。

图1-38　添加辅助线

在Flash CC中，为了方便绘图操作，还可以对辅助线进行显示/隐藏、锁定/解锁、编辑、清除等设置，具体介绍如下。

（1）显示/隐藏辅助线：当辅助线处于隐藏状态时，执行“视图”→“辅助线”→“显示辅助线”命令（或按【Ctrl+；】组合键），即可显示辅助线；再次按【Ctrl+；】组合键，即可隐藏辅助线。除此之外，创建辅助线时，原来隐藏的辅助线也会一同显示。

（2）锁定/解锁辅助线：锁定辅助线时需执行“视图”→“辅助线”→“锁定辅助线”命令（或按【Ctrl+Alt+；】组合键），进行锁定；再次按【Ctrl+Alt+；】组合键，即可解锁辅助线。

（3）编辑辅助线：执行“视图”→“辅助线”→“编辑辅助线”命令（或按【Ctrl+Shift+Alt+G】组合键），弹出“辅助线”对话框，如图1-39所示。从中可同时设置辅助线的颜色、显示状态等多个属性。

（4）清除辅助线：当文件中有多余的辅助线时可将其清除。将光标置于辅助线上按住鼠标左键拖动至标尺即可（水平参考线向上拖动，垂直参考线向左拖动）。若要删除文件中的所有辅助线可执行“视图”→“辅助线”→“清除辅助线”命令实现。

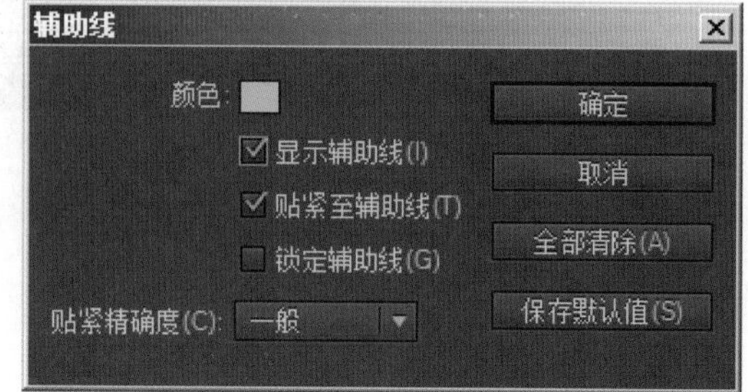


图1-39　“辅助线”对话框

## 1.5.3　网格

当绘制一些精准的图形时，常常需要借助网格来保证图形的精确度。网格显示在图稿的背后，其功能和参考线类似，但精确度更高。在Flash CC中，可以对网格进行显示/隐藏和编辑操作，方法与辅助线的操作基本类似，具体如下。

（1）显示/隐藏网格：执行“视图”→“网格”→“显示网格”命令（或按【Ctrl+’】组合键），即可在舞台区域显示网格，如图1-40所示；再次按【Ctrl+’】组合键，即可将其隐藏。

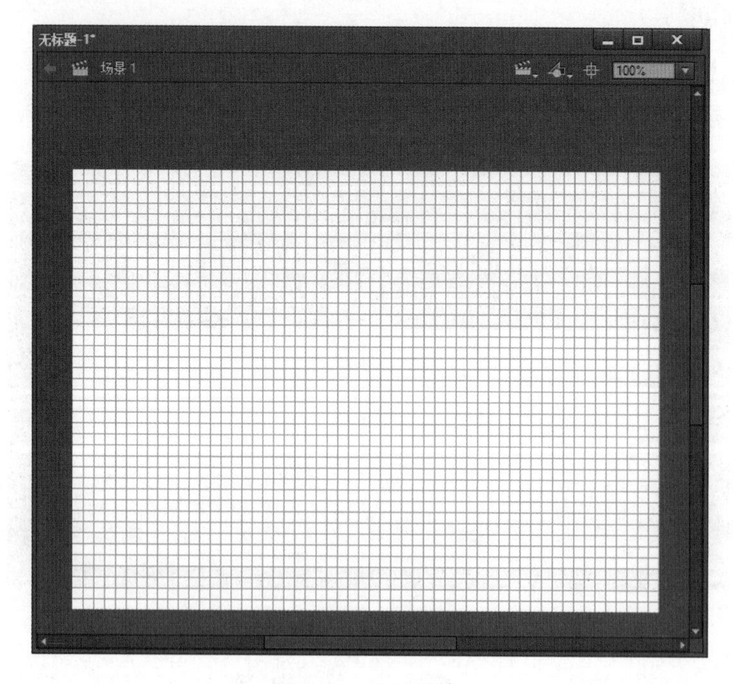


图1-40　显示网格

（2）编辑网格：执行“视图”→“网格”→“编辑网格”命令（或按【Ctrl +Alt+G】组合键），弹出“网格”对话框，如图1-41所示。从中可设置网格线的颜色、大小等多个属性。

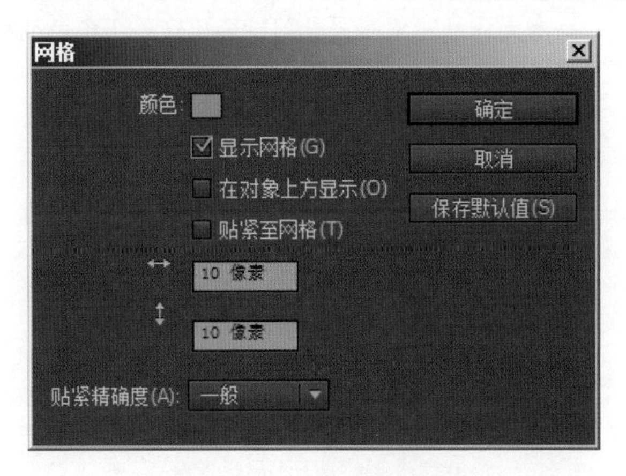


图1-41 “网格”对话框

## 1.5.4 贴紧命令

在使用Flash软件绘制图形时，贴紧命令主要用于将各个图形元素自动对齐，从而提高作图的速度和精度。在Flash CC中，贴紧命令包含多种贴紧方式，执行“视图”→“贴紧”命令即可显示所有的贴紧方式，如图1-42所示。

1. 贴紧对齐

“贴紧对齐”命令用于设置对象的水平或垂直边缘之间以及对象边缘和舞台边界之间的贴紧对齐容差。执行“视图”→“贴紧”→“贴紧对齐”命令，将对象拖到指定的贴紧对齐容差位置时，点线将出现在舞台上，如图1-43所示。

图1-42 贴紧方式

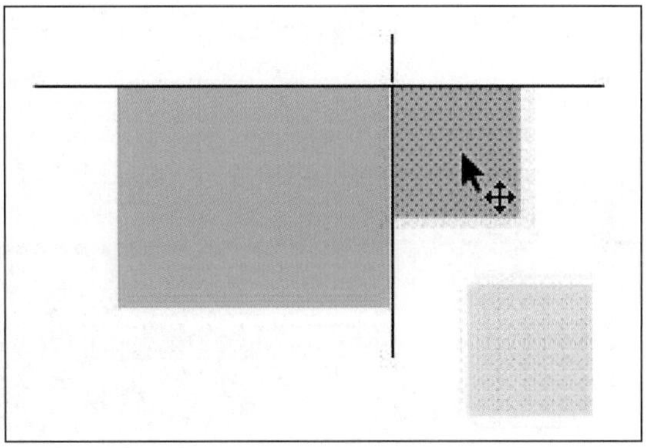

图1-43 贴紧对齐

2. 贴紧至网格

“贴紧至网格”命令用于设置对象上的目标点与网格自动贴紧对齐。执行“视图”→“网格”→“显示网格”命令，将网格显示到舞台上，然后执行“视图”→“贴紧”→“贴紧至网格”命令，在舞台中绘制并移动该矩形时，光标附近会出现一个黑色的小环，当黑色小环处于网格的贴紧距离内时，该圆环会变大，并与网格线对齐，如图1-44所示。

3. 贴紧至辅助线

"贴紧至辅助线"命令用于设置对象上的目标点与辅助线贴紧对齐。执行"视图"→"贴紧"→"贴紧至辅助线"命令，移动对象时光标附近会出现一个黑色的小环，当黑色小环处于辅助线的贴紧距离内时，该圆环会变大，并与辅助线对齐，如图1-45所示。

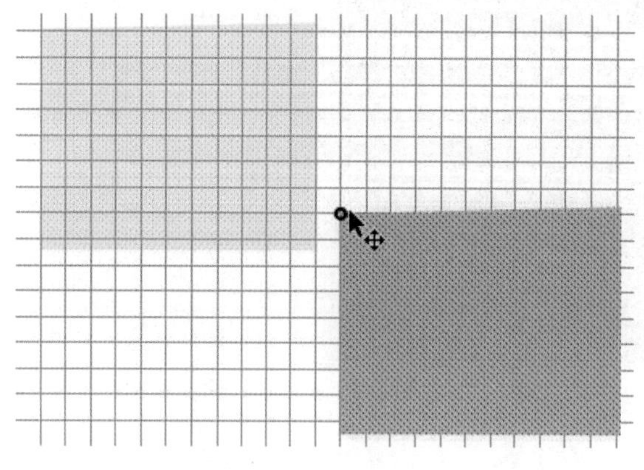

图1-44　贴紧至网格

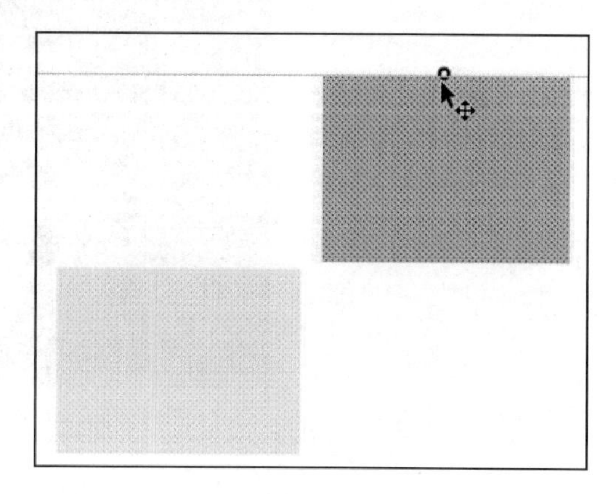

图1-45　贴紧至辅助线

4. 贴紧至像素

"贴紧至像素"命令用于设置对象与像素线条贴紧对齐。执行"视图"→"贴紧"→"贴紧至像素"命令，当视图缩放比率大于400%时会出现像素网格，此时绘制与移动对象时会发现对象与像素线条自动贴紧，如图1-46所示。

5. 贴紧至对象

"贴紧至对象"命令用于设置对象与其他对象的边缘贴紧对齐。执行"视图"→"贴紧"→"贴紧至对象"命令或者选择"选择工具"后，单击"工具"面板底部的"贴紧至对象"按钮。这时，当拖动图形对象时，光标附近会出现一个黑色的小环，当黑色小环处于另一个对象的贴紧距离内时，该圆环会变大，并与目标对象贴紧对齐，如图1-47所示。

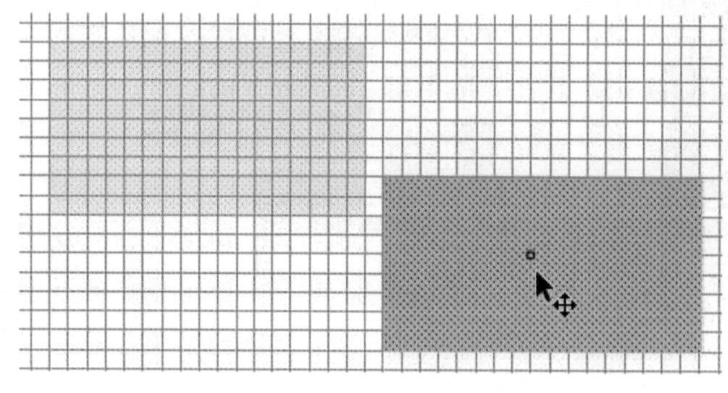

图1-46　贴紧至像素

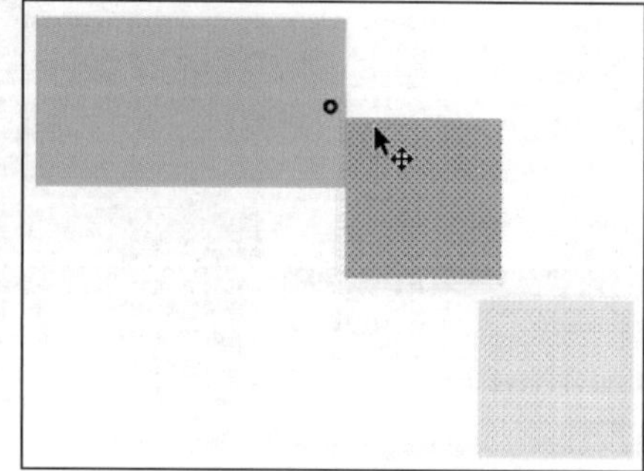

图1-47　贴紧至对象

6. 编辑贴紧方式

"编辑贴紧方式"用于对上述贴紧方式进行设置。执行"视图"→"贴紧"→"编辑贴紧方式"命令，弹出图1-48所示的对话框，可直接在对话框中选择贴紧方式。单击"高级"选项后展开的对话框如图1-49所示，可对参数进行设置。

图1-48　“编辑贴紧方式”对话框

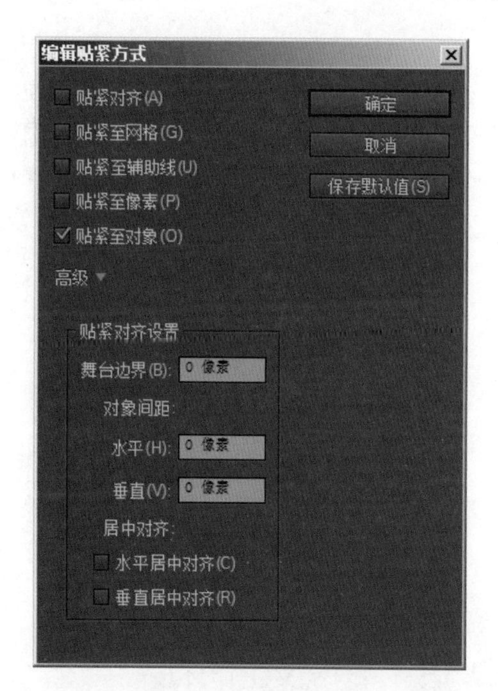


图1-49　展开的“编辑贴紧方式”对话框

图1-49中各参数的含义如下：

（1）舞台边界：用于设置对象与舞台边界之间的贴紧对齐容差，可直接在文本框中输入具体数值。

（2）对象间距：用于设置对象的水平和垂直边缘之间的贴紧对齐容差，同样可输入具体数值进行设置。

（3）居中对齐：用于设置对象与对象之间的居中对齐方式，可选择“水平居中对齐”或“垂直居中对齐”。

## 1.5.5　查看类工具运用

在Flash动画制作过程中，为了更方便地查看图形的绘制效果，往往需要借助“手形工具”和“缩放工具”对工作区域的显示位置和舞台的显示大小进行调整。

1. 手形工具

选择“手形工具”，工作区域的光标指针将变为手形，按住鼠标左键并拖动鼠标，发现滚动条会一起发生移动，看似对象的位置发生了变化，其实是工作区域的显示位置发生了改变，对象相对于舞台的位置并未发生变化。

2. 缩放工具

“缩放工具”可以帮助用户完成细节的设计操作，选择该工具后，可从“工具选项区”中选择“放大”图标或“缩小”图标（默认为“放大”效果），如图1-50所示（按下【Alt】键可在两个效果之间进行切换）。然后单击舞台区域或拉出一个选择区（见图1-51），舞台会以放大的效果显示。

图1-50　“放大”“缩小”图标

工作区域的右上角有一个显示比例的下拉按钮，从中可显示当前舞台的缩放比例，也可输入具体的数值进行缩放。单击右侧的下拉按钮显示下拉列表，如图1-52所示，还可从中选择不同的舞台显示效果。双击“缩放工具”图标（或按【Ctrl+1】组合键）后，舞台恢复为100%的显示效果。当需要舞台在工作区域中居中显示时，可单击下拉按钮左侧的小图标（或按【Ctrl+0】组合键）。

图1-51　放大操作

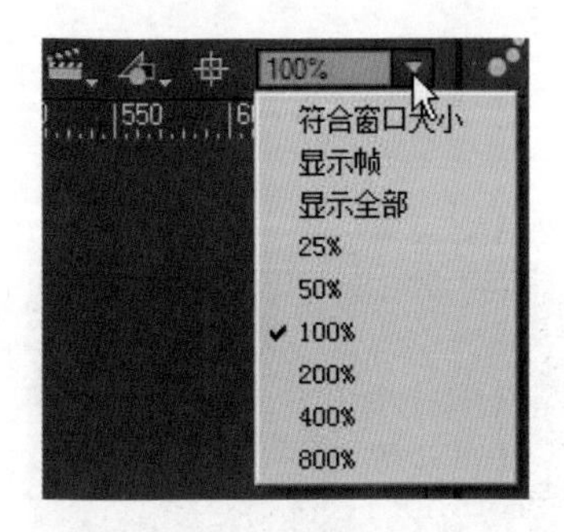


图1-52　显示比例下拉列表

## 1.5.6　自定义工作环境

在Flash动画制作过程中，固定的工作环境往往不能满足过多的用户需求，因此，Flash 软件提供了多种布局样式，并且用户还可根据工作需求和自己的操作习惯新建自己满意的布局样式。

1. 调用预设工作环境

单击菜单栏右侧的工作区控制器（或执行“窗口”→“工作区”命令），弹出工作区菜单，如图1-53所示，从中可选择合适的布局样式。如果工作中不慎调乱了布局样式，可通过执行“重置”命令进行恢复。

2. 新建工作区环境

用户根据工作需求设置好工作界面后，执行工作区菜单中的“新建工作区”命令，弹出图1-54所示的“新建工作区”对话框，设置名称为“myself”后单击“确定”按钮即可保存新建的工作区布局样式。

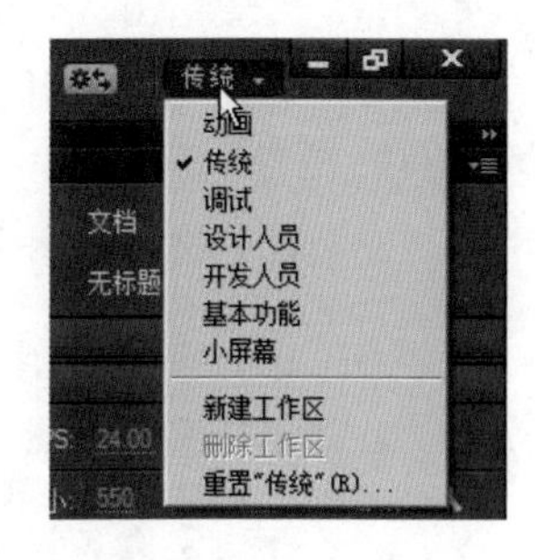


图1-53　工作区菜单

此时，单击工作区控制器，如图1-55所示。新建的工作区名称存在于列表中，调用方式与其他选项相同，并且“删除工作区”选项被激活，用于删除新建的工作区环境。

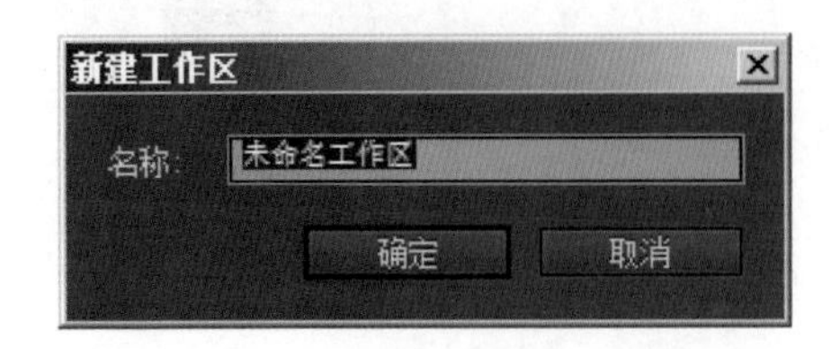


图1-54　“新建工作区”对话框

图1-55　工作区菜单

# 巩固与练习

一、判断题

1. Flash动画的产生基于视觉暂留原理。　　(　　)

2. Flash文件格式主要分为两种，分别为GIF格式和SWF格式。　　(　　)

3. 在Flash中，用户在工作时不可对舞台的大小和颜色进行设置。　　(　　)

4. 位图图像最大的优点是无论放大、缩小或旋转都不会失真。　　(　　)

5. Flash CC中除了可通过“保存”和“另存为”两种方法保存文件外，还可每隔一定的时间自动保存当前文件。　　(　　)

二、选择题

1. 下列选项中，属于Flash动画特点的是（　　）。

A. 体积小效果好　　B. 具有良好的交互性

C. 视觉效果强　　D. 制作成本低

2. 下列选项中，属于Flash CC操作界面组成部分的是（　　）。

A. 菜单栏　　B. 时间轴　　C. 工具箱　　D. 舞台

3. 在使用Flash软件绘制图形时，用于将各个图形元素自动对齐的命令是（　　）。

A. 对齐　　B. 贴紧　　C. 缩放　　D. 显示与隐藏

4. 新建文件是Flash软件操作的第一步，新建文件的快捷键为（　　）。

A. Ctrl+N　　B. Ctrl+Shift+N　　C. Ctrl+S　　D. Ctrl+M

5. 为了满足用户需求，Flash CC软件可将文件导出为（　　）。

A. 图像　　B. 影片　　C. 视频　　D. 音频

# 第 2 章

# 逐帧动画

| 知识学习目标 | ☑ 了解帧的概念，能够对帧有一个基本的认识。<br>☑ 掌握帧的分类，能够快速创建不同类型帧。<br>☑ 掌握帧的基本操作，能够进行创建、复制、删除等操作。<br>☑ 掌握逐帧动画的创建方法，能够制作动画效果流畅的逐帧动画。 |
|---|---|

通过第1章的学习，相信读者对Flash软件已经有了一个基本的认识。逐帧动画作为Flash最基础的动画形式，可以制作出画面过渡细腻的动画效果，然而什么是逐帧动画？又该如何制作逐帧动画呢？本章将通过“小马奔跑”“电子照片墙”“猫头鹰”三个任务，详细讲解逐帧动画的特点和制作技巧。

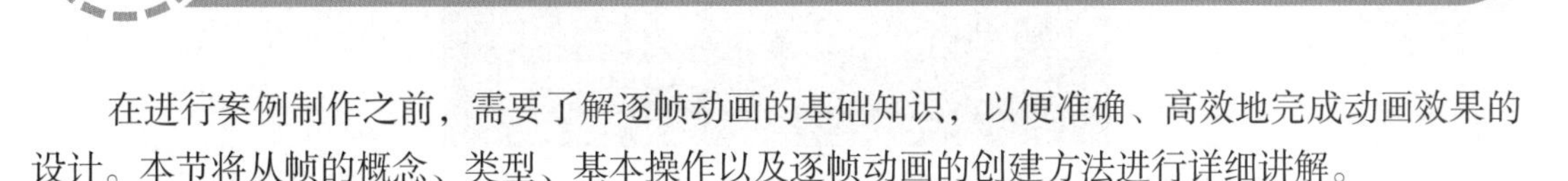

# 2.1 逐帧动画概述

在进行案例制作之前，需要了解逐帧动画的基础知识，以便准确、高效地完成动画效果的设计。本节将从帧的概念、类型、基本操作以及逐帧动画的创建方法进行详细讲解。

## 2.1.1　认识逐帧动画

观看电影时，将电影胶片按照一定的速度播放，就会形成连续、流畅的画面。逐帧动画的原理和电影相似，以“帧”作为基本单位，每一帧可以看作一张电影胶片，通过连续播放帧，形成动态的影像。逐帧动画就是在每一帧上均需绘制内容，然后逐一播放的动画。图2-1所示为逐帧动画在时间轴上的表现形式。

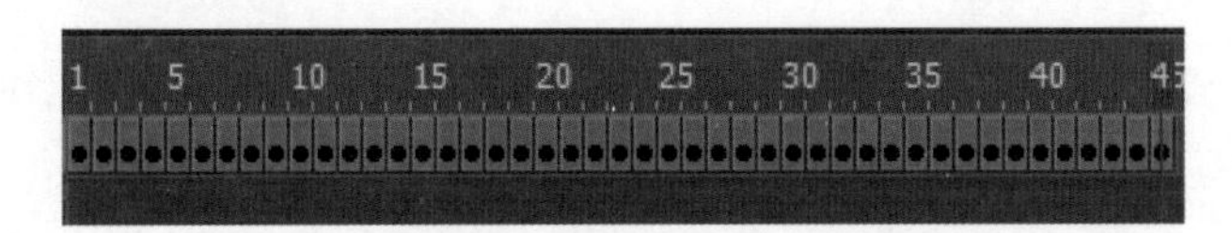


图2-1　逐帧动画在时间轴上的表现形式

逐帧动画利用人的视觉暂留原理，快速播放连续的、具有细微差别的图像，使其具有运动的效果。在逐帧动画中，每一帧都是独立的，可以创建出许多补间动画无法实现的效果，具有很大的灵活性，可以表现出任何动画形式。例如头发飘动、走路、奔跑等变化细腻的动画效果，都是通过逐帧动画实现的，如图2-2所示。

图2-2　头发飘动逐帧动画

需要注意的是，虽然逐帧动画有诸多优点，但由于逐帧动画是通过帧的不断变化产生的，因此需要逐帧绘制不同的内容，无疑给制作增加了负担而且最终输出的文件量也很大，因此在制作动画时，动画师应该根据实际情况，选择合适的动画制作方法。

## 2.1.2　帧和帧频

在Flash动画制作中，帧是构成动画的基本单位。所谓的帧是指在动画制作中构成动画的一系列画面（包括图形、声音、各种素材和其他多种对象）。通常位于Flash软件时间轴面板的帧控制区，如图2-3所示，红框标示的黑点即为Flash动画中的帧，一个黑点即为一帧。

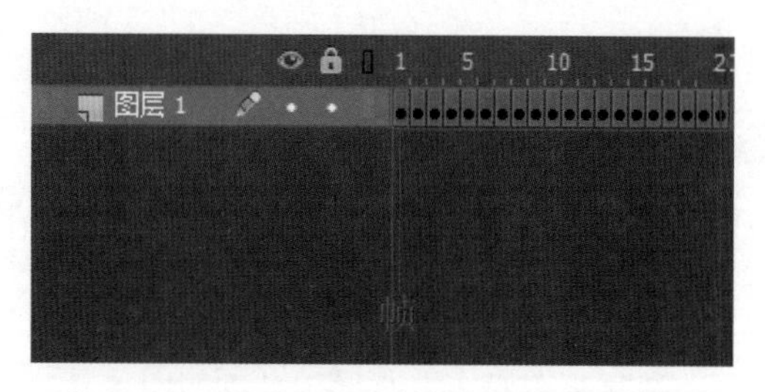


图2-3　帧

在Flash动画中，帧数越多，动画需要播放的画面也就越多。这时会涉及另一个概念——“帧频”。简单来说，帧频就是每秒播放动画的帧数。在网页上帧频为12 fps的动画效果最佳，但标准帧频为24 fps，这里的“fps”是图像领域中的定义，是指画面每秒传输的帧数。在Flash动画中，帧和帧频构成了动画的播放时长。

## 2.1.3　帧的类型

在制作Flash动画时，根据需求的不同，可以在时间轴上设置不同类型的帧。Flash动画中帧分为普通帧、关键帧、空白关键帧和补间帧4类，不同帧的显示样式也各不相同，具体介绍如下。

1. 普通帧

在时间轴中，普通帧显示为空心长方形▯，通常用于延长动画的播放时间，如图2-4所示的第30帧就是在前面基础上插入普通帧的时间轴显示样式。

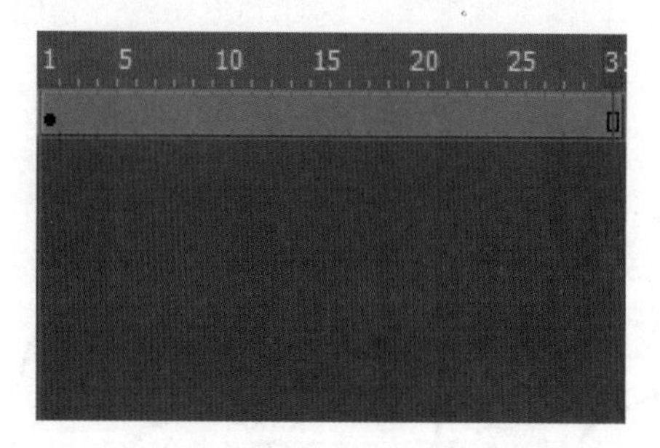


图2-4　普通帧

2. 关键帧

在时间轴上，关键帧显示为实心圆●，表示在该帧中存在可编辑的图形或元素，图2-5所示的第1帧就是关键帧，选择关键帧会发现舞台中存在一个椭圆图形，如图2-6所示。

图2-5　关键帧

图2-6　关键帧包含的图形

3. 空白关键帧

在时间轴上，空白关键帧显示为空心圆，表示该帧不包含任何内容。空白关键帧和关键帧性质相同，当在空白关键帧中绘制或添加内容时，空白关键帧会转化为关键帧。图2-7所示的第20帧即为空白关键帧。

图2-7　空白关键帧

4. 补间帧

在两个关键帧之间创建补间时，会在中间生成补间帧，用于过渡两个关键帧之间的效果变化。针对不同的补间，补间帧现实的样式也不同。例如，在补间形状中，补间帧为浅绿色填充用箭头连接标示，在传统补间中，补间帧为浅蓝色（关于补间动画的相关知识将会在后面章节详细讲解，这里了解即可），如图2-8和图2-9所示。

图2-8　补间形状中的补间帧

图2-9　传统补间中的补间帧

## 2.1.4　帧的基本操作

对帧进行相关操作是编辑Flash动画的基本方式，用户可以通过添加或调整不同的帧，制作精彩的动画效果。

1. 帧的创建

根据帧的类型不同，插入帧可以分为三类：插入普通帧、插入关键帧、插入空白关键帧，具体方法如下：

1）插入普通帧

在时间轴上需要插入帧的位置右击，在弹出的快捷菜单中选择“插入帧”命令或在选择的位置按【F5】键，即可在该位置插入普通帧。

2）插入关键帧

在时间轴上需要插入帧的位置右击，在弹出的快捷菜单中选择“插入关键帧”命令或在选择的位置按【F6】键，即可在该位置插入关键帧。

3）插入空白关键帧

在时间轴上需要插入帧的位置右击，在弹出的快捷菜单中选择“插入空白关键帧”命令或在选择的位置按【F7】键，即可在该位置插入空白关键帧。

2. 帧的选择

要对帧进行编辑，首先要选中帧，在Flash中帧的选择可分为单帧选择和多帧选择，具体讲解如下：

1）单帧选择

在时间轴单击要选择的帧，可以选中单帧。

2）多帧选择

（1）选择连续多个帧：可以先选中第1个帧，然后按住【Shift】键单击需要选择的最后一帧。或在第1个帧位置按下鼠标左键不放，向后一帧所在的位置拖动，也可以选择多个连续帧。

（2）选择不连续的多个帧：按住【Ctrl】键不放，单击需要选择的帧。

（3）选择所有帧：单击某一图层，可以选中该图层中包含的所有帧。

3. 帧的删除

对于不需要的帧，可以将其删除。选中要删除的帧并右击，在弹出的快捷菜单中选择“删除帧”命令。需要注意的是，在Flash动画中，如果删除中间的某些帧，后面的帧会自动填补空位。

4. 帧的清除

帧清除和删除帧有着本质的区别，运用清除帧命令，帧本身并不会消失，只是转换为其他类型的帧。帧的清除包含清除帧和清除关键帧两个命令，具体介绍如下：

（1）清除帧：选中要清除的帧并右击，在弹出的快捷菜单中选择“清除帧”命令。清除帧可以将帧转换为空白关键帧。

（2）清除关键帧：选中要清除的关键帧并右击，在弹出的快捷菜单中选择“清除关键帧”命令。清除关键帧可以将关键帧转换为普通帧。

5. 剪切帧

在时间轴上选择需要剪切的帧并右击，在弹出的快捷菜单中选择“剪切帧”命令，即可剪切选中的帧。被剪切后的帧会保存在Flash的剪切板中，可以通过粘贴将其重新使用。

6. 复制帧

复制帧在Flash动画制作中是经常会用到的命令，选中需要复制的帧并右击，在弹出的快捷菜单中选择“复制帧”命令（或按【Ctrl+Alt+C】组合键），即可复制所选择的帧。

7. 粘贴帧

对于剪切或复制的帧，都可以通过“粘贴帧”命令，将其粘贴在需要的位置。在时间轴上选择需要粘贴的位置并右击，在弹出的快捷菜单中选择“粘贴帧”命令（或按【Ctrl+Alt+V】组合键），即可将剪切或复制的帧粘贴到选中位置。

8. 帧的转换

帧的转换包含“转换为关键帧”和“转换为空白关键帧”两种。右击需转换的帧，在弹出的快捷菜单中选择相应的命令，即可转换对应帧的类型。值得一提的是，当选中关键帧后，按【Delete】键也可将其转换为空白关键帧。

9. 帧的移动

为了调整动画的衔接顺序，有时会将帧从当前位置移动到另一个位置，这时就需要对帧进行移动操作。选中要移动的帧，按住鼠标左键即可将帧进行拖动，如图2-10和图2-11所示。

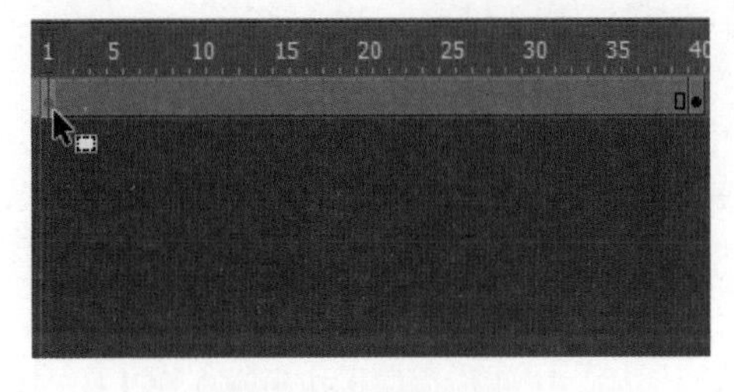
图2-10　帧移动前

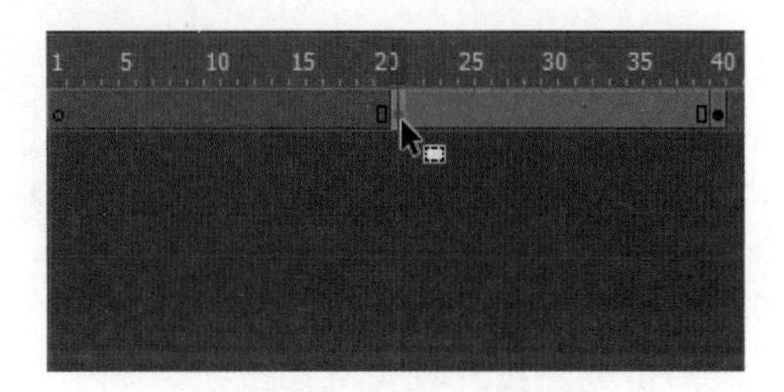
图2-11　帧移动后

10. 翻转帧

翻转帧用于反向播放动画，是将动画的第一帧变成最后一帧，最后一帧变成第一帧。在时间轴需要翻转的帧上右击，在弹出的快捷菜单中选择“翻转帧”命令，即可完成翻转帧的操作。

## 2.1.5　设置绘图纸工具

通常情况下，只能在舞台上看到动画序列中某一帧的画面。为了更好地定位和编辑连续帧动画，可以启动绘图纸功能，这样就能一次看到多个帧的画面。绘图纸是一个帮助定位和编辑动画的辅助功能，其功能按钮位于时间轴面板的控制栏中，如图2-12所示。

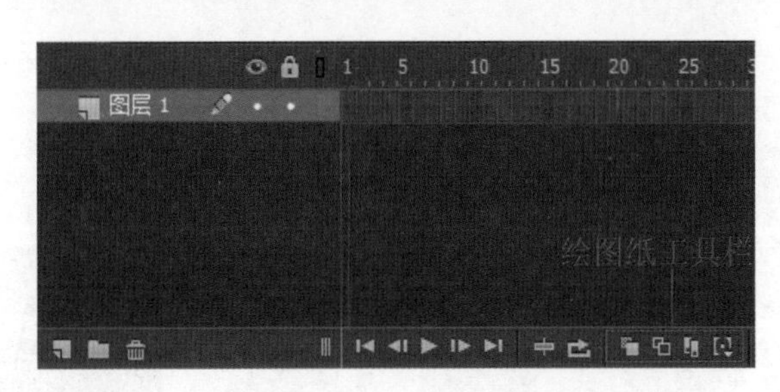

图2-12　绘图纸工具栏

在图2-12所示的绘图纸工具栏中，由左至右依次为“绘图纸外观”按钮、“绘图纸外观轮廓”按钮、“编辑多个帧”按钮、“修改标记”按钮，具体介绍如下：

1. “绘图纸外观”按钮

“绘图纸外观”按钮可以控制舞台中图形的显示位置。单击“绘图纸外观”按钮，在时间轴上方会出现一个可调整的范围（默认值为10帧），如图2-13所示。通过拉动中间的控制点，可以调整舞台中图形的显示范围，如图2-14和图2-15所示。

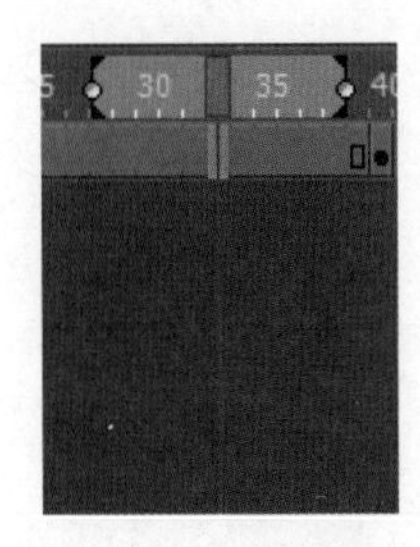
图2-13　调整范围

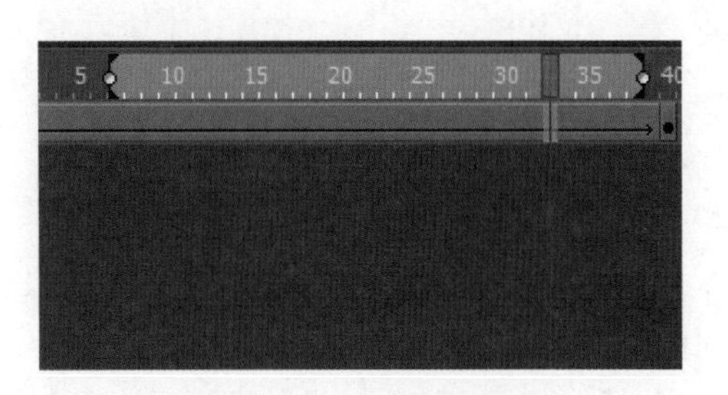
图2-14　扩大调整范围

图2-15　绘图纸外观

2. “绘图纸外观轮廓”按钮

“绘图纸外观轮廓”按钮和“绘图纸外观”按钮功能用法相似，只是舞台中图形的填充色消失，仅显示轮廓，如图2-16所示。这种形式可以节省系统资源，加快显示过程。

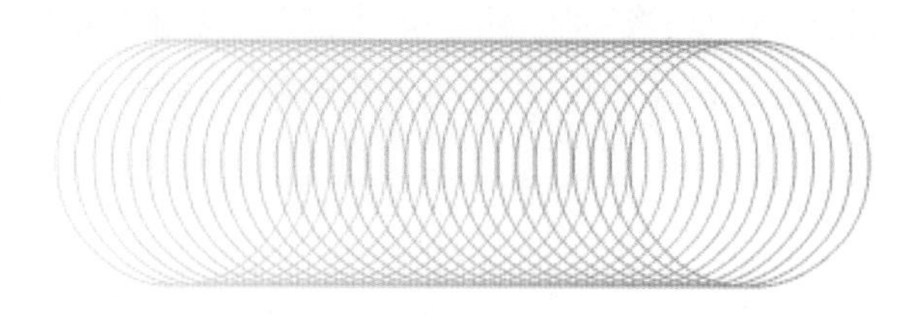

图2-16　绘图纸外观轮廓

3. “编辑多个帧”按钮

单击“编辑多个帧”按钮，会显示全部关键帧的内容，并且可以进行多帧的同时编辑，如图2-17所示。

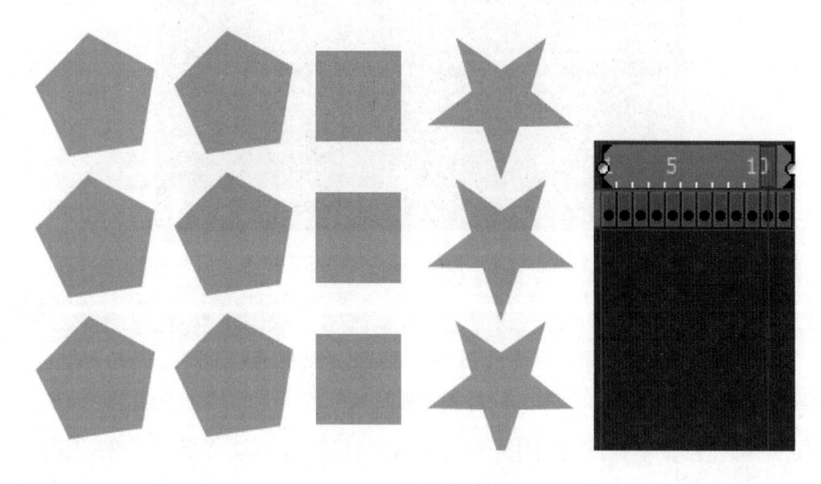

图2-17　编辑多个帧

**注意**

“编辑多个帧”按钮会选择不同图层的全部关键帧，但不包含补间帧。

4. “修改标记”按钮

单击“修改标记”按钮，弹出图2-18所示的下拉菜单。

对图2-18中各项的解释如下：

（1）始终显示标记：不论绘图纸是否开启都显示其标志。当绘图纸未开启时，虽然显示其范围标志，但画面不会显示绘图纸效果。

（2）锚定标记：将绘图纸标志锚记在当前位置上。正常情况下，绘图纸的范围跟随指针而移动。将绘图纸标志锚记后，其位置及范围将不再改变。

（3）标记范围2/标记范围5：显示当前帧前后各2/5帧的内容。

（4）标记所有范围：显示当前帧两边所有帧的内容。

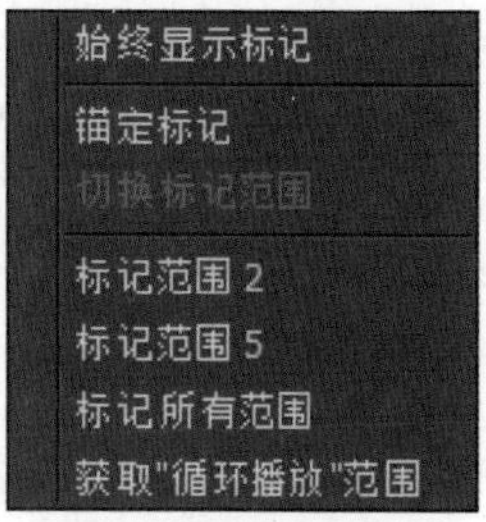

始终显示标记
锚定标记
切换标记范围
标记范围 2
标记范围 5
标记所有范围
获取"循环播放"范围

图2-18　修改标记菜单

## 2.1.6　逐帧动画的创建方法

在逐帧动画中，每一帧都是关键帧，整个动画通过关键帧的连续变化形成。因此在制作过程中，需要单独绘制每个关键帧中的对象。根据逐帧动画的特点，可以采用以下几种方法进行创建。

1. 导入法

通过导入外部图片或文件的方式创建帧动画。例如连续导入jpg或png等格式的静态图片或gif序列图像以及swf动画文件等。如图2-19所示，即为导入到Flash中的gif图片和时间轴上的帧序列。

图2-19　导入gif图片

观察图2-19可知，当导入gif图片后，会自动在时间轴上生成相应的帧序列，每一帧包含一个图像。

2. 绘制法

可以运用Flash提供的工具绘制出每一帧的内容，制作逐帧动画。例如，图形的放大缩小以及文字的跳跃旋转等。这种方式创建的Flash动画易于调整，但生成的文件会占据太多空间。图2-20和图2-21所示为创建的文字动画效果。

CLEAN WATER

图2-20　静态文字

CLEAN WATER

图2-21　动画效果

# 2.2【任务1】小马奔跑

在Flash动画制作中，对于奔跑、行走等一些动作行为复杂的动画效果，常常应用逐帧动画进行制作，以表现一些细微的动作差别，让画面过渡更细腻。本任务是制作小马奔跑的动画效果。通过本任务的学习，读者可以掌握选择工具、线条工具、导入素材的操作技巧。

## 2.2.1 知识储备

1. 选择工具

在Flash中，“选择工具” （快捷键【V】）通常用来选取、移动或编辑对象，是使用频率最高的工具。

1）选取对象

选择“选择工具” ，在舞台中的对象上单击，即可选中图形。图2-22所示为选中的图形。

如果需要选中多个图形，只需按住【Shift】键，再选择对象即可，如图2-23所示。此外，按住鼠标左键不放，可以在舞台中拖出一个矩形框，如图2-24所示，可以选中矩形框所覆盖的图形。

图2-22 选中图形

图2-23 选中多个图形

2）移动和简单复制对象

运用“选择工具” 选择对象后，按住鼠标左键不放，可将对象拖动到舞台的任意位置。在拖动过程中，按住【Alt】键不放，选中的对象将会被复制，如图2-25所示。

3）编辑对象

运用“选择工具” 还可以对图形对象进行快速编辑。选择“选择工具”，将光标移动到对象边缘处，此时光标会变成 ，如图2-26所示，按住鼠标左键不放，拖动光标，即可对图形的平滑点进行调整，如图2-27所示。

对图形平滑点进行调整时，图形会按一定的弧度变化。值得一提的是，在拖动图形边缘的同时，按住【Ctrl】键，光标会变成 ，此时可对图形的角点进行调整，调整图形角点时，图形将出现尖角，如图2-28所示。

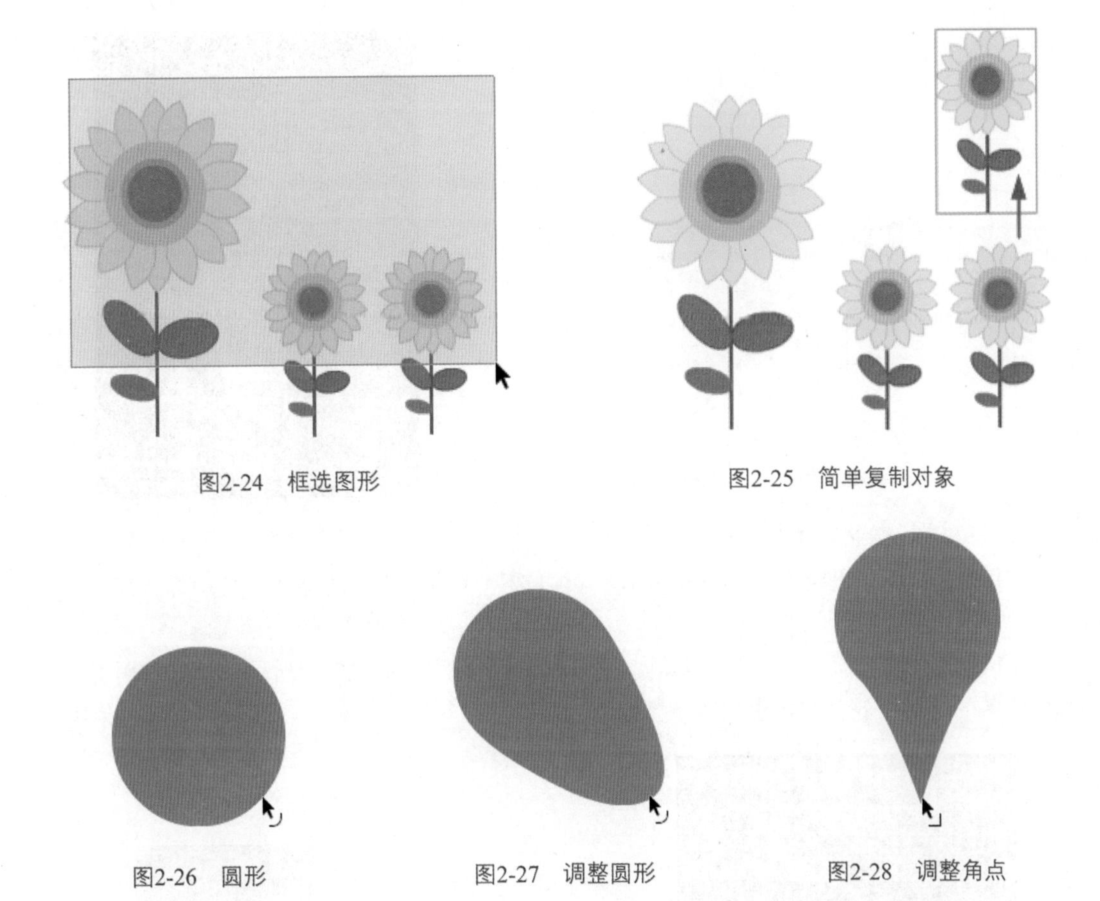

图2-24 框选图形

图2-25 简单复制对象

图2-26 圆形

图2-27 调整圆形

图2-28 调整角点

**注意**

在Flash软件中，当选中其他工具时（钢笔工具除外），按住【Ctrl】键，可暂时切换为“选择工具”。

2. 线条工具

在Flash动画中，线条是动画的基本组成形状，通常使用“线条工具”（快捷键【N】）进行绘制。在工具箱中选择“线条工具”，将光标移动到舞台的起始位置，按住鼠标左键不放拖动光标，出现直线后放开光标即可绘制一条直线，如图2-29所示。

图2-29 绘制直线

在绘制直线时，按住【Shift】键，可以沿45º或者45º的倍数方向倾斜直线，如图2-30所示。

当选择“线条工具”时，右侧的属性面板会自动切换成“线条工具”属性，如图2-31所示。

可以在图2-31所示的“线条工具”属性面板中设置线条的颜色、粗细、类型、端点形状等，具体讲解如下：

（1）：用于设置线条颜色。

（2）笔触：用于设置线条的粗细，数字范围为0.1~200。

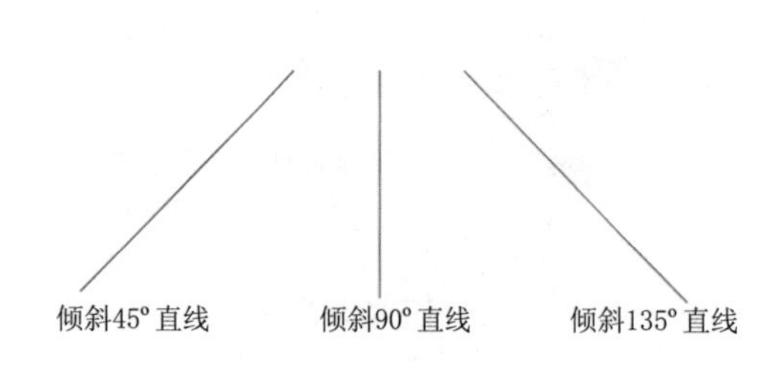


图2-30　绘制倾斜角度直线

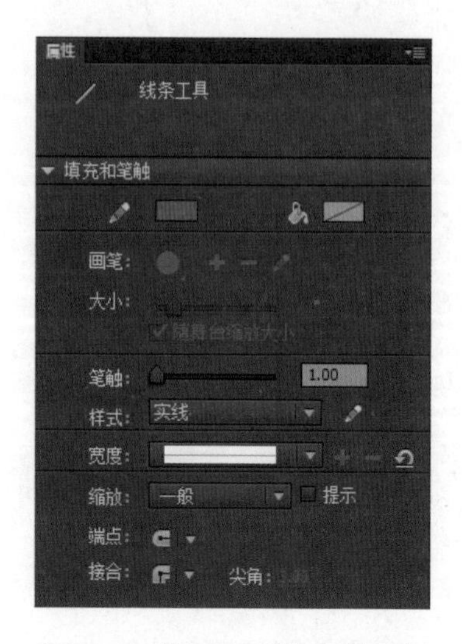


图2-31　“线条工具”属性面板

（3）样式：用于设置线条的显示样式。可以选择或编辑线条的样式，常用样式如图2-32所示。

（4）缩放：该选项包含一般、水平、垂直和无4个选项，如图2-33所示。该选项用于限制动画中线条的笔触缩放，防止出现线条模糊。

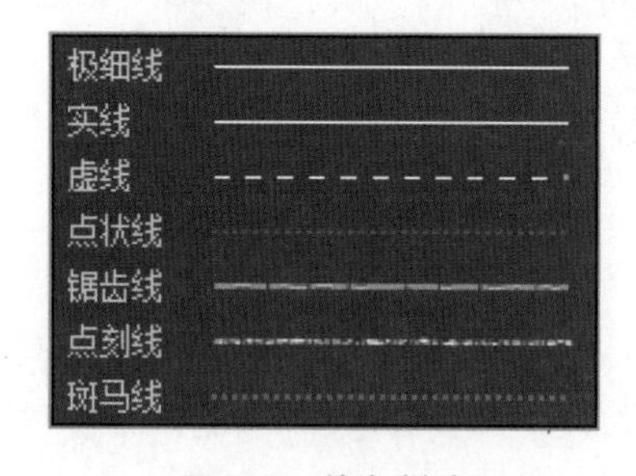


图2-32　线条样式

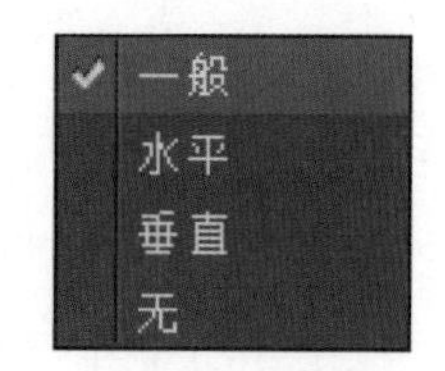


图2-33　缩放

（5）端点：用于设置线条两个末端的端点样式，包括无、圆角和方形3种，对应样式如图2-34所示。

（6）接合：用于设置线条转角的位置。包含尖角、圆角、斜角。例如对一条直线进行弯折时，设置不同的接合方式，其折角样式也各不相同，具体如图2-35所示。

图2-34　端点样式

图2-35　接合

3. 橡皮擦工具

“橡皮擦工具”是绘制图形时常用的辅助工具，可以方便地清除图形中多余或错误的部分。选择工具箱中的“橡皮擦工具”（快捷键【E】），光标将变成●（默认橡皮擦形状），移动到要擦除的图像上，按住鼠标左键拖动鼠标，即可将经过路径上的图像擦除，如图2-36所示。

图2-36　橡皮擦工具擦除效果

当选择橡皮擦工具时，工具选项区中会切换出橡皮擦工具选项，如图2-37所示。分别用于设置橡皮擦模式、水龙头、橡皮擦形状，具体介绍如下：

（1）橡皮擦模式：用于选择擦除图形中的某一部分，包括标准擦除、擦除填色、擦除线条、擦除所选填充、内部擦除。单击“橡皮擦模式”按钮，会弹出图2-38所示的选项面板，选择需要的模式即可。

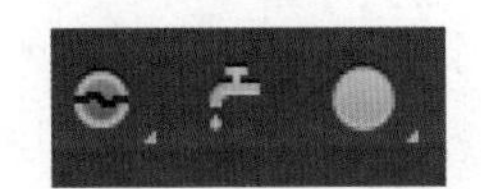

图2-37　橡皮擦工具选项

图2-38　橡皮擦模式

① 标准擦除：擦除同一图层（关于图层的概念会在后面小节详细讲解）上的图形、填充和笔触。

② 擦除填色：可以擦除填充，保留笔触。

③ 擦除线条：可以擦除笔触，保留填充。

④ 擦除所选填充：可以擦除选中的填充区域，保留未选中的填充和笔触。

⑤ 内部擦除：可以擦除起点所在的填充区域部分，但不影响线条填充区域外的部分。

（2）水龙头工具：可以直接清除填充或笔触。选中“水龙头工具”，单击填充或笔触部分，即可快速将其删除。

（3）橡皮擦形状：用于进行精确擦除，可以设置圆形和方形两种橡皮擦形状。单击“橡皮擦形状”工具，会弹出相应的选项面板，如图2-39所示。在面板中选择合适的笔触大小即可。在调整橡皮擦形状时按快捷键【[】和【]】可以快速切换形状。

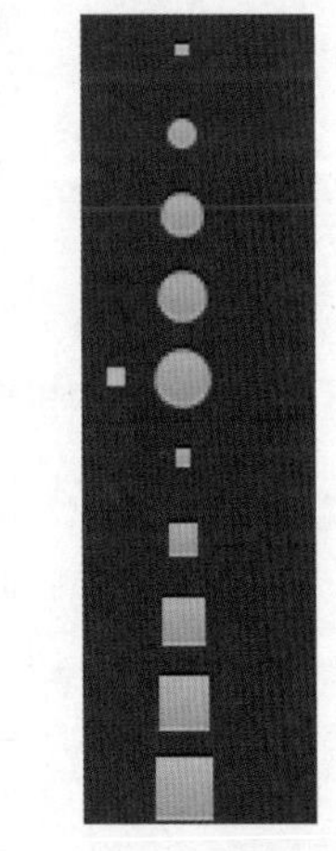

图2-39　选项面板

4. 图像素材格式

由于Flash是一款矢量图形动画制作软件，图像处理能力偏弱，因此在制作动画时，经常会将一些图像素材导入到Flash中。Flash软件可以导入大多数格式的位图或矢量文件，具体介绍如下：

（1）位图：Flash中可以导入JPG、PNG、GIF、BMP等格式的位图。

① JPG格式：是一种有损压缩的网页格式，不支持Alpha通道，也不支持透明。最大的特点是文件比较小，可以进行高倍率压缩，因而在注重文

件大小的领域应用广泛。例如，网页制作过程中的图像如横幅广告（banner）、商品图片、较大的插图等都可以保存为JPG格式。

② PNG格式：是一种无损压缩的网页格式。它结合GIF和JPEG格式的优点，不仅无损压缩，体积更小，而且支持透明和Alpha通道。由于PNG格式不完全适用于所有浏览器，所以在网页中比GIF和JPEG格式使用的少。但随着网络的发展和因特网传输速度的改善，PNG格式将是未来网页中使用的一种标准图像格式。

③ GIF格式：是一种通用的图像格式。它不仅是一种无损压缩格式，而且支持透明和动画。另外，GIF格式保存的文件不会占用太多磁盘空间，非常适合网络传输，是网页中常用的图像格式。

④ BMP格式：格式是DOS和Windows平台上常用的一种图像格式。BMP格式支持1～24位颜色深度，可用的颜色模式有RGB、索引颜色、灰度和位图等，但不能保存Alpha通道。BMP格式的特点是包含的图像信息比较丰富，几乎不对图像进行压缩，但其占用磁盘空间较大。

（2）矢量文件：Flash中可以导入AI、EPS等格式的矢量文件。

① AI格式：是Adobe Illustrator软件所特有的矢量图形存储格式，此文件格式支持对线条样式和填充信息的精确转换。

② EPS格式：也是Adobe Illustrator软件常用的存储格式，它和AI格式的主要区别在于AI中的位图图像是用链接的方式存储，如果删掉链接图像，则无法正常显示。EPS格式则将位图图像包含于文件中，可以删掉链接图像。Flash可以导入任何版本的EPS文件。

5. 导入到舞台

虽然Flash软件自身可以完成一些动画素材的绘制，但仍然需要导入外部素材，使动画画面更加精彩。导入到舞台中的素材文件可以直接运用到动画中，执行“文件”→“导入”→“导入到舞台”命令（或按【Ctrl+R】组合键），弹出“导入”对话框，如图2-40所示。单击红框标示的下拉按钮，选择素材文件所在的路径，选中路径中的素材文件，单击“打开”按钮，即可将素材导入。

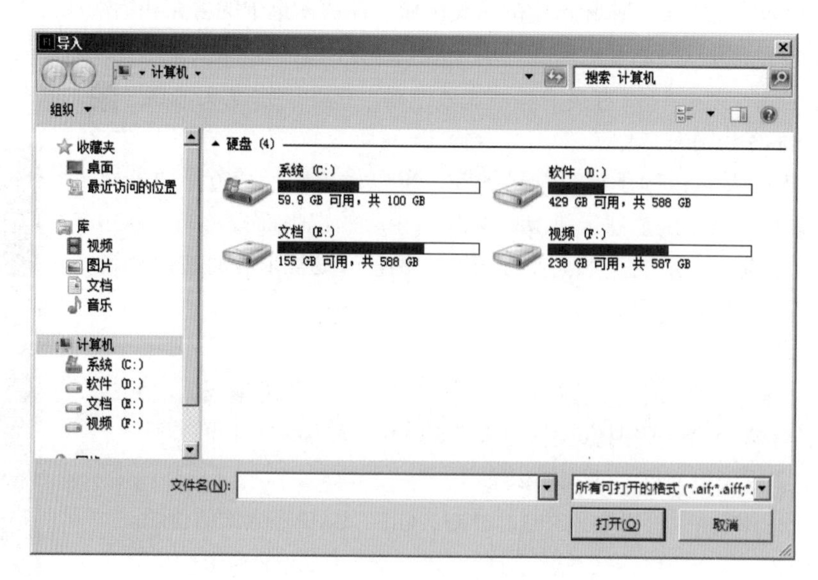


图2-40 “导入”对话框

需要注意的是，当路径中有多个素材文件，在导入素材文件时，Flash软件会弹出图2-41所示的提示框。

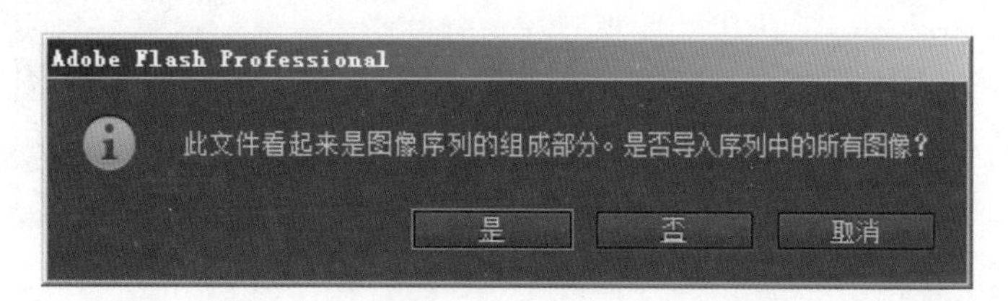


图2-41　提示框

当单击“是”按钮时，路径中的所有素材文件全部导入到舞台上，每张图片会对应生成一个关键帧，如图2-42所示。当单击“否”按钮时，只会导入选中的素材文件。

图2-42　关键帧

6. 测试动画

在动画制作完成后，需要对动画进行相应测试，以确保动画可以流畅地播放。测试动画包含3个命令，分别为测试、测试影片和测试场景，具体介绍如下：

1）测试

在Flash中，测试是指对动画文件进行预览播放。执行“控制”→“测试”命令（或按【Ctrl+Enter】组合键），即可在Flash界面中生成一个SWF文件，该文件会根据之前的设置自动播放动画，如图2-43所示。

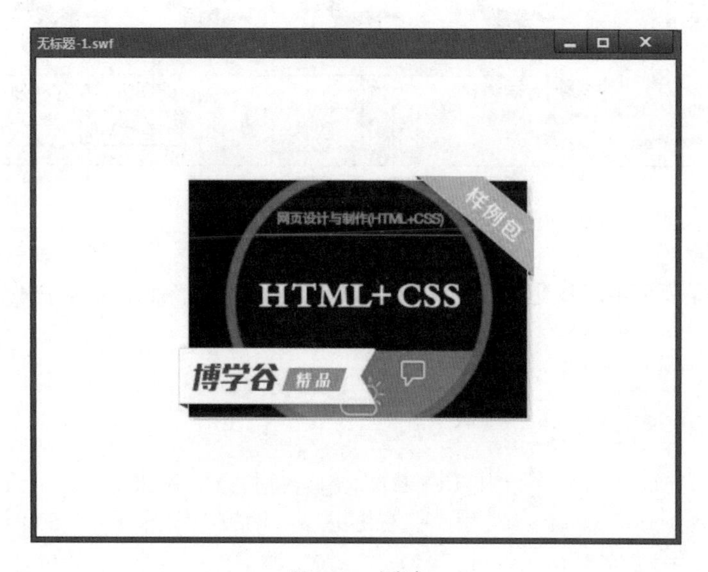


图2-43　测试

2）测试影片

测试影片命令用来选择动画测试的位置是在Flash软件、浏览器或相应的设备中。执行“控制”→“测试影片”命令，会弹出测试影片的位置选项菜单，如图2-44所示，选择相应的命令，即可确认动画的测试位置。

✔ 在 Flash Professional 中(F)
在浏览器中(B)
在 AIR Debug Launcher（桌面）中(L)
在 AIR Debug Launcher（移动设备）中(M)
在通过 USB 连接的设备上(U) ▸

图2-44　测试影片

3）测试场景

在Flash中，测试场景主要用于测试整体动画中某个元素的内容。用户可以双击要测试的元素进入编辑状态，然后执行“控制”→“测试场景”命令（或按【Ctrl+Alt+Enter】组合键）即可对动画进行预览播放。

## 2.2.2　任务分析

在制作小马奔跑动画时，可以从运用素材和绘制背景两方面进行分析。

1. 运用素材

可以将给出的小马奔跑素材分解图（见图2-45）导入到Flash中，让软件自动生成关键帧。

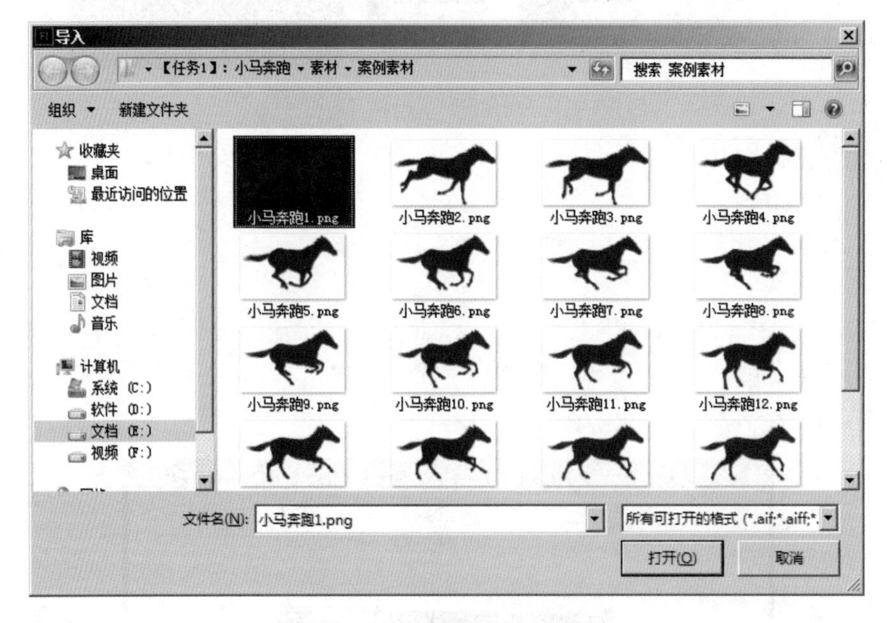


图2-45　小马奔跑素材分解图

2. 绘制背景

可以绘制一条弧度不断变化的弧线，用“橡皮擦工具”擦除和素材重叠的部分，突出马奔跑的速度感。

## 2.2.3　任务实现

Step 01 打开Flash CC软件，按【Ctrl+N】组合键打开“新建文档”对话框，如图2-46所示。在其左侧选择ActionScript 3.0类型，在右侧的参数面板中设置宽度为600像素，高度为400像素，帧频为24 fps，背景颜色为白色，单击“确定”按钮创建一个空白的Flash动画文档。

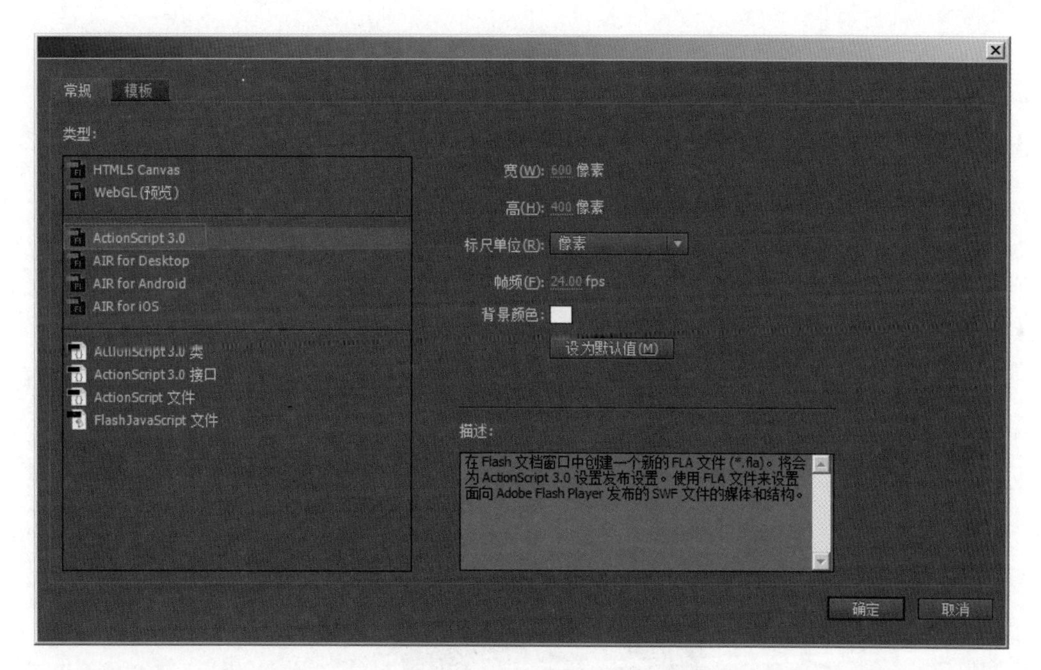


图2-46　“新建文档”对话框

Step 02 执行“文件”→“导入”→“导入到舞台”命令（或按【Ctrl+R】组合键），弹出“导入”对话框，找到任务素材，选择“小马奔跑1.png”（见图2-45），单击“打开”按钮，弹出提示框（见图2-41），单击“是”按钮，将所有素材导入到舞台中，此时Flash会根据素材的数量自动生成对应的关键帧，如图2-47所示。

Step 03 执行“视图”→“标尺”命令（或按【Ctrl+Shift+Alt+R】组合键），调出标尺。

Step 04 将光标移动到水平标尺刻度上（见图2-48），向下拖动，建立一条辅助线，位置如图2-49所示，按【Ctrl+Alt+;】组合键锁定辅助线。

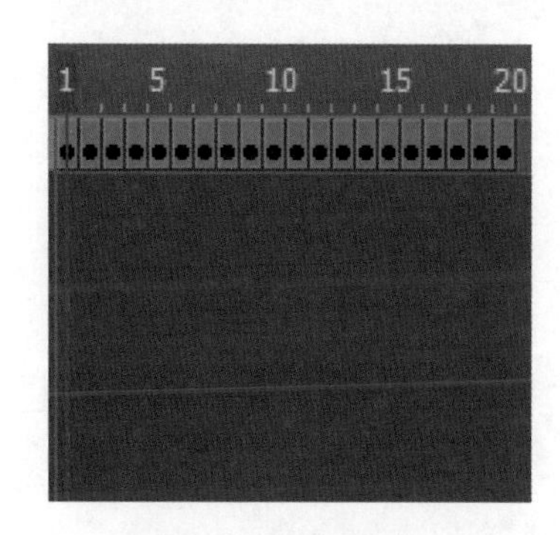


图2-47　生成关键帧

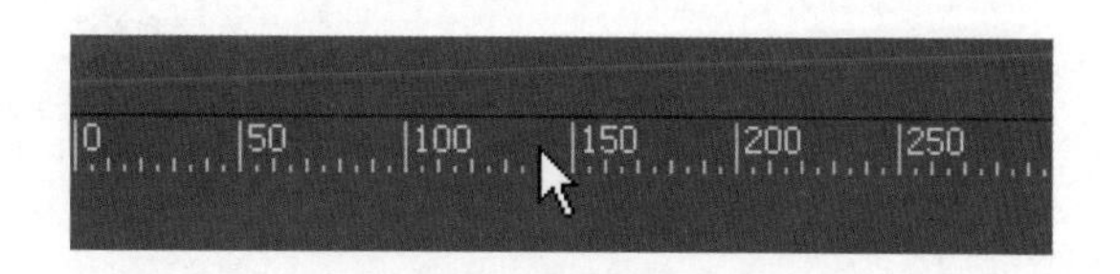


图2-48　标尺

Step 05 选择“直线工具”，在参考线位置绘制一条直线，直线长度和舞台宽度一致。

Step 06 选择“选择工具”，双击舞台中绘制的直线，进入绘制对象区域。将光标放置在直线上方，此时光标会变成，按住鼠标，将直线拖动到图2-50所示位置。

Step 07 选择“橡皮擦工具”，擦除马身体上的直线，效果如图2-51所示。

Step 08 按照Step05~Step07的方法，在剩余的关键帧上绘制直线，调整直线弯曲的弧度。

图2-49　建立参考线

图2-50　拖动直线

图2-51　擦除马身体上的直线

Step 09 按【Ctrl+Enter】组合键测试影片。

Step 10 按【Ctrl+S】组合键，将文件命名后保存在指定位置。

Step 11 执行“文件”→“导出”→“导出影片”命令（或按【Ctrl+Shift+Alt+S】组合键）导出SWF格式的文件。

## 2.3【任务2】电子相片墙

电子照片具有传统照片无法比拟的优势，它不仅可以随意修改编辑，而且永不褪色，便于保存。本次任务是制作一款简单的电子照片墙模板。通过本任务的学习，读者可以进一步熟悉Flash软件的基本操作，掌握矩形工具、椭圆工具、任意变形工具的基本操作技巧。

## 2.3.1　知识储备

### 1. 矩形工具

“矩形工具”是Flash动画的基本形状绘制工具之一，常用于绘制各种比例的方形以及由方形组合演变的复合图形。在工具箱中选择“矩形工具”（快捷键【R】），待光标变成-¦-形状时按住鼠标左键拖动，然后释放鼠标，即可绘制一个矩形，如图2-52所示。

图2-52　绘制矩形

在使用“矩形工具”绘制形状时，有如下一些绘制技巧：

（1）绘制正方形：在绘制过程中，按住【Shift】键，可以绘制一个正方形。

（2）绘制以单击点为中心的方形：在绘制过程中按住【Alt】键，可以绘制一个以单击点为中心的矩形或正方形。

值得一提的是，当选择“矩形工具”后，Flash界面右边的属性面板会切换为“矩形工具”属性面板，如图2-53所示。通过设置面板中“矩形选项”相应参数（或拖动边角控件滑标），可以制作不同圆角半径的圆角矩形。在“矩形选项”中，圆角半径范围为-100~100。图2-54所示为不同圆角半径下绘制的形状。

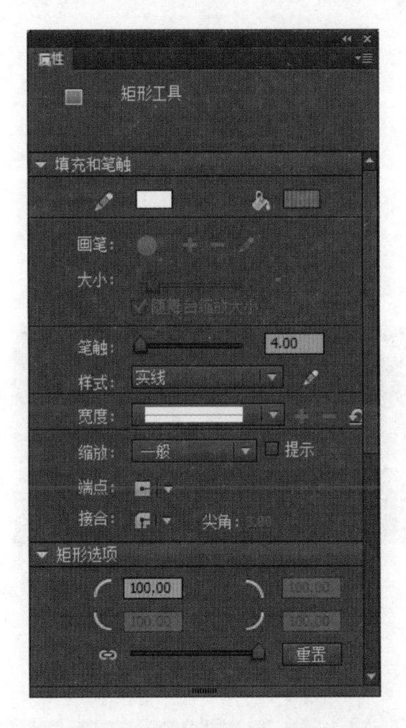


图2-53　“矩形工具”属性面板

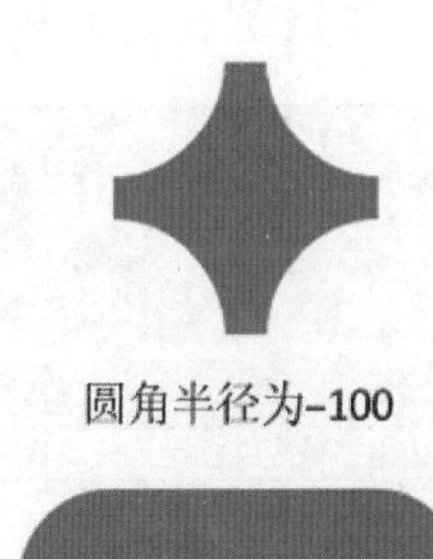

图2-54　矩形选项参数

**注意**

运用“矩形工具”绘制圆角矩形时，其圆角半径参数在绘制矩形前进行设置才有效。

2. 基本矩形工具

“基本矩形工具”■和“矩形工具”位于同一工具组，将光标移动到“矩形工具”上，按住鼠标左键不放，即可在弹出的选项菜单中选择“基本矩形工具”（或重复按【R】键进行快速切换）。“基本矩形工具”的使用方法和“矩形工具”基本相同，最大的区别在于对圆角的设置。运用“基本矩形工具”绘制的矩形，会在矩形四周边框出现控制点，如图2-55所示。

可以直接使用“选择工具”调整矩形四周边框的控制点或在右边的“矩形选项”面板中设置圆角。如图2-56所示，拖动控制点即可对矩形的圆角半径进行调整。

图2-55 对比图

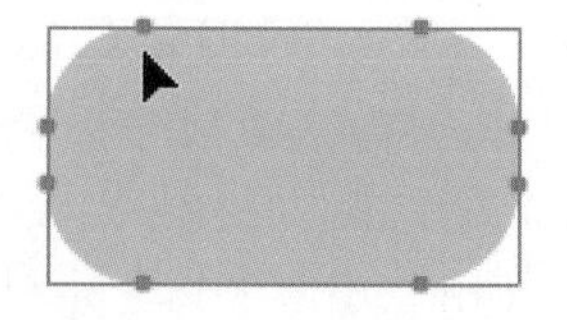

图2-56 调整圆角半径

## 多学一招 设置对角圆角矩形

通过“矩形选项”的⊖按钮，可以设置一些特殊的圆角矩形，例如单角圆角矩形、双圆角矩形，如图2-57所示。

图2-57 双圆角矩形

单击⊖按钮（见图2-58），使之变成⊖状态，即可分别设置各个圆角的半径参数，如图2-59所示。通过设置不同的参数值，可以得到一些特殊的圆角矩形，如图2-60所示。

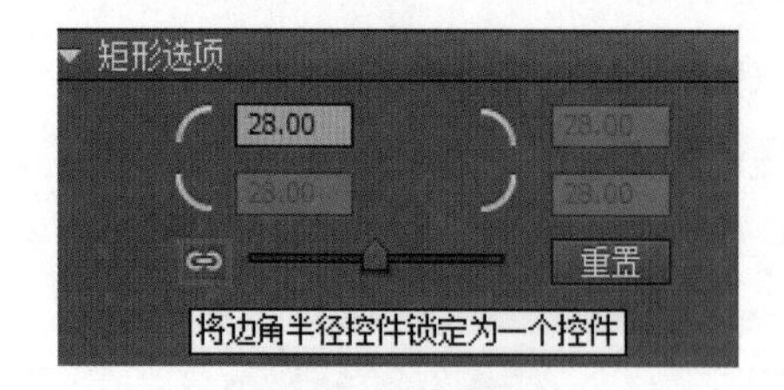


图2-58 整体控制

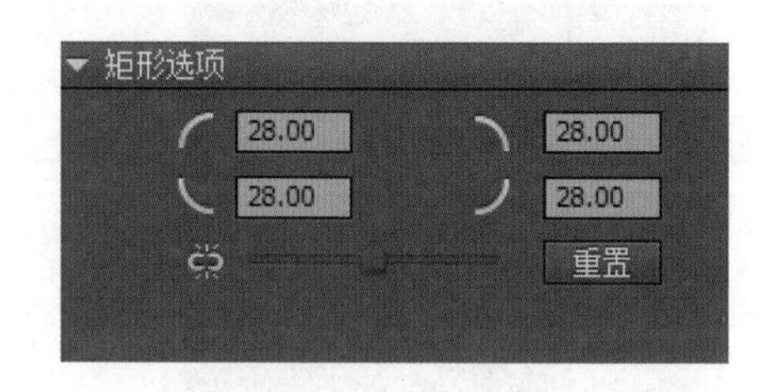


图2-59 单独控制

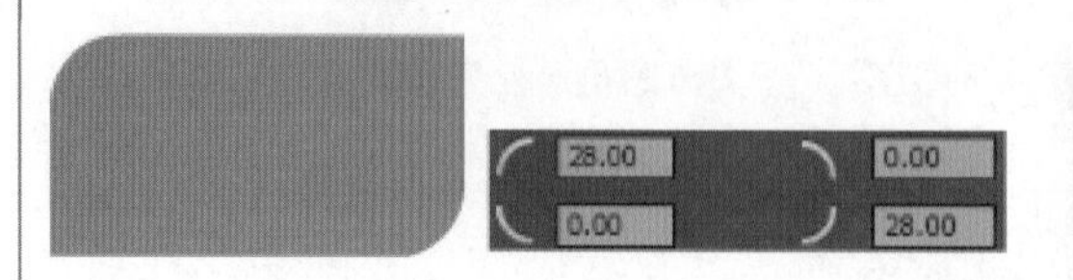


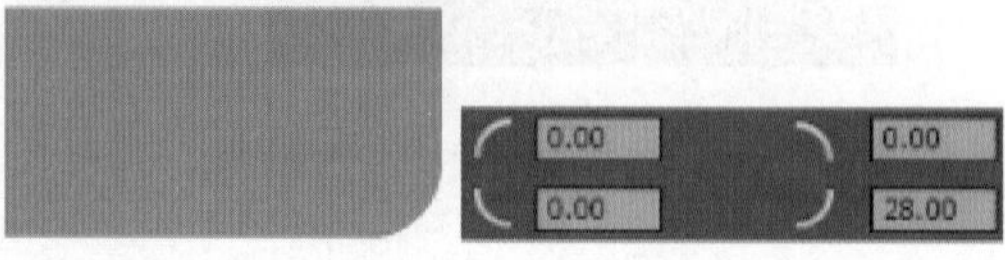


图2-60 特殊圆角矩形

3. 椭圆工具

“椭圆工具”同样是Flash动画的基本形状绘制工具之一，可以快速绘制各种比例的圆形以及由圆形组合演变的复合图形。“椭圆工具”的使用方法和“矩形工具”基本相同。在工具箱中选择“椭圆工具”（快捷键【O】），按住【Shift】键可以绘制一个圆形；按住【Alt】键，可以绘制一个以单击点为中心的圆形，如图2-61所示。

“椭圆工具”的属性面板和“矩形工具”类似，通过“椭圆选项”面板可以设置圆形的“开始角度”“结束角度”“内径”等参数，如图2-62所示。

图2-61　圆形和椭圆形

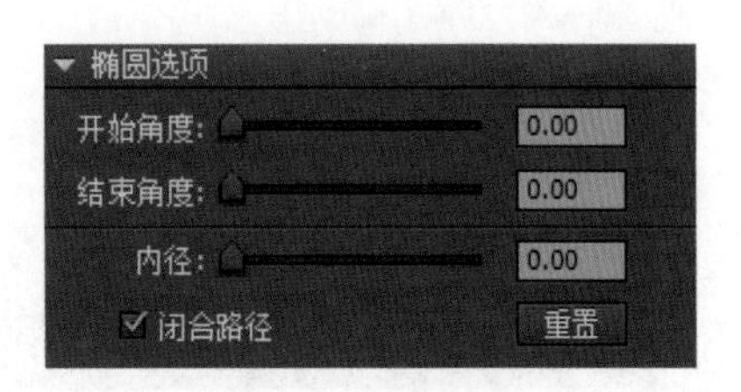


图2-62　椭圆选项

（1）开始角度：通过设置参数值改变起始点的角度。

（2）结束角度：通过设置参数值改变结束点的角度。图2-63所示为设置起始角度为90°和结束角度为90°的对比图。

（3）内径：用于绘制圆环，通过设置参数值可以改变圆环的内径尺寸，如图2-64所示。

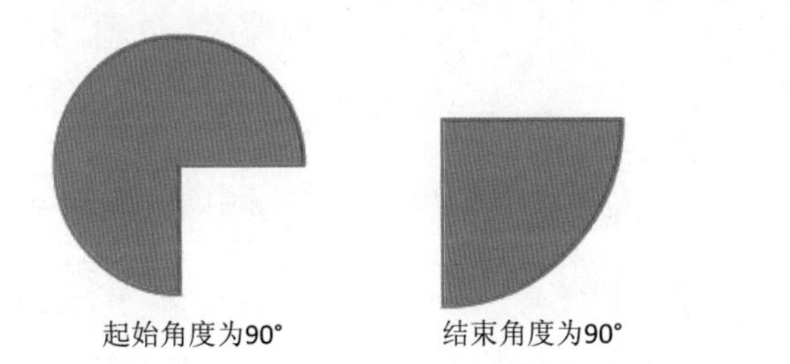


图2-63　对比角度

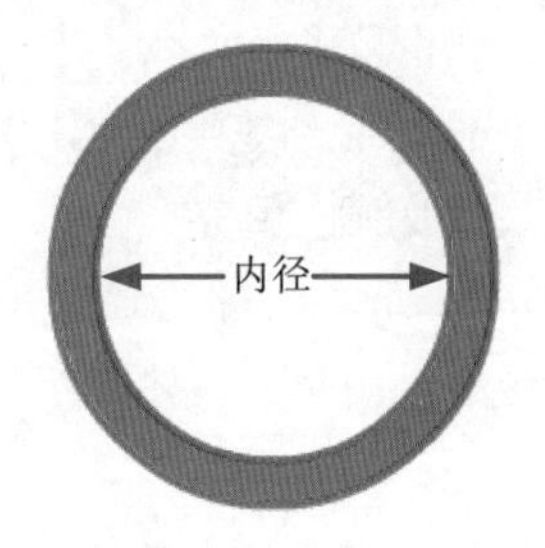


图2-64　内径尺寸

（4）闭合路径：勾选“闭合路径”复选框，椭圆有内部填充，反之则没有内部填充。

4. 基本椭圆工具

“基本椭圆工具”和“椭圆工具”位于同一工具组，使用方法和“椭圆工具”基本相同，但“基本椭圆工具”可以在绘制图形后，再为其设置“椭圆选项”中的参数，因此具有更好的编辑性。运用“基本椭圆工具”绘制的椭圆形，会在其内外两部分出现控制点，内部控制点用于控制内径，外部控制点用于控制开始角度和结束角度，如图2-65所示。

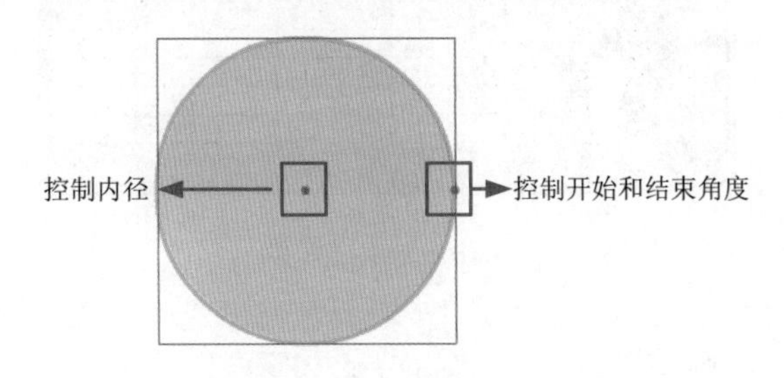


图2-65　基本椭圆工具

可以直接使用“选择工具”调整椭圆的控制点或在右边的“椭圆选项”面板中设置参数。

5. 多角星形工具

“多角星形工具”用于绘制多边形或星形，其绘制方式和矩形工具类似。在工具箱中选择“多角星形工具”后，Flash界面右边的属性面板会切换为该工具的属性面板。单击“工具设置”中的“选项”按钮（见图2-66），弹出“工具设置”对话框，如图2-67所示。

图2-66　工具设置

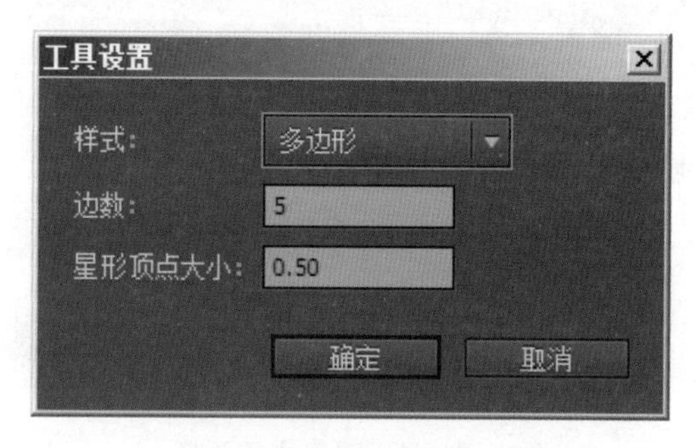


图2-67　“工具设置”对话框

“工具设置”对话框中各参数的功能解释如下：

（1）样式：在该下拉列表中可以选择“多边形”和“星形”两个选项，用于绘制多边形和星形。

（2）边数：用于设置多边形和星形的边数，范围为3～32。

（3）星形顶点大小：当选择样式为“星形”时，可以在该文本框中设置参数值，以确定星形顶点的大小，参数值范围为0～1。

6. 基本颜色填充

在进行动画制作时，绚丽的颜色可以使动画变得更加丰富多彩。在Flash中颜色包括填充颜色和笔触颜色两种，具体介绍如下。

1）设置填充颜色

选中需要填充颜色的图形，在工具箱中单击“颜色填充”色块，即可在弹出的颜色面板中选择色块或设置相应的颜色，如图2-68所示。

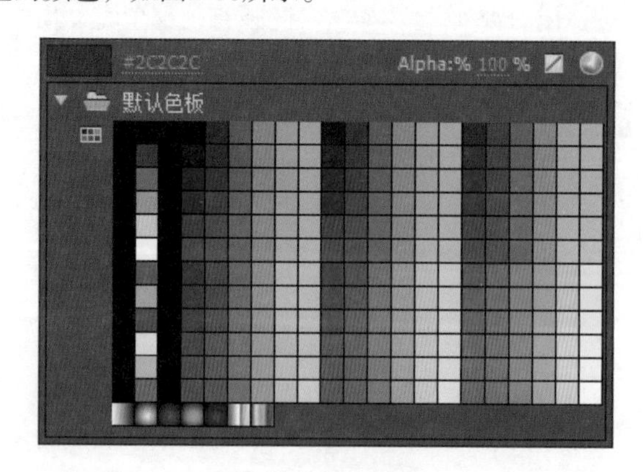


图2-68　颜色面板

在图2-68所示的颜色面板中，Alpha用于设置填充颜色的不透明度，用于取消填充颜色。当默认色板的颜色不能满足需求时，还可以单击按钮，弹出图2-69所示的颜色选择器，在“色域”中拖动鼠标可以改变当前拾取的颜色，拖动“颜色滑块”可以调整颜色范围。选择好颜色后，单击“确定”按钮，即可完成颜色的填充。

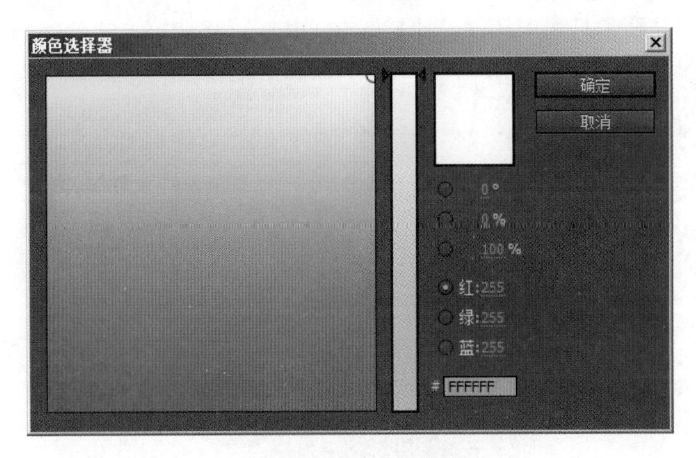


图2-69　颜色选择器

需要注意的是，上述填充颜色的方式仅适用于闭合路径，对于开放路径无法进行填充，这时可以使用“颜料桶工具”进行操作。选择工具箱中的“颜料桶工具”（快捷键【X】）将光标移动到需要填充的图形上单击，即可进行颜色填充。

当选择“颜料桶工具”时，工具栏下方会切换出“颜料桶工具”选项，包括“间隔大小”和“锁定填充”两种。

（1）间隔大小：可根据空隙的大小来处理开放的轮廓，单击按钮，弹出图2-70所示的选项菜单。可以根据间隔的大小，选择相应命令进行填充。

（2）锁定填充：可以对填充颜色进行锁定，锁定后的颜色不能被更改。

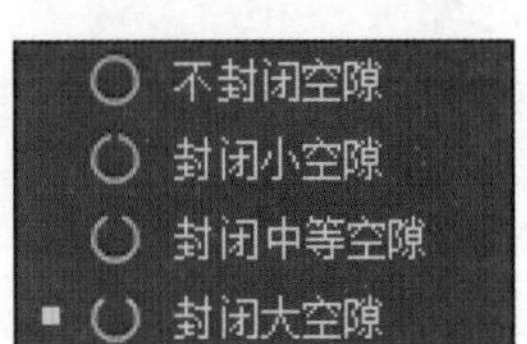


图2-70　间隔选项菜单

2）设置笔触颜色

笔触颜色指的是图形边框的颜色。选中需要填充笔触的图形，在工具箱中单击“笔触颜色”色块，即可在弹出的颜色面板中选择色块，设置相应的笔触颜色。图2-71所示的黑色边框即为填充的笔触颜色。

图2-71　笔触颜色

当图形没有笔触时，可以使用“墨水瓶工具”为其添加笔触。选择工具箱中的“墨水瓶工具”（快捷键【S】），在图形边缘单击，即可为该图形添加笔触，如图2-72所示。

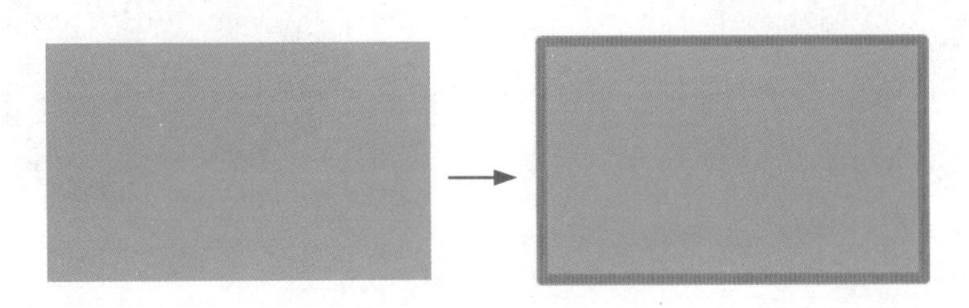

图2-72　添加笔触

7. 任意变形工具

“任意变形工具”用于对图形进行旋转、倾斜、扭曲、缩放、封套等操作，以满足动画制作的基本需求。在工具箱中选择“任意变形工具”（快捷键【Q】），单击需要进行变形的图形对象，对象四周将出现图2-73所示的变形控制框，通过调整控制框的边点和角点，即可对图形进行变形处理。

图2-73　变形控制框

当选择“任意变形工具”后，工具选项区会切换到“任意变形工具”的相关选项，如图2-74所示，从左至右依次为“旋转与倾斜”“缩放”“扭曲”“封套”按钮，具体介绍如下。

图2-74　“任意变形工具”选项

1）旋转与倾斜

单击“工具选项区”的“旋转与倾斜”按钮，将光标移动到图形的角点，当光标变成“↶”形状后按住鼠标左键并拖动，即可对图形进行旋转处理，如图2-75所示。

将光标移动到边点位置，当光标变成“⇅”形状后按住鼠标左键并拖动，即可对图形进行倾斜处理，如图2-76所示。

图2-75　旋转图形

图2-76　倾斜图形

将光标移动到所选图像的中心位置，光标将变成“↖。”形状，此时可以调整图形中心点的位置。

2）缩放

单击“缩放”按钮，可以对选取的图形进行水平缩放、垂直缩放以及等比大小缩放等操作，其操作方法和“旋转与倾斜”类似。

3）扭曲

单击“扭曲”按钮，将光标移动到图形的边点或角点上，即可对图形进行扭曲变形，如图2-77所示。

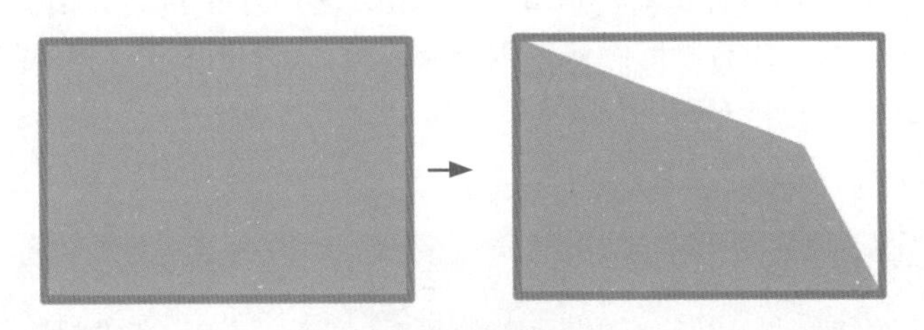

图2-77　扭曲

4）封套

右击需要变形的对象，在弹出的快捷菜单中选择“变形”→“封套”命令，图形边框会出现封套节点，用光标拖动节点，即可对图形进行变形控制，如图2-78所示。

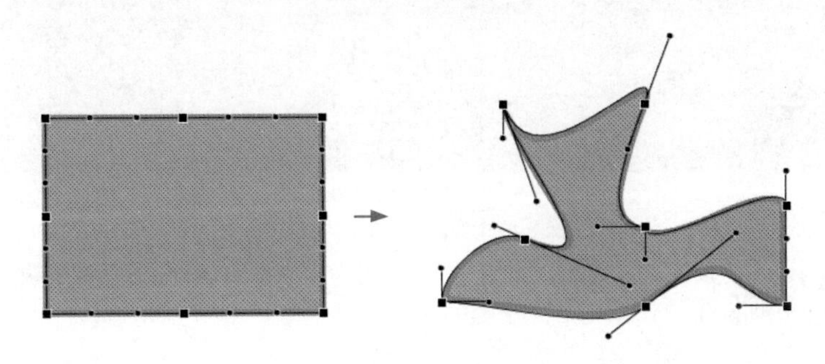

图2-78　封套

**注意**

在Flash中，“扭曲”和“封套”只能应用于形状，不能应用于其他对象上。

## 2.3.2　任务分析

在制作电子照片墙时，可以从内容元素和动画设计两方面进行分析。

1. 内容元素

内容元素主要包括暗红色背景、长线、心形图案、星星。

（1）暗红色背景：可以将舞台的背景设置为暗红色（RGB：170、46、42）。

（2）长线：可以运用“线条工具”绘制一条直线，然后用“选择工具”编辑线形，使其具有弧度。

（3）心形图案：可以运用“椭圆工具”和“选择工具”制作。

（4）星形：可以运用“多角星形工具”制作。

2. 动画设计

电子照片墙主要包含两组动画设计，分别为心形的顺序出现和星星的闪动。根据所学知识，可以通过逐帧动画来一一实现。

## 2.3.3 任务实现

**Step 01** 打开Flash CC软件，按【Ctrl+N】组合键打开“新建文档”对话框。在其左侧选择ActionScript 3.0类型，在右侧的参数面板中设置宽度为800像素，高度为400像素，帧频为24 fps，背景颜色为暗红色（RGB：170、46、42），单击“确定”按钮创建一个空白的Flash动画文档，如图2-79所示。

图2-79 舞台

**Step 02** 选择“线条工具”，设置笔触颜色为白色，笔触高度为4，端点为方形，绘制一条直线，如图2-80所示。

图2-80 绘制直线

**Step 03** 运用“选择工具”将直线调整为弧线，如图2-81所示。

图2-81 调整直线为弧线

**Step 04** 选择“椭圆工具”，在右边的属性面板中设置笔触颜色为白色，填充颜色为浅红色（RGB：247、51、50），笔触为6。按住【Shift】键拖动鼠标绘制一个圆形，如图2-82所示。

**Step 05** 选择“选择工具”，按住【Ctrl】键调整圆形角点至图2-83所示样式。

**Step 06** 设置笔触颜色为无，填充颜色为浅绿色（RGB：120、187、79），选择“矩形工具”，绘制一个如图2-84所示大小的矩形。

图2-82　正圆形

图2-83　编辑图形

Step 07 选择“任意变形工具”，矩形周围出现控制框，将光标移动到控制框边线处，光标变成』形状。拖动光标，将矩形调整为图2-85所示的斜切形状。

图2-84　绘制矩形

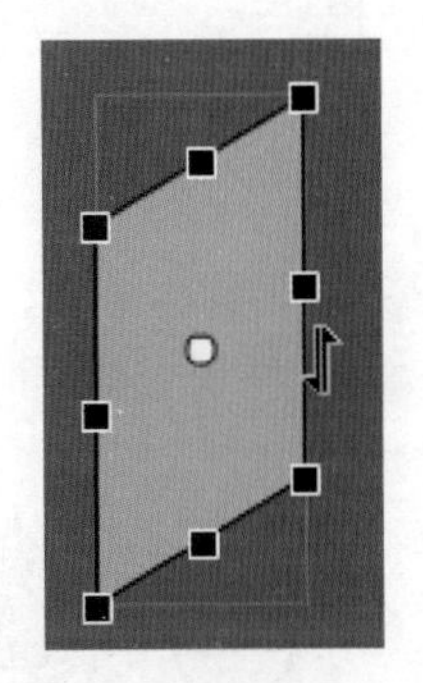

图2-85　调整矩形形状

Step 08 按住【Shift】键，将心形和斜切形状进行缩小，旋转移动至图2-86所示位置。

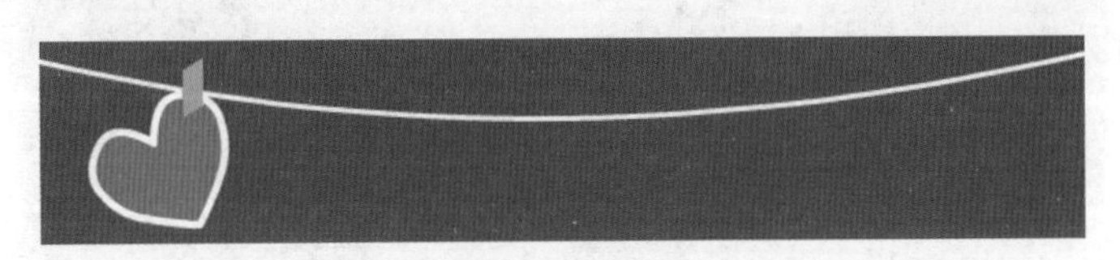

图2-86　调整形状

Step 09 在时间轴面板的帧控制区，选择第2帧，按【F6】键创建一个关键帧，如图2-87所示。

图2-87　创建关键帧

Step 10 复制心形和斜切形状，运用“任意变形工具”调整大小和位置，如图2-88所示。

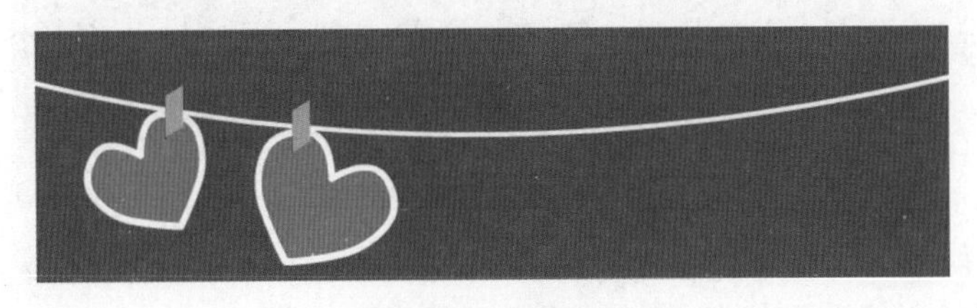

图2-88　任意变形

Step 11 按照Step09 ~ Step10的方法制作如图2-89所示形状。

图2-89　制作形状动画

Step 12 选择“多角星形工具”，单击右边属性面板中的“选项”按钮，弹出“工具设置”对话框。设置样式为“星形”，变数为5，星形顶点大小为0.50，如图2-90所示，单击“确定”按钮，完成设置。

Step 13 设置笔触为无，填充为白色。按【F6】键新建关键帧，在文档中绘制如图2-91所示的星形。

图2-90　“工具设置”对话框

图2-91　绘制星形

Step 14 在时间轴上选择第5帧，场景中对应的图形如图2-92所示。

图2-92　第5帧对应图形

Step 15 按【Ctrl+Alt+C】组合键复制帧，按【Ctrl+Alt+V】组合键将复制的帧粘贴到第7帧。运用星形工具绘制位置不同的星形，如图2-93所示。

图2-93　绘制星形

Step 16 按照Step15中复制帧和粘贴帧的方法，复制第6帧和第7帧，粘贴到后面的位置，使星形的闪烁时间变长，复制粘贴到帧数为15帧，如图2-94所示。

图2-94　复制粘贴帧

Step 17 按【Ctrl+Enter】组合键测试影片。

Step 18 按【Ctrl+S】组合键，将文件命名后保存在指定位置。

Step 19 执行“文件”→“导出”→“导出影片”命令（或按【Ctrl+Shift+Alt+S】组合键）导出SWF格式的文件。

## 2.4【任务3】猫头鹰

在使用Flash进行动画制作时，运用图层可以更方便地编辑和处理对象，让动画的制作变得更加方便简单。本任务是制作一个猫头鹰跳动的动画效果。通过本任务的学习，读者可以掌握部分选取工具和图层的操作技巧。

### 2.4.1　知识储备

1. 认识图层

一个Flash动画通常由若干个对象共同组成，为了便于管理和编辑这些对象，通常会将它们分开绘制，而图层就是将这些对象分开盛放的容器。图2-95所示为动画效果图，该动画对应图层如图2-96所示。

图2-95　动画效果

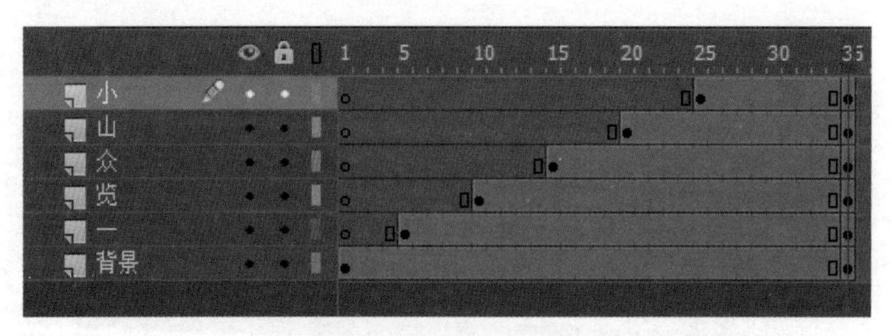


图2-96　对应图层

在图2-95所示的动画中，背景画面单独占据一个图层，画中的每个文字又分别占据一个图层，方便对文字进行单独控制，添加动画效果。

在Flash动画中，图层就像透明玻璃一样，每一块上面都有不同的画面，将这些玻璃叠在一起就组成一幅比较复杂的画面。在上面一层添加内容，会遮住下面一层中相同位置的内容，但如果上面一层的某个区域没有内容，透过这个区域就可以看到下面一层相同位置的内容。图层解析如图2-97所示。

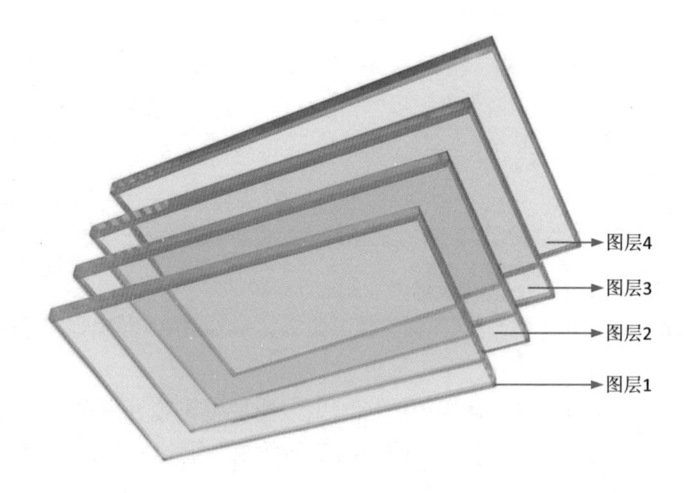


图2-97　图层解析

在Flash中，每个图层都是相互独立的，拥有自己的时间轴，包含独立的帧，用户可以在一个图层上任意修改图层内容，而不会影响到其他图层。

2. 创建图层

新建Flash文件时，系统会自动生成一个图层，并将其命名为“图层1”。此后，根据动画制作的需要，可以运用以下几种方法创建新图层。

（1）单击时间轴下方的“创建新图层”按钮，即可创建一个新的图层，如图2-98所示。

（2）在菜单中执行“插入”→“时间轴”→“图层”命令，即可在选中图层的上方插入一个新图层。

（3）选中一个已经存在的图层并右击，弹出图2-99所示的快捷菜单，选择“插入图层”命令，即可在被选中的图层上方创建新图层。

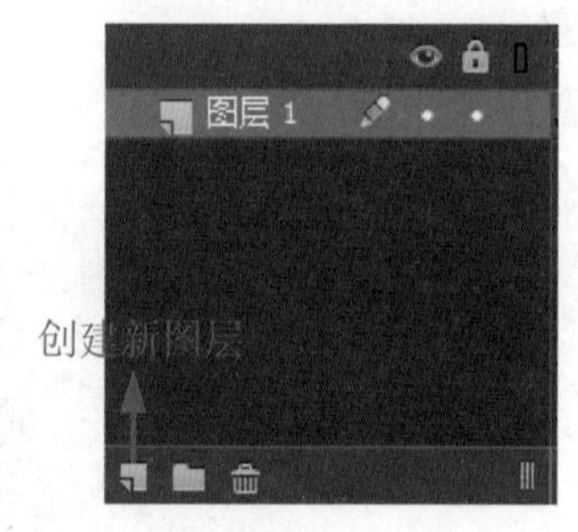


图2-98　创建新图层按钮

3. 重命名图层

在Flash中插入的图层都会按照“图层1”“图层2”等系统默认的名称命名，这个名称通常为“图层+数字”。每创建一个新图层时，图层名称的数字就会依次递增，当图层越来越多时，为了便于区分和编辑图层，就需要改变图层的名称，即重命名图层。重命名图层的方法十分简单，在需要重命名的图层名称上双击，即可激活文本输入框，如图2-100所示，在文本框中输入新名称即完成图层的重命名。

图2-99　插入图层

图2-100　激活文本框

4. 选取图层

选取图层就是将图层变为当前编辑层，用户可以在当前图层上进行绘制图形、导入对象的操作，选取图层的方法十分简单，将光标移动到“时间轴”面板的图层编辑区域，选中该图层即可，当选中图层时，图层右侧会出现图标，整个图层会显示出特殊颜色的色条，表示该图层为当前编辑层，如图2-101所示。

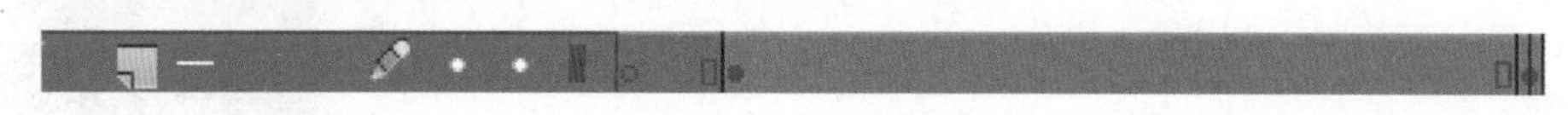

图2-101　选取图层

选取图层时有如下一些操作技巧：

（1）在选择图层时，按住【Ctrl】键可同时选择多个图层。

（2）在选择图层时，按住【Shift】键，用光标单击两个图层，则两个图层中间的图层也会被选中。

**注意**

一次仅能设置一个图层为当前编辑图层，但可以同时选择多个图层。

5. 移动图层

由于Flash中的图层顺序决定了重叠对象的显示情况，处于上层的对象会遮盖处于下层的对象。因此在制作Flash动画时，经常需要对图层进行移动，改变它们的排列顺序。

在“时间轴”面板中单击需要移动的图层，按住鼠标左键不放，将图层向下（或向上）拖动，这时会出现一条“射线”，将“射线”拖动到相应位置，如图2-102所示。此时释放鼠标，即可完成图层的移动。

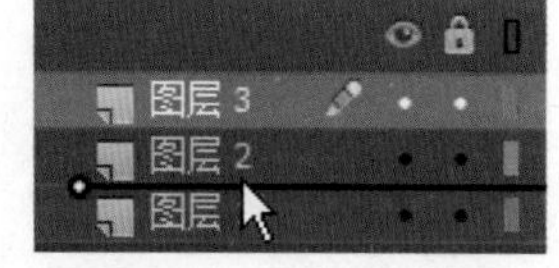


图2-102　“时间轴面板”

此外，用户也可以选中图层并右击，在弹出的快捷菜单中选择“复制图层”“剪切图层”“粘贴图层”“拷贝图层”等命令，对图层的整体内容进行移动。

6. 删除图层

在Flash动画中，对于不需要的图层，可以将其删除。选中需要删除的图层，单击“时间轴”面板中的“删除”按钮即可将图层删除。还可以在选中图层上右击，在弹出的快捷菜单中选择“删除图层”命令即可。

7. 设置图层的显示及锁定属性

在图层的右上方有3个按钮。分别用于控制图层的显示和隐藏、锁定、显示轮廓，具体解释如下：

（1）显示或隐藏图层：默认情况下，图层为显示状态。单击按钮，将隐藏所有图层对象，隐藏的图层显示图标，如图2-103所示。如果要单独显示或隐藏某一图层，可在该图层右侧的或图标上单击，即将图层显示或隐藏。

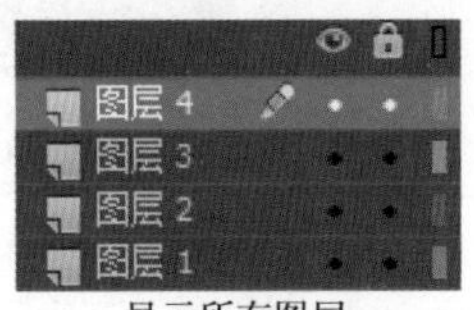


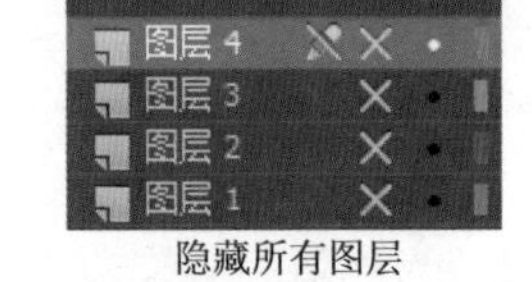


图2-103 显示或隐藏图层

（2）锁定或解除锁定图层：对于已经编辑完成的图层可以暂时将其锁定，被锁定的图层将不能进行编辑操作。单击按钮，将锁定所有图层，被锁定的图层右侧显示“锁定”图标，如图2-104所示。再次次单击图标，即可将图层解锁。

图2-104 锁定图层

（3）显示轮廓：单击按钮，将所有图层中的对象显示为轮廓，如图2-105所示。再次单击可取消图层对象的轮廓显示。

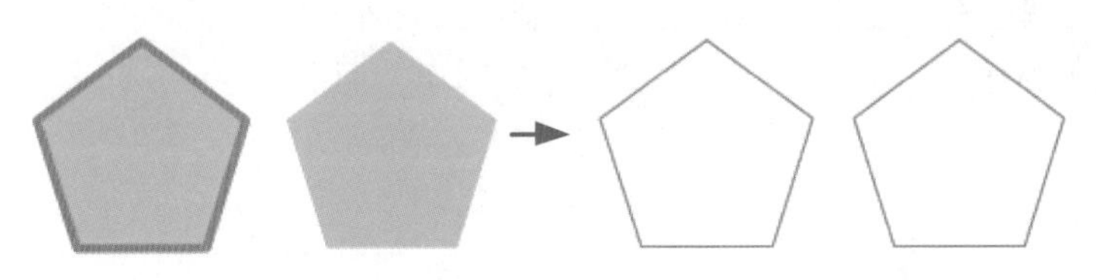

图2-105 显示轮廓

8. 图层文件夹

运用图层文件夹可以更方便地组织和管理图层，方便动画的制作和调整。在使用图层文件夹之前，需要掌握一些基本的操作技巧，如创建文件夹、图层的放入和移除以及删除文件夹等，具体介绍如下：

1）创建图层文件夹

（1）单击“时间轴”面板下方的“新建文件夹”按钮，即可创建一个文件夹。

（2）在菜单栏中执行“插入”→“时间轴”→“图层文件夹”命令，即可新建一个文件夹。

（3）在选中的图层上右击，在弹出的快捷菜单（见图2-106）中选择“插入文件夹”命令，即可创建一个文件夹。

图2-106 弹出菜单

2）放入和移出图层

当图层文件夹创建完成后就可以将图层放入其中。选中将要放入的图层，将其拖动到文件夹所在的位置，释放鼠标，即可将图层放置于图层文件夹中。移出图层的方法和放入类似，选中需要移出的图层，将其移出文件夹所在位置即可。

3）删除文件夹

对于不需要的图层文件夹，可以将其删除。选中需要删除的文件夹，单击“时间轴”面板底部的按钮，即可将其删除。

9．部分选取工具

“部分选取工具”和“选择工具”类似，却比“选择工具”具有更强的编辑性。使用“部分选取工具”不仅可以选择移动形状，通过调整“节点”，还可以对形状进行一些必要的修改，以使其符合要求。在工具箱中选择“部分选取工具”（快捷键【A】），然后用光标单击形状的边缘，即可显示出形状的路径和节点，如图2-107所示。

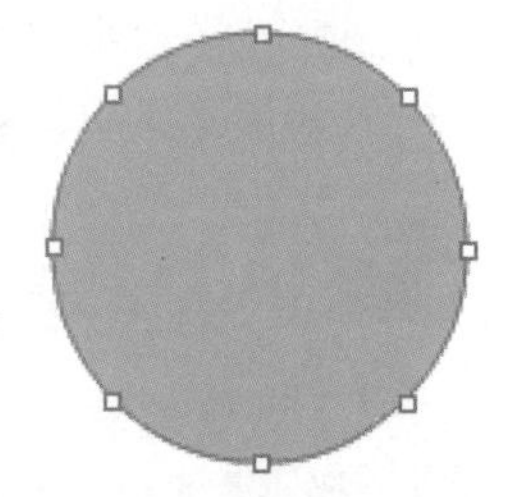

图2-107 显示路径

用光标选中节点，即可对其进行拖动、删除等操作，具体讲解如下：

（1）选中节点：用光标单击即可选中节点，选中的节点会变成实心。

（2）选中多个节点：在选取节点时，按住【Shift】键，可以选中多个节点。

（3）删除节点：按【Delete】键，即可将选中的节点快速删除。

（4）移动节点：选中节点后，可以用鼠标拖动节点进行粗略移动，也可以使用键盘上的方向键精确移动节点，每按一次可以移动一个像素。图2-108所示为节点移动后的图形效果。

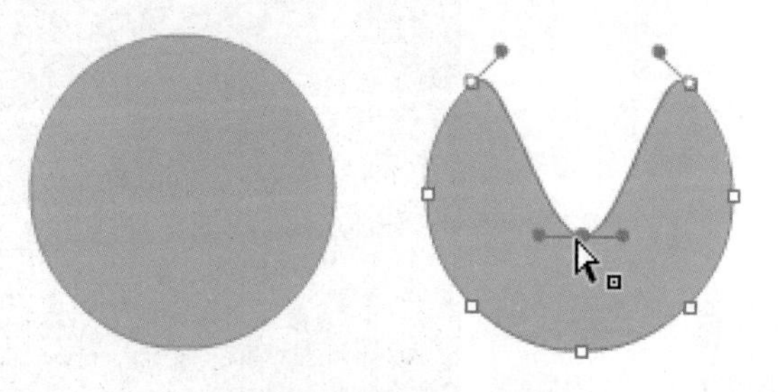

图2-108 移动节点效果

**注意**

在移动节点时，如果按住【Shift+键盘方向键】，可以每次移动10个像素点。

## 2.4.2 任务分析

本次动画的主题是绘制一只深夜中的猫头鹰。针对该任务，可以从背景元素、猫头鹰动画以及星星动画3部分进行分析。

1．背景元素

动画中始终不变的对象均可以作为背景。该动画可以将夜晚的天空、黄色的月亮以及猫头鹰站立的树枝这些不动的对象作为背景。

（1）夜晚天空：可以将舞台背景设置为深蓝色（RGB：0、0、50）。

（2）月亮：可以运用“椭圆工具”绘制。

（3）树枝：可以运用“矩形工具”绘制，并使用“选择工具”和“部分选取工具”编辑形状使其末端变得弯曲。

2. 猫头鹰动画

静态猫头鹰：可以运用“椭圆工具”和“多角星形工具”绘制。

猫头鹰动画：可以运用逐帧动画，制作猫头鹰跳跃移动的动画效果。

3. 星星动画

静态星星：可以运用“多角星形工具”绘制。

星星闪动：可以运用关键帧和空白关键帧的逐帧动画进行制作。

## 2.4.3 任务实现

1. 制作背景

Step 01 打开Flash CC软件，按【Ctrl+N】组合键打开“新建文档”对话框，在其左侧选择ActionScript 3.0类型，在右侧的参数面板中设置宽度为900像素，高度为500像素，帧频为8 fps，背景颜色为深蓝色（RGB：0、0、50），单击“确定”按钮创建一个空白的Flash动画文档。

Step 02 将系统自动生成的“图层1”重命名为“背景”，如图2-109所示。

Step 03 设置笔触颜色为无，填充颜色为棕色（RGB：18、0、0），选择“矩形工具”，绘制一个如图2-110所示大小的矩形。

图2-109 重命名图层

图2-110 绘制矩形

Step 04 运用“选择工具”将矩形调整至图2-111所示样式。

图2-111 调整矩形

Step 05 选择“部分选取工具”，调整矩形右侧的端点，如图2-112所示使其变得尖锐。

图2-112 部分选取工具

Step 06 设置笔触颜色为无，填充颜色为浅黄色（RGB：243、227、107），选择“椭圆工具”，绘制一个图2-113所示大小的圆形。

图2-113　绘制圆形

Step 07 至此，背景绘制完成。在时间轴上选择第35帧，按【F5】键创建普通帧，然后锁定背景图层。

2．制作猫头鹰动画

Step 01 单击“时间轴”面板中的“新建图层”按钮，得到“图层2”。将“图层2”重命名为“猫头鹰动画”。

Step 02 在椭圆工具组中选择“基本椭圆工具”，在右边的属性面板中设置笔触颜色为深灰色（RGB：45、45、45），填充颜色为浅褐色（RGB：182、153、133），笔触大小为8，绘制图2-114所示的椭圆形。

Step 03 运用“基本椭圆工具”绘制图2-115所示图形。

图2-114　绘制椭圆形

图2-115　圆形

Step 04 选择“多角星形工具”，单击右侧属性面板中的“选项”按钮，弹出“工具设置”对话框，设置样式为多边形，边数为3，如图2-116所示。单击“确定”按钮，完成设置。

Step 05 设置笔触为无，填充为深灰色（RGB：45、45、45），在舞台中绘制一个三角形，如图2-117所示。

Step 06 运用“任意变形工具”调整三角形至图2-118所示大小，然后复制一个，作为猫头鹰的耳朵。

图2-116 设置多边形

图2-117 绘制三角形

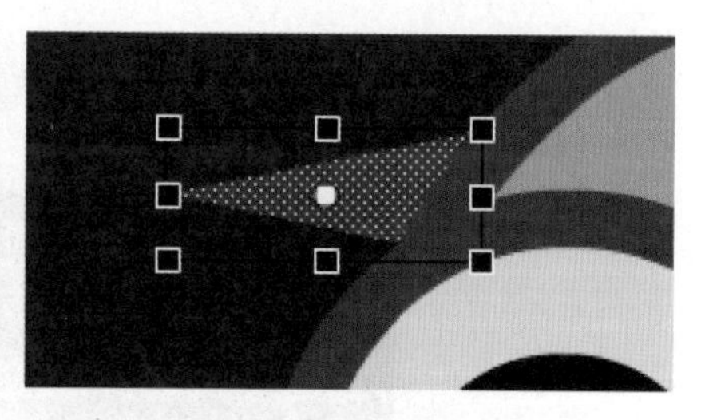

图2-118 任意变形工具

Step 07 运用“多角星形工具”和“任意变形工具”绘制图2-119所示样式。

Step 08 运用“椭圆工具”和“选择工具”绘制出猫头鹰嘴巴形状，如图2-120所示。

图2-119 绘制三角形

图2-120 绘制嘴巴

Step 09 在“时间轴”面板中选择第5帧，按【F6】键创建关键帧，如图2-121所示。

图2-121 创建关键帧

Step 10 在舞台中选中猫头鹰，整体向右下方移动至图2-122所示位置。

Step 11 在“时间轴”面板中选择第6帧，按【F6】键创建关键帧，并调整舞台中的猫头鹰向右上方移动。依次类推创建至第10帧，制作猫头鹰跳动的效果。单击“时间轴”面板中的“绘图纸外观”按钮查看运用轨迹，如图2-123所示。

图2-122 移动图形

图2-123 绘图纸外观效果

Step 12 至此，猫头鹰动画效果制作完成，将该图层锁定。

3. 制作星星动画

Step 01 单击“时间轴”面板中的“新建图层”按钮，得到“图层3”。将“图层3”重命名为“星星动画”。

Step 02 选择“多角星形工具”，单击右侧“属性”面板中的“选项”按钮，弹出“工具设置”对话框，设置样式为星形，边数为5，星形顶点大小为0.5，如图2-124所示。单击“确定”按钮，完成设置。

图2-124　“工具设置”对话框

Step 03 选择“星星动画”图层的第1帧，设置笔触为无，填充颜色为浅黄色（RGB：243、227、107），绘制图2-125所示的星形。

图2-125　绘制星形

Step 04 分别在第10帧、第20帧、第30帧处创建关键帧，在第5帧、第15帧、第25帧处创建空白关键帧，具体如图2-126所示。

图2-126　创建关键帧和空白关键帧

Step 05 至此星星动画制作完成，按【Ctrl+Enter】组合键测试影片。

Step 06 按【Ctrl+S】组合键，将文件命名后保存在指定位置。

Step 07 执行“文件”→“导出”→“导出影片”命令（或按【Ctrl+Shift+Alt+S】组合键）导出SWF格式的文件。

# 巩固与练习

一、判断题

1. 在Flash动画制作中，帧是构成动画的基本单位。（　　）

2. 在时间轴上，关键帧显示为空心圆，表示在该帧中存在可编辑的图形或元素。（　　）

3. 在Flash动画中，如果删除中间的某些帧，后面的帧不会自动填补空位。（　　）

4. 在Flash中，如果需要选中多个图形，只需按住【Ctrl】键，再点选对象即可。（　　）

5. 在Flash中，对于已经编辑完成的图层可以暂时将其锁定，被锁定的图层将不能进行编辑操作。（　　）

二、选择题

1. 下列选项中，属于Flash动画中帧的分类的是（　　）。

A. 普通帧　B. 关键帧　C. 空白关键帧　D. 补间帧

2. 在绘制直线时，若要使直线沿45º或者45º的倍数方向倾斜，需按住（　　）键。

A. Shift　B. Ctrl　C. Alt　D. Shift+ Alt

3. 下列选项中，属于测试动画所包含的命令的是（　　）。

A. 测试图形　B. 测试　C. 测试影片　D. 测试场景

4. 选择矩形工具后，在绘制过程中按下（　　）键可绘制正方形。

A. Shift　B. Ctrl　C. Alt　D. Shift+ Alt

5. 在Flash中，通过任意变形工具可对图形进行（　　）操作。

A. 旋转　B. 倾斜　C. 扭曲　D. 缩放

# 第 3 章

# 形状补间动画

<table>
<tr><td rowspan="4">知识学习目标</td><td>☑ 了解形状补间动画的概念，能够对形状补间动画有一个基本的认识。</td></tr>
<tr><td>☑ 掌握形状补间动画的创建方法，能够制作出过渡自然的动画变形效果。</td></tr>
<tr><td>☑ 掌握钢笔工具的使用，能够熟练运用钢笔工具绘制图形。</td></tr>
<tr><td>☑ 掌握对象的对齐方法，能够快速完成对象的对齐操作。</td></tr>
</table>

在Flash动画制作中，形状补间动画可以制作出各种奇妙的变形动画效果。然而什么是形状补间动画？该动画如何创建？本章将通过“绿色的田野”“可怜的地鼠”“小小牵牛花”三个任务，详细讲解形状补间动画的特点和制作技巧。

# 3.1 形状补间动画概述

在进行动画制作之前，首先需要了解形状补间动画的基础知识，以便制作出高水平、高质量的动画效果。本节将从形状补间动画的概念、形状补间动画的创建方法以及如何应用变形提示功能等知识对形状补间动画进行详细讲解。

## 3.1.1 形状补间动画的概念

形状补间动画实际上是由一个对象变换成另一个对象的过程，而该过程只需要用户提供两个分别包含变形前和变形后对象的关键帧，在一个关键帧中绘制一个形状，然后在另一个关键帧中更改该形状或绘制另一个形状，Flash根据两者之间帧的值和形状的变化来创建动画。

形状补间动画可以实现两个图形之间颜色、形状、大小、位置的相互变化。如图3-1所示，由左侧的图形变换为右侧的图形时，通过创建形状补间动画即可演示出两个图形间的过渡过程，图 3-2所示即为变化过程中某一帧的效果展示。

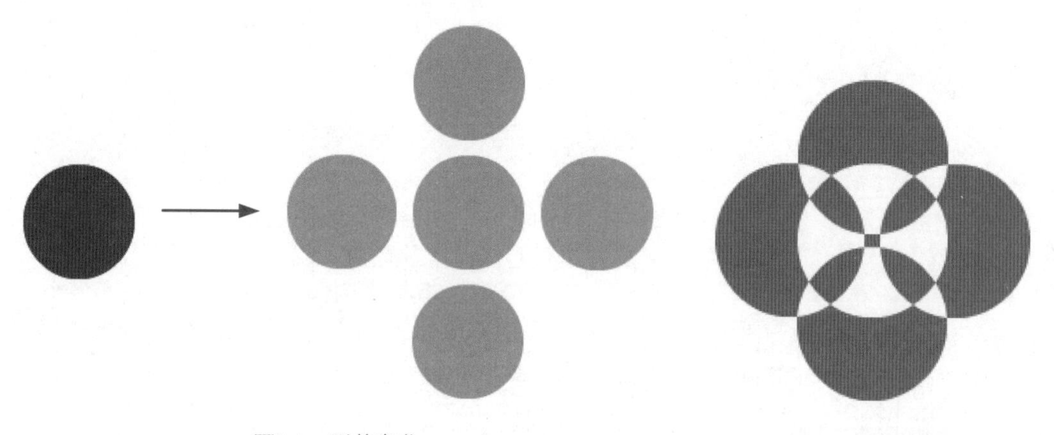

图3-1　形状变化

图3-2　过渡效果

**注意**

在创作形状补间动画的过程中，如果使用的元素是图形元件、按钮元件、文字，则必须先将其“分离”，然后才能创建形状补间动画。

## 3.1.2 形状补间动画的创建方法

对形状补间动画有了一定的了解之后，就可以创建形状补间动画。创建形状补间动画的方法十分简单，可以分为以下几个步骤。

（1）在时间轴面板上动画开始播放的地方创建一个关键帧并设置要开始变形的形状，一般一帧中以一个对象为好。

（2）在动画结束处再创建另一个关键帧并设置要变成的形状。

（3）设置好图形后在两帧之间的任意一帧上右击，弹出图3-3所示的快捷菜单，选择“创建补间形状”命令，此时两个关键帧之间的背景色将变为绿色，并出现一个带有箭头的直线，如图3-4所示，表明动画创建完成。此外选择两帧之间的任何一帧后，执行“插入”→“补间形状”命令（见图3-5），也可创建形状补间动画。

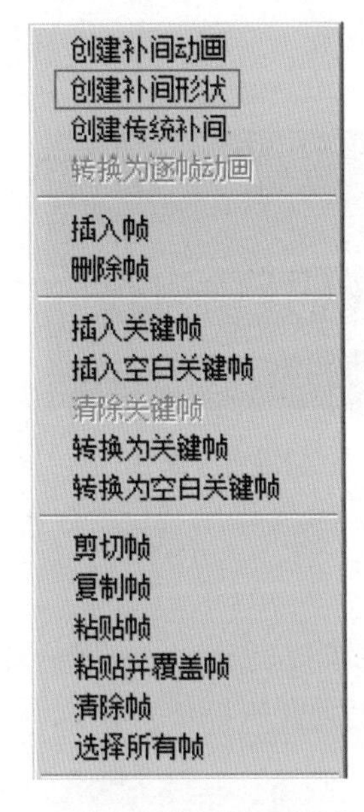

图3-4　时间轴效果

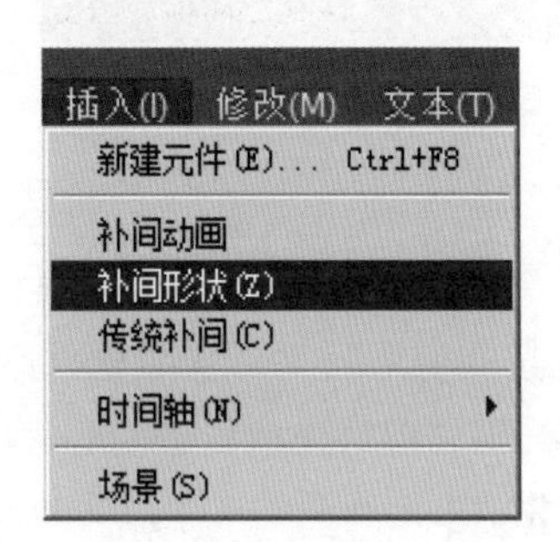


图3-3　选择“创建补间形状”命令

图3-5　选择“补间形状”命令

## 3.1.3　形状补间动画的属性设置

形状补间动画属性主要用于调整动画的显示效果。当建立完一个形状补间动画后，单击两个关键帧中的任意帧，“属性”面板中会显示形状补间动画相应的属性，如图3-6所示。

该“属性”面板上主要有两个属性可以改变动画的显示效果，分别为“缓动”属性和“混合”属性。

1）“缓动”属性

“缓动”属性用于设置每帧时间的变化速率，默认情况下的变化速率是不变的，即参数为0，当参数在0～-100时，动画运动的速度从慢到快，朝运动结束的方向加速补间。当参数在0～100时，动画运动的速度从快到慢，朝运动结束的方向减慢补间。

2）“混合”属性

“混合”属性中有两个选择项，单击右侧的下拉按钮，即可弹出下拉菜单，如图3-7所示。

（1）“分布式”选项：当选择该选项时创建的动画中间形状比较平滑和不规则。

（2）“角形”选项：创建的动画中间形状会保留明显的角和直线，适合于具有锐化转角和直线的混合形状。

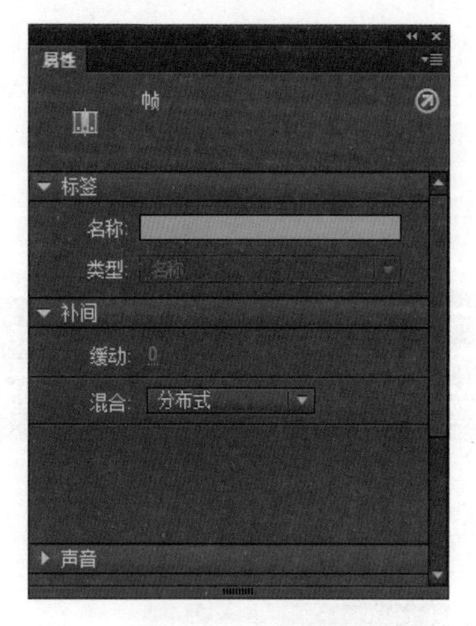


图3-6 “属性”面板

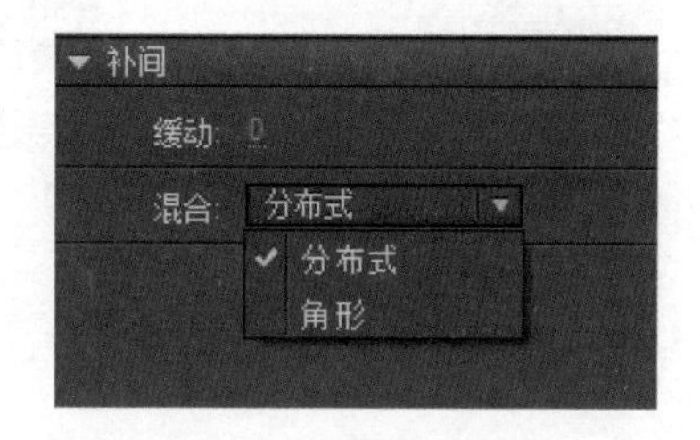


图3-7 “混合”属性

## 3.1.4 形状提示

对于一些复杂的变形效果，依靠软件默认的形状变化，往往难以表现逼真细腻的动画效果，这时就需要运用“形状提示”。“形状提示”是Flash形状补间动画所特有的功能，可以通过标识起始形状和结束形状中的对应点完成变形操作。

1. 添加形状提示

“形状提示”可标识a ~ z共26个提示标记，也就意味着在一次形状补间动画中可以使用26次“形状提示”功能。在实际运用中，可以通过以下几个步骤添加“形状提示”。

（1）在起始关键帧中绘制一个矩形，结束关键帧中绘制一个正五边形。

（2）选中起始关键帧，执行“修改”→“形状”→“添加形状提示”命令（或按【Ctrl+Shift+H】组合键），在该帧上会添加一个带有字母a的红色圆圈，如图3-8所示。同样在结束关键帧中也会出现一个带有字母a的红色圆圈，如图3-9所示。

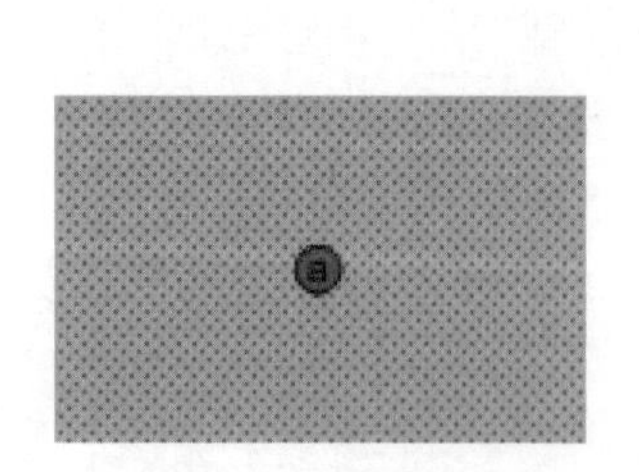


图3-8 起始关键帧

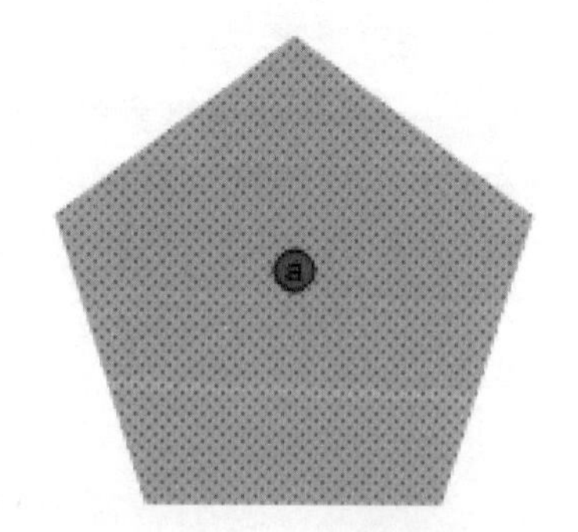


图3-9 结束关键帧

（3）继续执行4次“修改”→“形状”→“添加形状提示”命令，起始关键帧和结束关键帧中均添加b、c、d、e 4个红色圆圈，分别移动5个提示标记到图3-10和图3-11所示的位置。

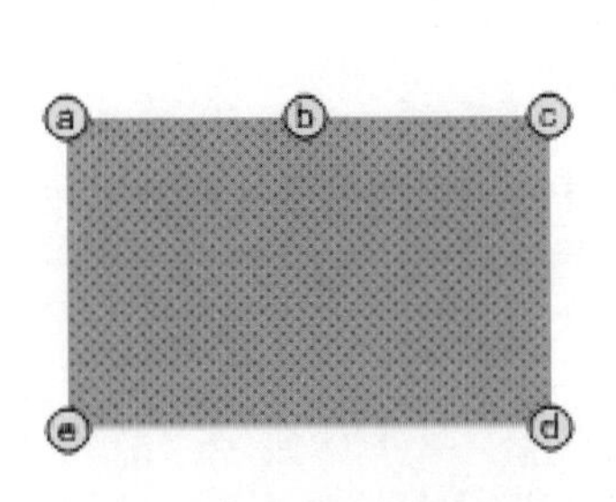


图3-10　带标记的起始关键帧

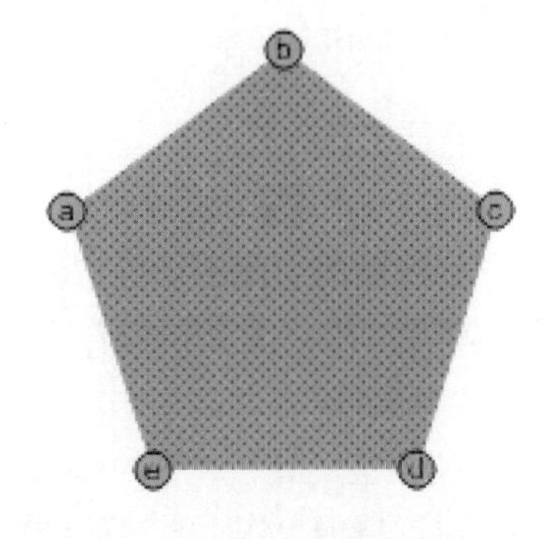


图3-11　带标记的结束关键帧

（4）此时起始关键帧中的红色圆圈变为黄色，结束关键帧中的红色圆圈变为绿色，表明形状提示添加成功。

（5）按【Enter】键播放动画时会按照标记所对应的位置进行变形。

**注意**

1. “形状提示”标识必须放置在形状的边缘才起作用。
2. 若想隐藏“形状提示”，可执行“视图”→“显示形状提示”命令即可。

2. 删除形状提示

在动画制作过程中对于多出的“形状提示”标识可以将其删除。“形状提示”标识的删除方法十分简单，右击“形状提示”标识，在弹出的快捷菜单中选择“删除提示”或“删除所有提示”命令即可，如图3-12所示。

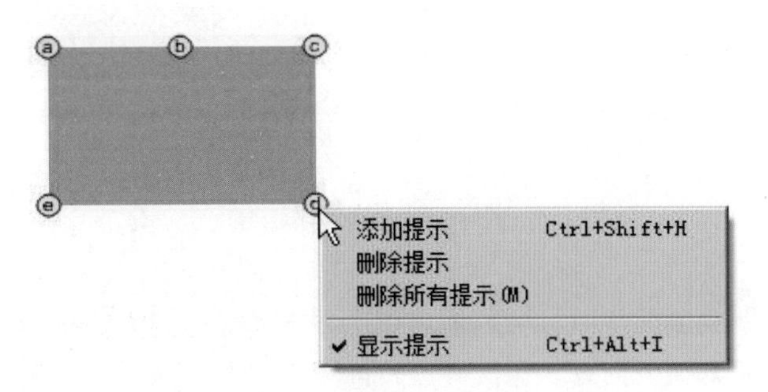


图3-12　删除“形状提示”

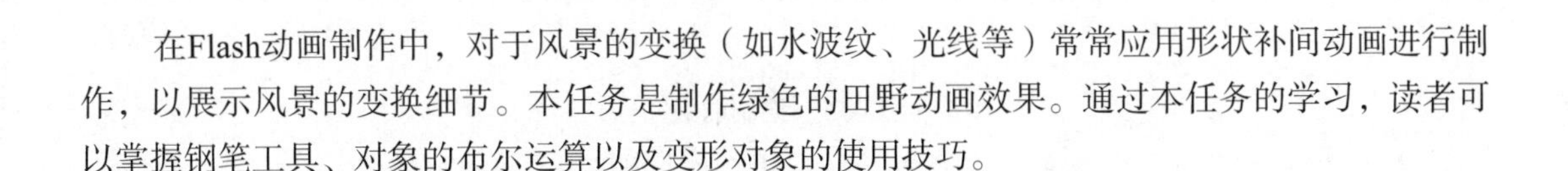


在Flash动画制作中，对于风景的变换（如水波纹、光线等）常常应用形状补间动画进行制作，以展示风景的变换细节。本任务是制作绿色的田野动画效果。通过本任务的学习，读者可以掌握钢笔工具、对象的布尔运算以及变形对象的使用技巧。

## 3.2.1 知识储备

1. 钢笔工具

“钢笔工具”（快捷键【P】）是Flash CC 中主要的绘图工具，通常可以绘制直线、曲线以及任意形状的封闭图像等。熟练使用钢笔工具是每个Flash使用者应该掌握的基本技能。下面介绍“钢笔工具”常用的操作方法。

1）绘制直线

选择“钢笔工具”，在绘图区域单击，创建第一个锚点，作为直线的起点，然后将鼠标移动到另一位置单击，作为直线的结束点，即可创建一条直线，如图3-13所示。

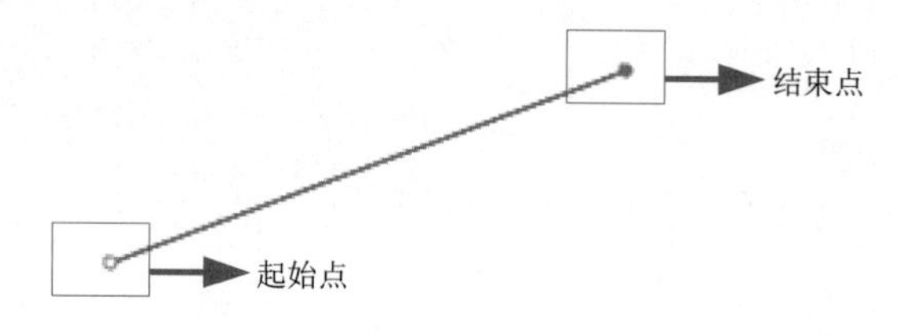


图3-13　绘制直线

2）绘制折线

使用“钢笔工具”绘制好一条直线后，在下一位置单击，如果第三个点和前两个点不在同一条直线上，则形成有夹角的折线，在绘制第三个点的同时，按住【Shift】键，可将绘制的线段沿45°角的倍数方向进行调整，如图3-14所示。

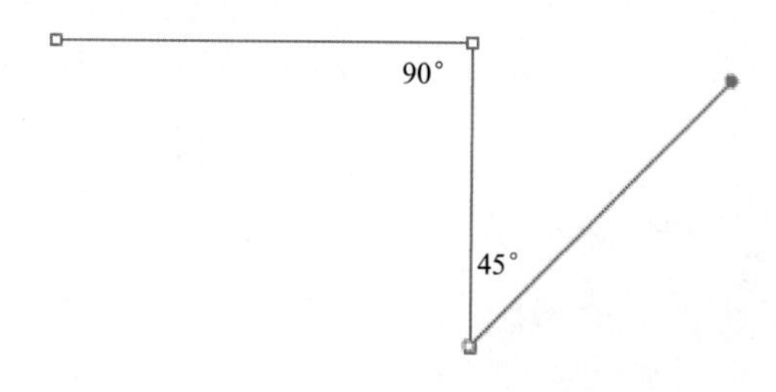


图3-14　绘制折线

3）绘制曲线

使用“钢笔工具”绘制曲线时，可以通过单击并拖动光标的方法直接创建曲线。选择“钢笔工具”，创建路径的第一个锚点。在该锚点附近再次单击并拖动光标创建一个“平滑点”，两个锚点之间会形成一条曲线路径，如图3-15所示。

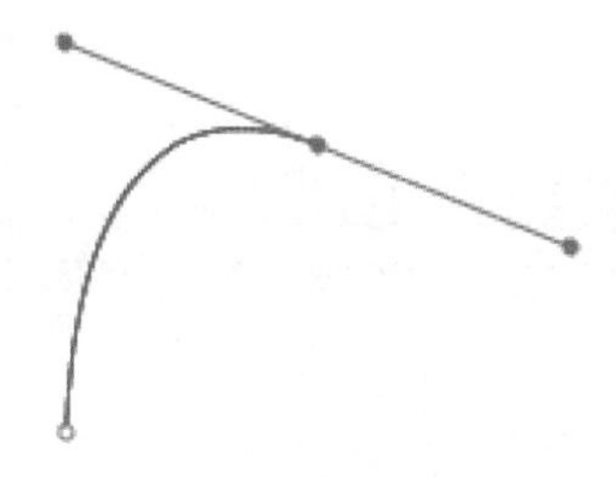

图3-15　绘制曲线

使用“钢笔工具”绘制曲线路径时，按住【Ctrl】键不放，会将“钢笔工具”暂时变为

“部分选取工具”，可以调整曲线路径的弧度。按住【Alt】键不放，会暂时将“钢笔工具”转换为“转换锚点工具”（后面将会详细讲解该工具，这里了解即可）。可实现“平滑点”与“角点”之间的转换。

4）绘制封闭图形

要绘制封闭图形，可将“钢笔工具”移至曲线起始点处，此时钢笔工具右下角将显示一个小圆圈，单击即可绘制封闭图形。

5）结束绘制

若要结束“钢笔工具”的绘制操作，可在按住【Ctrl】键的同时，在非图形区单击，或单击工具箱中任意其他工具，即可结束操作。

2. 添加锚点工具

“添加锚点工具”（快捷键【=】）主要用来增加路径上的锚点。选择“部分选取工具”，单击图形即可将其选中，并显示图形上的锚点，如图3-16所示。选择“钢笔工具”后再次单击“钢笔工具”图标展开图3-17所示的工具组，选择“添加锚点工具”，在路径上无锚点的位置单击，可以添加一个锚点，如图3-18所示。

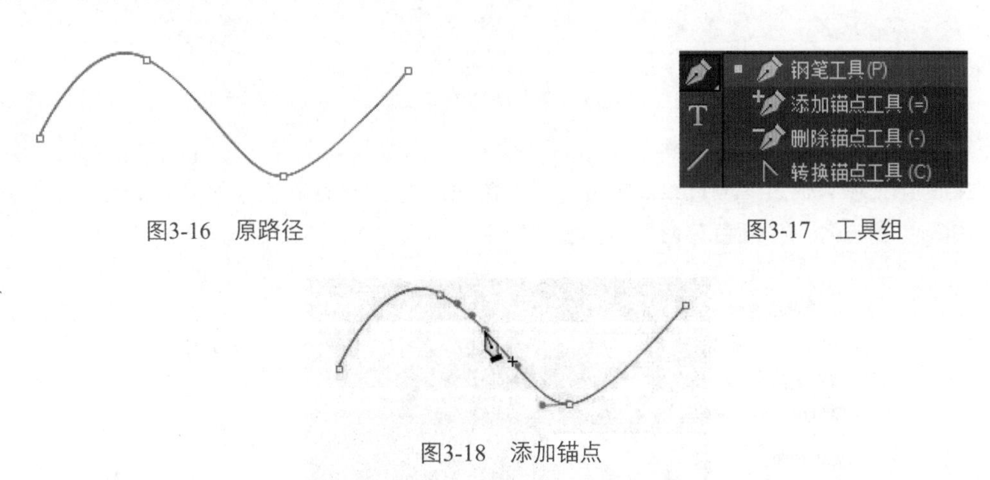


图3-16　原路径

图3-17　工具组

图3-18　添加锚点

3. 删除锚点工具

“删除锚点工具”（快捷键【-】）主要用来减少路径上的锚点。同样选择“部分选取工具”，单击图形后显示图形上的锚点，选择“删除锚点工具”在锚点上单击，可以删除该锚点，如图3-19所示。删除锚点后路径的形状会发生改变，如图3-20所示。

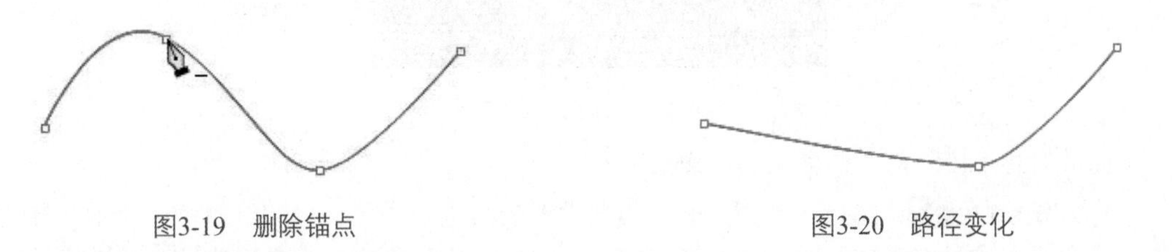

图3-19　删除锚点

图3-20　路径变化

4. 转换锚点工具

使用“转换锚点工具”（快捷键【C】）可以实现“平滑点”和“角点”之间的相互转换。使用“部分选取工具”单击需要修改的图形，选择“转换锚点工具”将光标放在需要转换的锚点上，即可在平滑点和角点之间进行转换。

（1）“平滑点”转换为“角点”：直接在“平滑点”上单击，即可将“平滑点”转换为“角点”，如图3-21所示。

图3-21　平滑点转换为角点

（2）“角点”转换为“平滑点”：按住鼠标左键不放并拖动鼠标，即可将“角点”转换为“平滑点”，如图3-22所示。

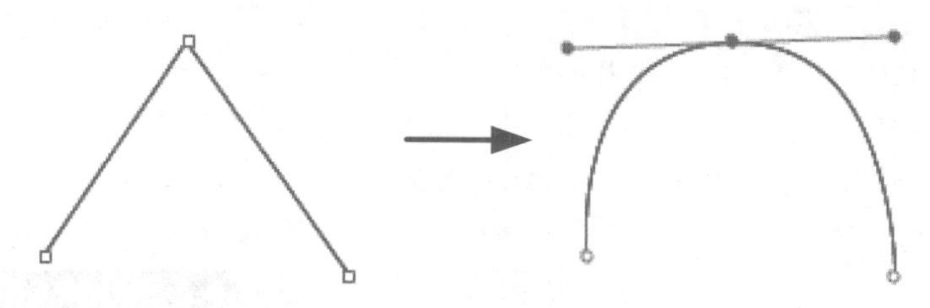

图3-22　角点转换为平滑点

5. 颜色面板

在Flash CC中，通过“颜色”面板可以用来精确设置 “笔触颜色”和“填充颜色”的颜色样式。执行“窗口”→“颜色”命令，弹出“颜色”面板，如图3-23所示。

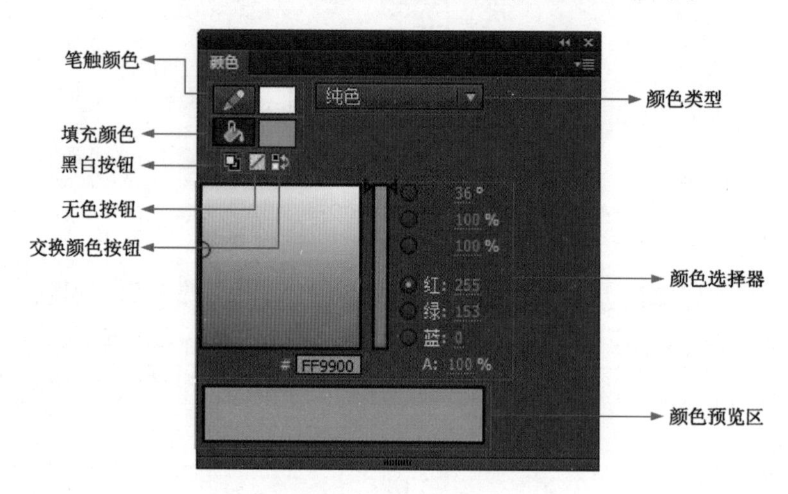


图3-23　“颜色”面板

下面针对各个模块的具体含义进行详细讲解。

（1）笔触颜色：选择该按钮，表示当前设置的为笔触颜色，可通过颜色选择器部分对颜色进行设置，或单击笔触图标右侧的颜色块，可在弹出的颜色选框中对当前颜色和样式进行修改，如图3-24所示，也可通过工具栏设置笔触颜色。

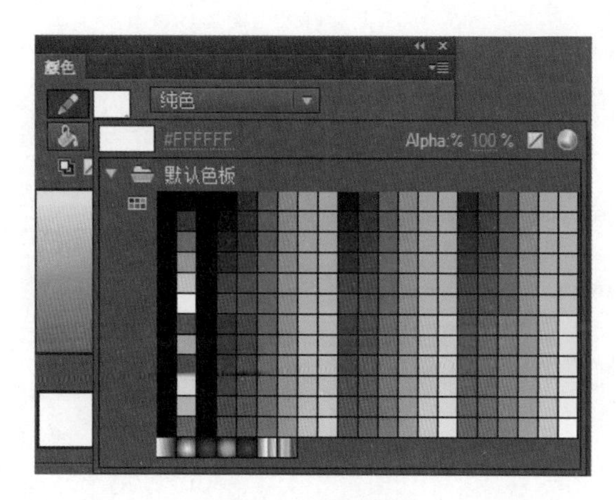


图3-24　颜色选框

（2）填充颜色：单击该按钮，表示当前设置的为填充颜色，设置方法与笔触颜色相同。

（3）黑白按钮：单击该按钮，笔触及填充色会恢复为系统默认的状态。

（4）无色按钮：单击该按钮，可将颜色设置为无。

（5）交换颜色按钮：单击该按钮，可交换笔触颜色和填充颜色的样式。

（6）颜色选择器：在左侧的颜色选择区域中移动鼠标可以选择任意颜色。下方显示了当前所选颜色的十六进制颜色值，也可在选框中输入具体色值来定义颜色。右侧从上至下的6个单选框分别代表“H（色相）”“S（饱和度）”“B（亮度）”和“R（红）”“G（绿）”“B（蓝）”，可通过调节具体的参数值精确定义颜色。大写字母A代表不透明度的参数值。

（7）颜色类型：单击右侧的下拉按钮，从下拉列表中可选择颜色的填充类型，如图3-25所示。

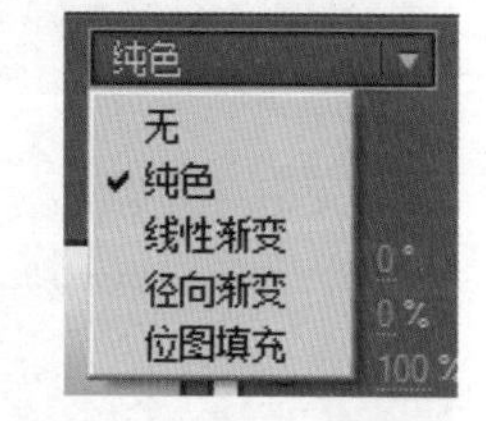


图3-25　颜色填充类型

① 线性渐变：选择线性渐变后，面板效果如图3-26所示。将鼠标放在最下端的滑动色带上时，光标变为形状，单击即可增加颜色控制点，选中某个控制点向外拖动，使其脱离滑动色带，即可删除该控制点。通过改变色值可改变控制点的颜色，调整Alpha的值可改变其透明度。

② 径向渐变：选择径向渐变后，面板效果如图3-27所示，颜色的设置方法与线性渐变相同，只是效果为放射状渐变。

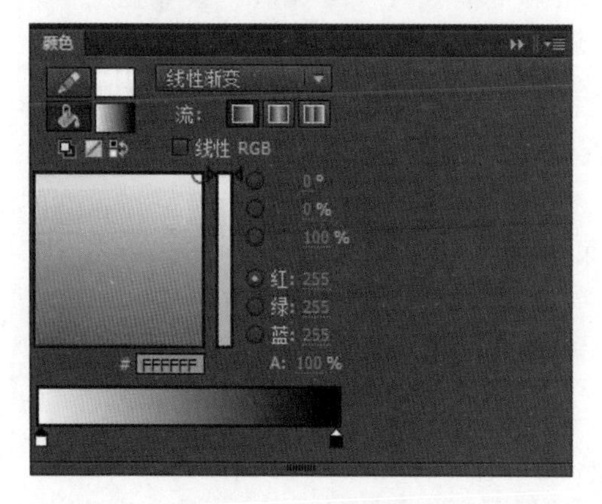


图3-26　线性渐变

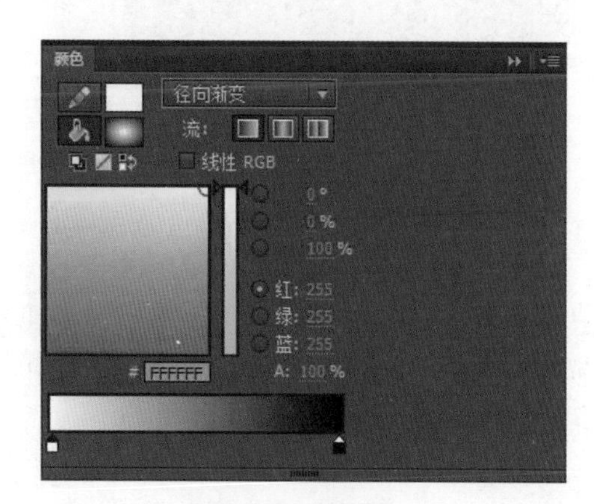


图3-27　径向渐变

③ 位图填充：选择位图填充后，弹出“导入到库”对话框，选择要导入的图片，如图3-28所示。单击“打开”按钮，图片被导入到面板中，如图3-29所示。选择“椭圆工具”在舞台中绘制一个椭圆，则椭圆被导入的位图所填充，如图3-30所示。

图3-28　导入到库

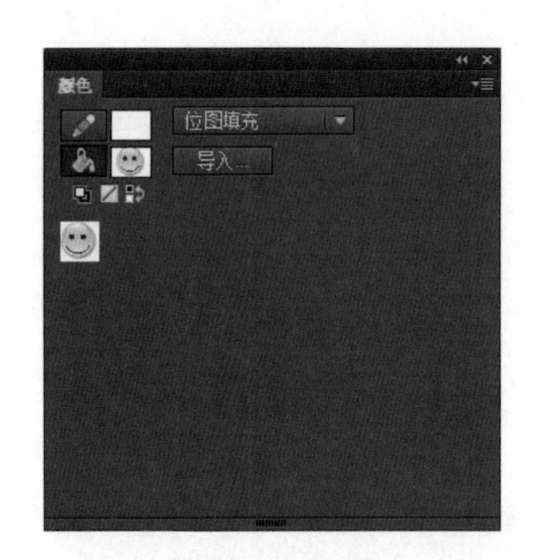


图3-29　导入位图

图3-30　填充效果

（8）颜色预览区：该区域可预览当前所设置颜色的显示效果。

6. 渐变变形工具

“渐变变形工具”用于为图形中的填充效果进行变形处理。如进行旋转、缩放等，使色彩的变化效果更加丰富。针对不同的渐变类型，“渐变变形工具”的操作方法也各不相同。

1）径向渐变

选用“椭圆工具”在舞台中绘制一个椭圆形，并填充径向渐变，如图3-31所示。选用“渐变变形工具”在椭圆区域内单击，会在椭圆

图3-31　径向渐变椭圆

周围出现1个圆环和4个控制点，如图3-32所示。

下面针对4个控制点的用途进行具体讲解。

（1）控制点1：用于调整渐变效果的中心，鼠标选中该点后进行移动，渐变中心会随之一起发生改变，如图3-33所示。

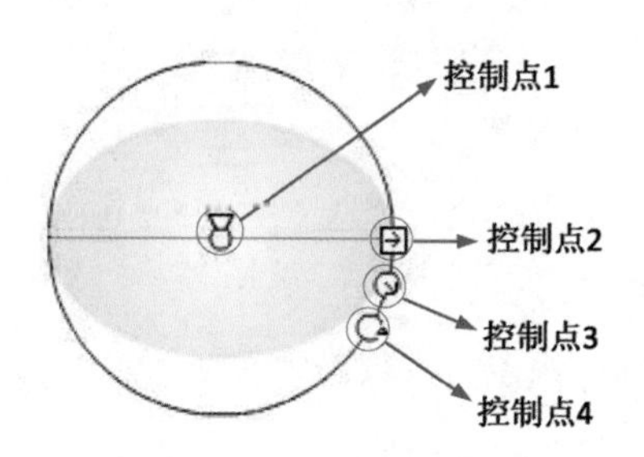


图3-32　径向渐变变形

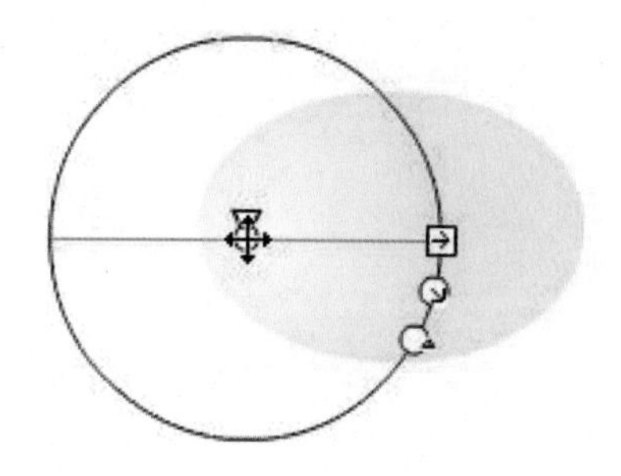

图3-33　调整控制点1

（2）控制点2：用于调整渐变效果的长宽比，鼠标选中该点后向中心方向拖动，效果如图3-34所示；向远离中心方向拖动，效果如图3-35所示。

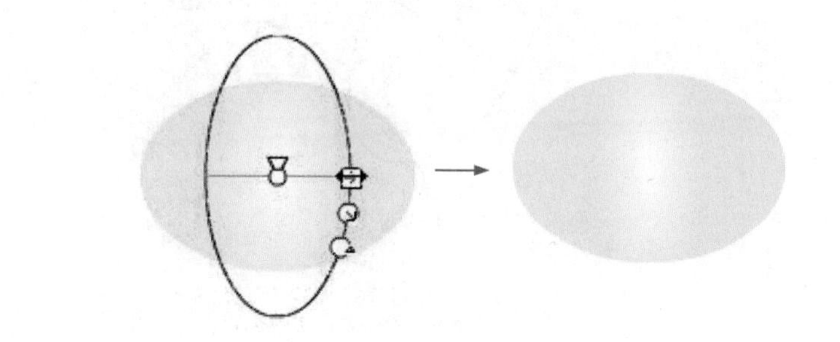

图3-34　靠近中心

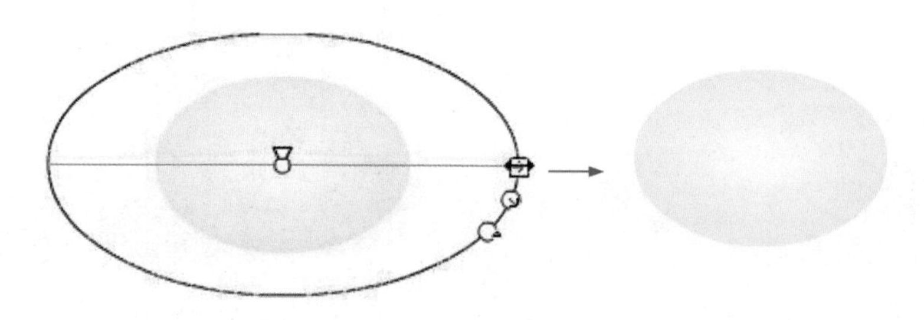

图3-35　远离中心

（3）控制点3：用于调整渐变圆环的大小，鼠标选中该点后向中心方向拖动，效果如图3-36所示；向远离中心方向拖动，效果如图3-37所示。

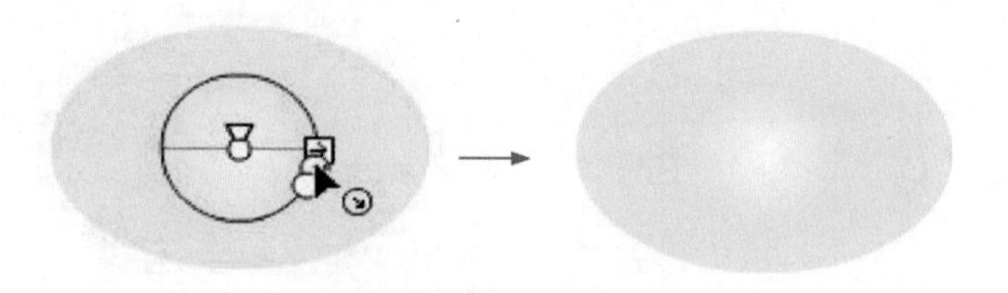

图3-36　缩小圆环

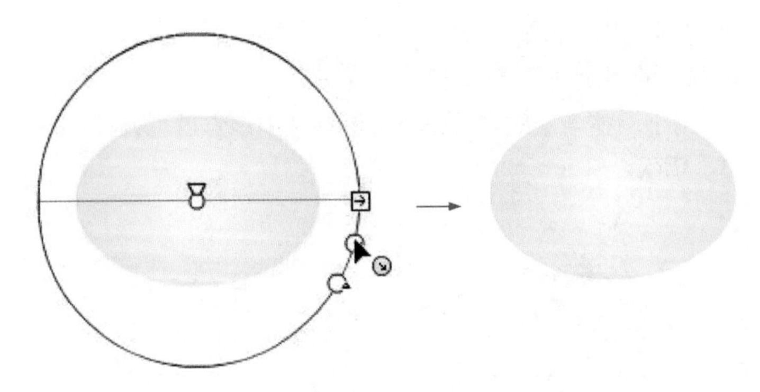

图3-37　放大圆环

（4）控制点4：用于调整渐变圆环的方向，鼠标选中该点后进行旋转拖动，效果如图3-38所示。

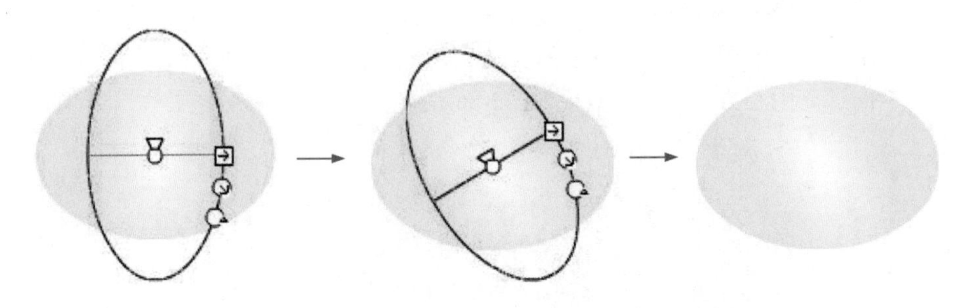

图3-38　调整渐变方向

2）线性渐变

选用“椭圆工具”在舞台中绘制一个椭圆形，并填充线性渐变，如图3-39所示。选用“渐变变形工具”在椭圆区域内单击，会在椭圆周围出现2条控制渐变范围的边线和3个控制点，如图3-40所示。

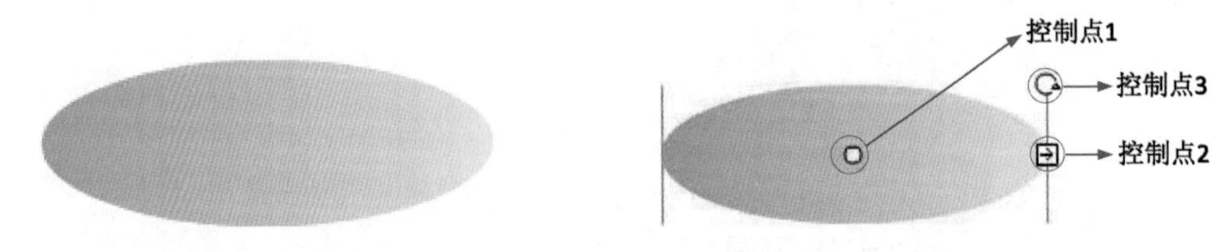


图3-39　线性渐变　　　　图3-40　线性渐变变形

下面针对3个控制点的用途进行具体讲解。

（1）控制点1：与径向渐变中的用法类似，通过改变该点的位置可以调整渐变中心的位置，如图3-41所示。

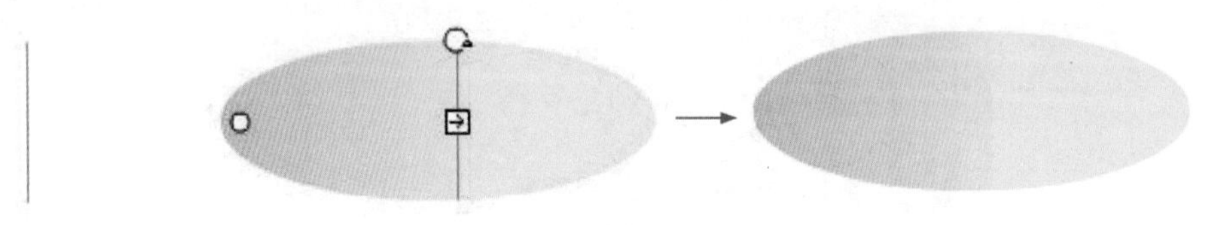

图3-41　调整渐变中心

（2）控制点2：用于调整渐变范围中宽度的大小，鼠标选中该点后向中心方向拖动，效果如图3-42所示；向远离中心方向拖动，效果如图3-43所示。

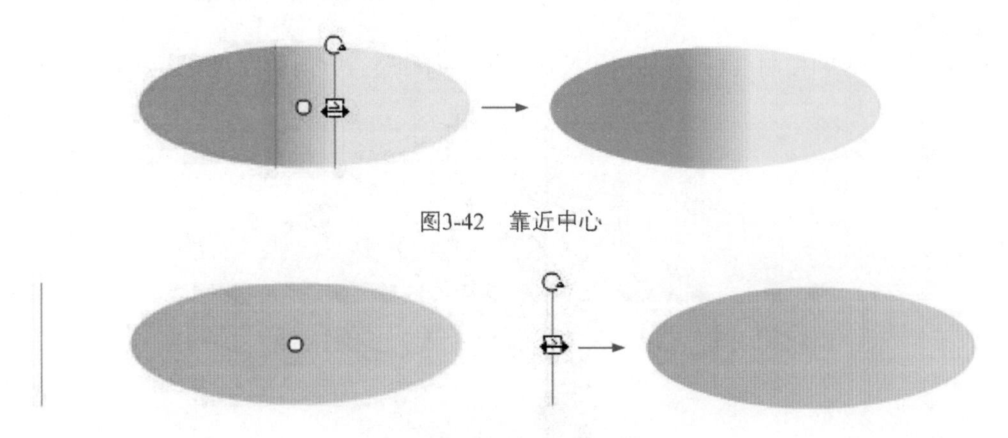

图3-42　靠近中心

图3-43　远离中心

（3）控制点3：与径向渐变中“控制点4”的用法类似，用于调整渐变的方向，鼠标选中该点后进行旋转拖动，效果如图3-44所示。

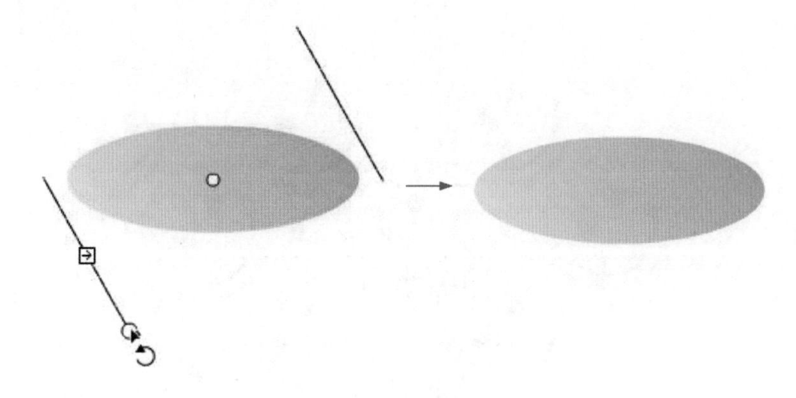

图3-44　调整渐变方向

3）位图填充

选择“渐变变形工具”后在位图填充图形的中心位置单击，会在单个位图素材周围出现一个矩形选框和7个控制点，如图3-45所示。

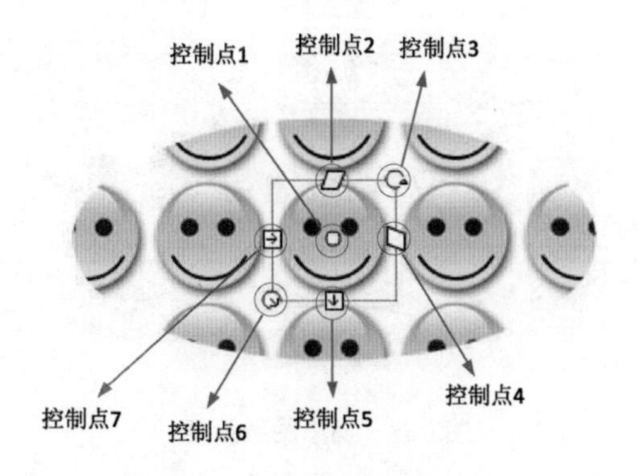


图3-45　位图填充渐变变形

下面针对7个控制点的用途进行具体讲解。

（1）控制点1：用于调整位图填充的中心位置，鼠标选中该点后进行移动，中心位置会随之一起发生改变。

（2）控制点2和控制点4：分别用于控制水平方向和竖直方向的倾斜变形效果，如图3-46所示。

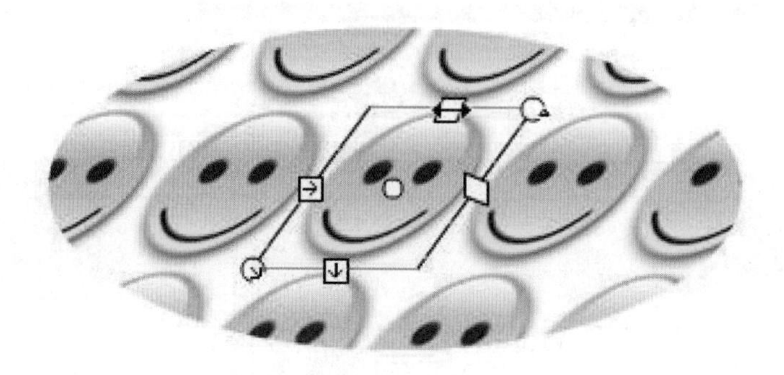

图3-46　倾斜变形

（3）控制点3：用于调整位图填充的方向，鼠标选中该点后进行旋转拖动，效果如图3-47所示。

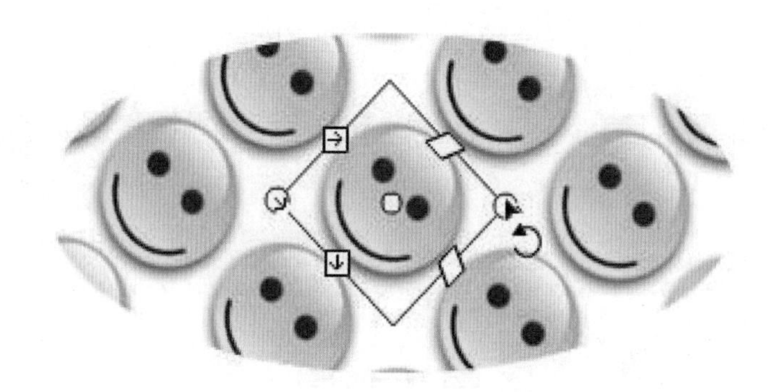

图3-47　调整填充方向

（4）控制点5和控制点7：分别用于调整位图图像的高度和宽度，如图3-48所示。

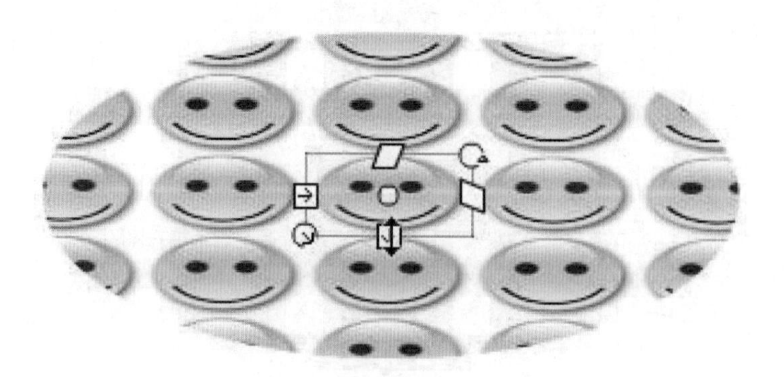

图3-48　缩小图像高度

（5）控制点6：用于以中心等比例缩放位图图形，鼠标选中该点后拖动会以矩形选框的中心为准，进行等比例缩放，如图3-49所示。

图3-49　等比例缩小

7. 对象的绘制模式

Flash中，图形的绘制模式主要分为两种，分别为“合并绘制模式”和“对象绘制模式”，为绘制图形提供了极大的灵活性，下面对这两种模式进行详细讲解。

1）合并绘制模式

“合并绘制模式”为默认的图形绘制模式，在该模式下绘制两个相同颜色并且没有边框的形状（位于同一图层中），如图3-50所示。将矩形拖至多边形上，单击空白处取消对矩形的选择，然后再用鼠标拖动它们时已合并为一个形状，如图3-51所示。

图3-50　绘制图形

图3-51　合并后

改变图3-50中矩形的颜色，如图3-52所示，同样将矩形拖至多边形上，并取消选择，然后再用鼠标拖动矩形，多边形会被切割，效果如图3-53所示。若将多边形拖至矩形上时，效果将相反，矩形会被切割，如图3-54所示。

图3-52　改变矩形颜色

图3-53　切割多边形

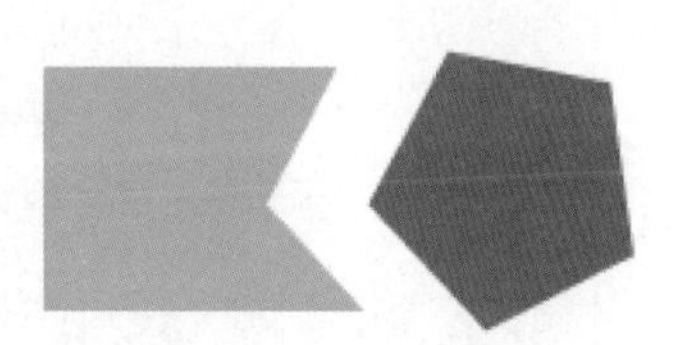

图3-54　切割矩形

2）对象绘制模式

选择绘图工具后单击工具箱下方的“对象绘制”按钮，即可进入对象绘制模式。在该模式下绘制的图形为独立的对象，两个独立对象发生重合时不会自动发生合并或切割效果。但Flash软件提供了“合并对象”功能，在该功能中包含“联合”“交集”“打孔”“裁切”命令，如图3-55所示，可对独立的对象之间进行布尔运算。

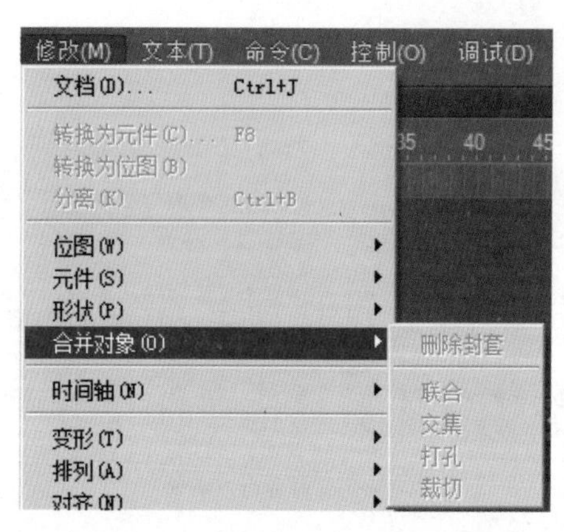


图3-55 “合并对象”功能列表

（1）联合：该命令可将两个或多个独立的对象合并为单个独立对象，生成的对象由联合前所有可见的部分组成，自动删除不可见的重叠部分。通过该命令还可将“合并绘制模式”下绘制的形状转换为独立对象。

（2）交集：该命令用于创建两个或多个独立对象的交集对象，生成的对象由执行交集命令前所有独立对象的重叠部分组成，自动删除不重叠部分。生成对象的笔触和填充效果与堆叠顺序中最上面的对象相同。

（3）打孔：该命令用于删除所有独立对象间顶层对象所覆盖的重叠部分，并删除顶层对象。

（4）裁切：该命令用于顶层对象裁切其他对象，被裁切的对象中与顶层对象重叠的部分保留，其余部分被删除，并删除顶层对象。

8. 变形对象

变形操作是Flash中的重要操作，变形后的图形效果往往更符合动画需求。除了前面章节讲解的应用“任意变形工具”进行变形外，还可通过“变形”面板和“变形”命令进行变形操作。

1）“变形”面板

“变形”面板可精确控制对象的变形效果。执行“窗口”→“变形”命令（或按【Ctrl+T】组合键）即可打开“变形”面板，如图3-56所示。

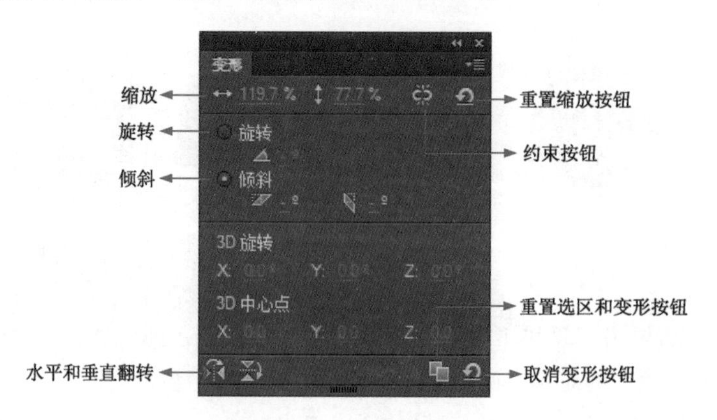


图3-56 “变形”面板

下面详细讲解“变形”面板中各参数的具体用法。

（1）缩放：在缩放选项文本框中输入具体的数值可改变对象的大小。

（2）约束按钮：单击该按钮将变为选中状态，可等比例缩放对象的大小，默认状态代表没有约束。

（3）重置缩放按钮：单击该按钮后图像的缩放比例恢复为100%。

（4）旋转：选中该项后在角度文本框中输入数值可进行旋转。

（5）倾斜：选中该项后可在水平和垂直倾斜文本框中输入数值进行倾斜。

（6）水平和垂直翻转：单击该按钮可执行相应的水平和垂直翻转操作。

（7）重置选区和变形按钮：可得到当前对象变换后的复制对象。

（8）取消变形按钮：单击该按钮即可使对象恢复至变形前的状态。

2）“变形”命令

执行“修改”→“变形”命令，展开“变形”命令子菜单，如图3-57所示。其中“任意变形”选项即为“任意变形工具”的命令打开方式，具体用法已在前面章节详细讲解。同样“扭曲”“封套”“缩放”“旋转与倾斜”命令也在前面章节中进行了详细讲解，这里不再具体介绍。对列表中其余变形命令的具体解释如下。

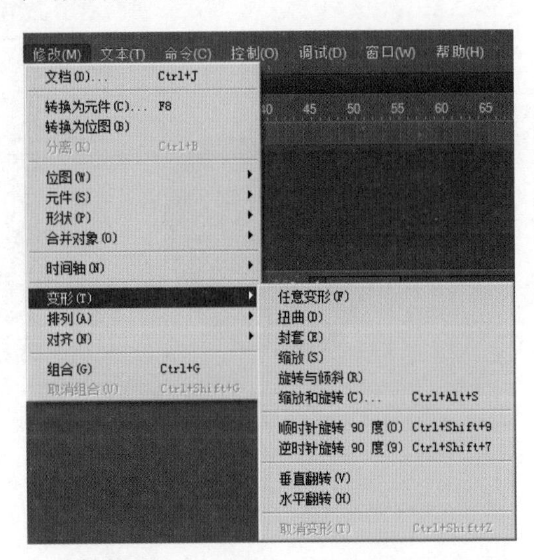


图3-57　“变形”命令子菜单

（1）缩放和旋转：选择该命令后，弹出“缩放和旋转”对话框，从中可设置对象的缩放和旋转参数，如图3-58所示，效果如图3-59所示。

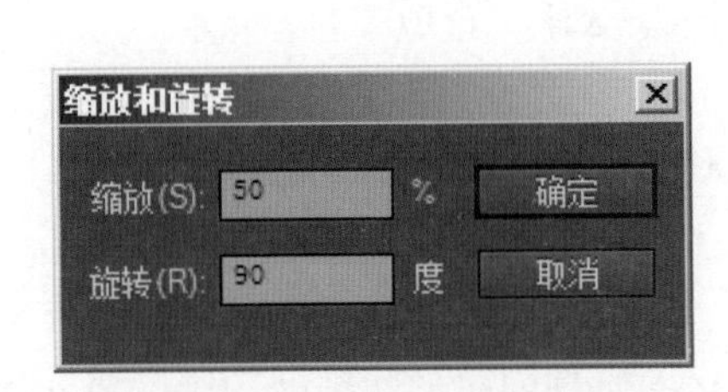


图3-58　参数设置

图3-59　效果展示

（2）顺时针旋转90度：选择该命令，可将选中的对象沿顺时针方向旋转90°。

（3）逆时针旋转90度：选择该命令，可将选中的对象沿逆时针方向旋转90°。

（4）垂直翻转：选择该命令后，会使选中对象以经过图像中心点的水平线为轴垂直翻转。

（5）水平翻转：选择该命令后，会使选中对象以经过图像中心点的垂直线为轴水平翻转。

**多学一招** 变形点的操作

执行“修改”→“变形”→“任意变形”命令，图形周围会出现变形框，图形中心会出现变形点，如图3-60所示。单击并拖动变形点可改变其位置，如图3-61所示。双击变形点时变形点将重新回到中心位置处。

执行“窗口”→“信息”命令（或按【Ctrl+I】组合键）弹出“信息”面板，如图3-62所示。此时“注册点/变形点”按钮右侧的X、Y值代表变形框左上角相对舞台左上角的位置坐标。单击该按钮后，按钮下方会出现一个圆圈，此时X、Y的值代表变形点相对于舞台左上角的位置坐标。

图3-60 变形点

图3-61 改变变形点位置

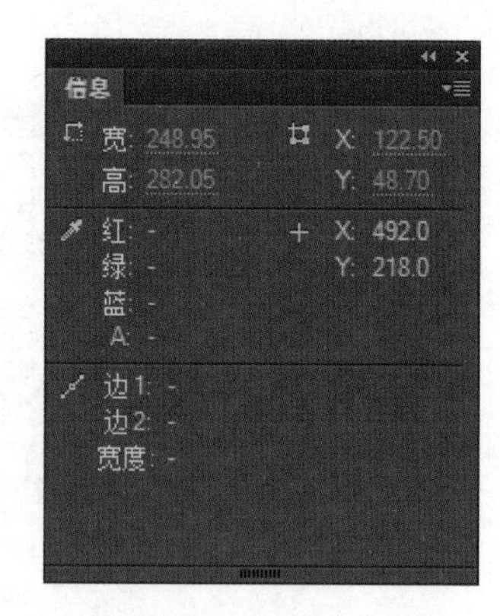


图3-62 “信息”面板

## 3.2.2 任务分析

在制作绿色的田野动画时，可以从动画的背景和内容元素以及动画效果等方面进行分析。

1. 动画背景

根据天空的颜色绘制背景的渐变效果。

2. 内容元素

本动画的主题为绿色的田野，因此可在动画中绘制白云、太阳、草地等内容元素。

（1）白云：可将多个椭圆形合并到一起进行绘制并填充渐变色。

（2）太阳：通过椭圆工具绘制，发光效果主要由矩形工具结合变形命令完成。

（3）草地：通过钢笔工具绘制填充渐变效果完成。

3. 动画效果

（1）白云：分别在起始帧和结束帧绘制不同的形状，通过创建形状补间动画完成动画效果。

（2）太阳：光芒的变化主要通过图形的变大和变小来完成，同样需创建形状补间动画。

## 3.2.3 任务实现

Step 01 打开Flash CC软件，按【Ctrl+N】组合键打开“新建文档”对话框。在其左侧选择ActionScript 3.0类型，在右侧的参数面板中设置宽度为550像素，高度为400像素，帧频为24 fps，背景颜色为白色，单击“确定”按钮创建一个空白的Flash动画文档。

Step 02 选择“矩形工具”，在“图层1”中绘制一个和舞台同样大小的矩形，通过“颜色”面板设置蓝色（RGB：0、204、255）到浅蓝色（RGB：153、255、255）的线性渐变。选择“渐变变形工具”，调整渐变的方向，如图3-63所示。单击时间轴上第100帧，按【F5】键插入普通帧。

图3-63　填充动画背景

Step 03 单击“新建图层”按钮，创建新图层并将其命名为“云朵1”。选择“椭圆工具”，绘制多个椭圆形，并将其拼合为一个图形，通过“颜色”面板设置白色到蓝色（RGB：0、204、255）再到白色的线性渐变，位置如图3-64所示。

图3-64　云朵

Step 04 在第100帧的位置插入关键帧，并通过变形命令将云朵进行变形处理，选择"选择工具"将其移动到图3-65所示的位置。选中"云朵1"图层上第1帧和第100帧间的任何一帧并右击，在弹出的快捷菜单中选择"创建补间形状"命令即可创建形状补间动画。

图3-65　变形后的云朵

Step 05 重复Step03和Step04中的操作方法，在"云朵2"和"云朵3"图层中分别创建形状补间动画，第1帧和第100帧的图形效果及位置如图3-66和图3-67所示。

图3-66　第1帧的图形效果及位置

图3-67　第100帧的图形效果及位置

Step 06 新建图层将其命名为“光芒”，选择“矩形工具”，将笔触颜色设置为无，绘制一个矩形，填充白色透明度为0%到白色透明度为60%的线性渐变，并通过“部分选取工具”调整图形的锚点，效果如图3-68所示。

图3-68　渐变图形

Step 07 选择“任意变形工具”，选中上一步绘制的图形，将图形的变形点移动到图3-69所示的位置。

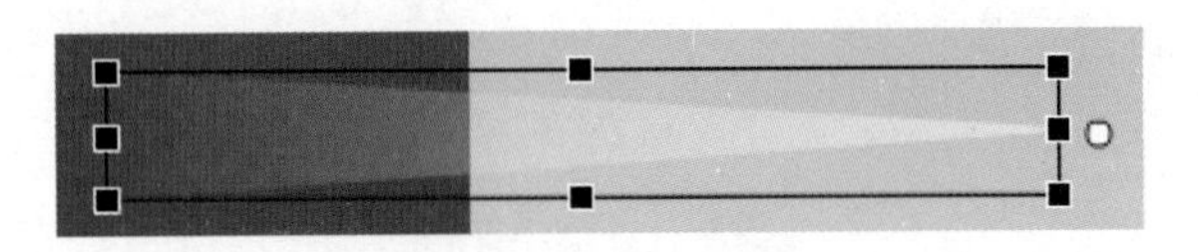

图3-69　移动变形点

Step 08 执行“窗口”→“变形”命令（或按【Ctrl+T】组合键）打开“变形”面板，将旋转角度设置为30°，重复单击“重制选区和变形”按钮。效果如图3-70所示。

图3-70　变形效果

Step 09 在第50帧的位置插入关键帧，并通过“任意变形工具”缩小图形，如图3-71所示。在第1帧和第50帧间创建形状补间动画。

Step 10 复制第1帧在第100帧的位置粘贴该帧，并在第50帧到第100帧间创建形状补间动画。

Step 11 新建图层命名为“太阳”，选择“椭圆工具”，绘制一个圆形，填充为橘红色（RGB：255、133、0），如图3-72所示。

Step 12 新建图层命名为“山脉”，选择“钢笔工具”绘制山脉的形状，并填充深绿色（RGB：0、153、0）到绿色（RGB：153、255、153）的线性渐变，如图3-73所示。

图3-71　缩小图形

图3-72　绘制太阳

图3-73　山脉1

Step 13 复制两次上一步中绘制的山脉，修改填充色为绿色（RGB：143、248、143）到浅绿色（RGB：166、255、13）和浅绿色（RGB：153、255、0）到黄绿色（RGB：255、255、102）的线性渐变，位置和效果如图3-74所示。

图3-74　山脉2

Step 14 按【Ctrl+Enter】组合键测试影片。

Step 15 按【Ctrl+S】组合键，将文件命名后保存在指定位置。

Step 16 执行“文件”→“导出”→“导出影片”命令（或按【Ctrl+Shift+Alt+S】组合键）导出SWF格式的文件。

## 3.3【任务5】可怜的地鼠

在使用Flash制作动画时，一些液态变形的效果，通常也应用形状补间动画进行制作，例如雨点的滑落、积雪的融化等。本任务是制作可怜的地鼠动画效果。通过本任务的学习，读者可以掌握铅笔工具、画笔工具以及对象的组合和排序等操作的使用。

### 3.3.1 知识储备

1. 铅笔工具

使用“铅笔工具”（快捷键【Y】）可以绘制出比较随意的线条。选择工具箱中的“铅笔工具”在舞台中单击并拖动鼠标即可绘制线条，绘制的线条就是光标运动的轨迹。选中该工具时，工具选项区出现图3-75所示的绘制模式。

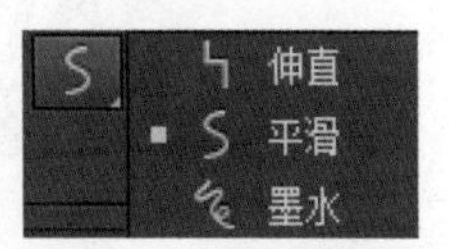


图3-75　绘制模式

（1）伸直：可以对所绘制线条进行自动识别，例如将近似的三角形、椭圆形、矩形调整为规则的几何形状。

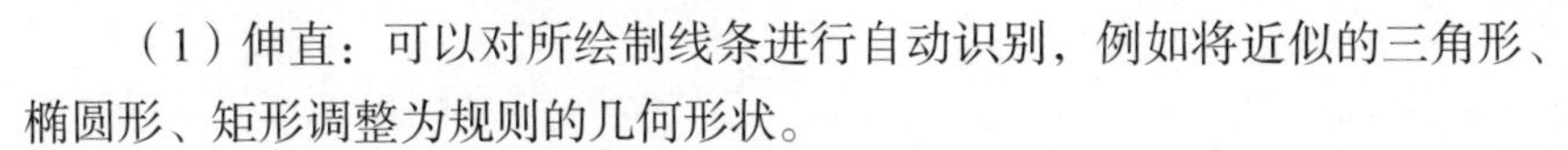

（2）平滑：用于平滑曲线，减少抖动造成的误差，可通过属性面板的“平滑”参数对平滑度进行调整，如图3-76所示。

图3-76　平滑参数

（3）墨水：按照光标所经过的实际轨迹绘制线条，最大限度保证实际绘出的线条形状。

值得一提的是，选择“铅笔工具”时，可通过“属性”面板设置不同的线条颜色、粗细、类型（设置方法与“线条工具”相同）。按住【Shift】键的同时拖动鼠标可将线条限制为水平和垂直方向。

2. 画笔工具

通过“画笔工具”（快捷键【B】）可随意绘制各种色块，与“铅笔工具”的用法相似，区别在于“铅笔工具”绘制的是笔触，“画笔工具”绘制的是填充属性。当单击工具箱中的“画笔工具”后，工具选项区显示相应的选项，如图3-77所示。

图3-77 画笔选项

（1）“对象绘制”按钮：进入对象绘制模式，可以在舞台中绘制独立存在的对象。

（2）“锁定填充”按钮：先为画笔选择线性渐变色彩，当选择该项时在舞台上绘制几段渐变色块，如图3-78所示。当未选择该项时重新绘制几段渐变色块如图3-79所示。根据绘制效果对比可以看出，选择该项后整个舞台就是一个大型渐变，每个色块只显示所在区域的渐变。

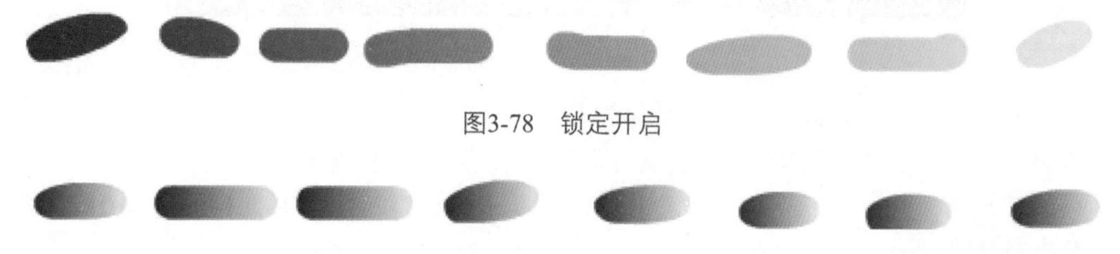

图3-78 锁定开启

图3-79 锁定未开启

（3）“画笔模式”按钮：单击该按钮后会显示5种画笔模式，如图3-80所示。

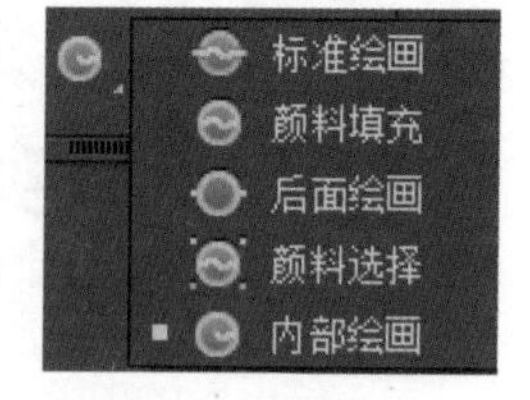


图3-80 画笔模式

①“标准绘画”模式：选择“画笔工具”，并将填充色设置为蓝色，选择该模式后，在舞台中的蝴蝶图形上单击并拖动光标，只要是画笔经过的地方都会填充蓝色，如图3-81所示。

②“颜料填充”模式：选择该模式后，同样在蝴蝶图形上单击拖动光标，舞台空白区域和图形填充区域被涂色，边框线不受影响，如图3-82所示。

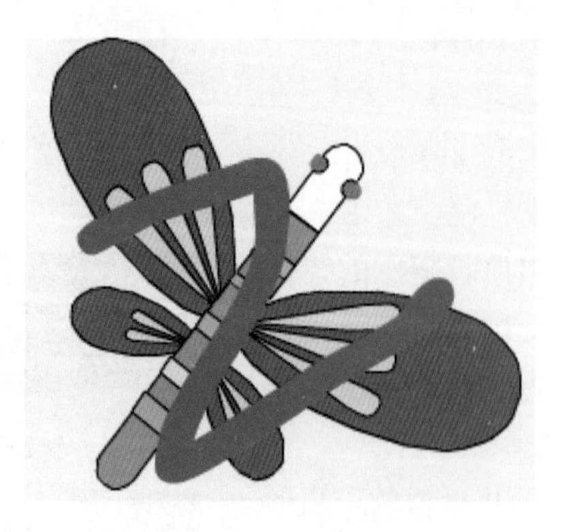

图3-81 标准绘画

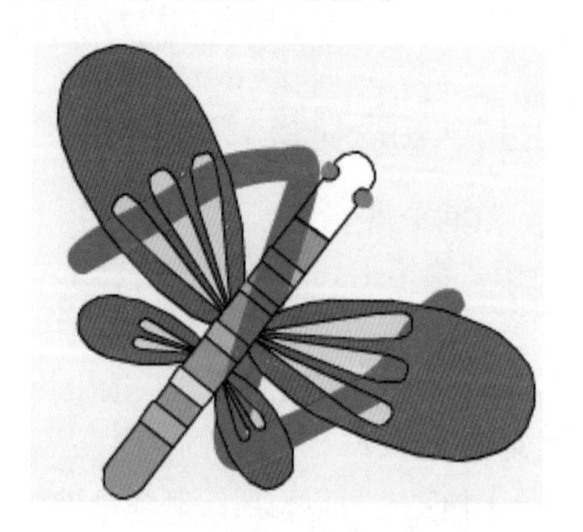

图3-82 颜料填充

③“后面绘画”模式：只在舞台空白区域涂色，不会影响图形本身，如图3-83所示。

④“颜料选择”模式：在选定区域内涂色，未选择区域不能涂色。例如，选择图3-84所示

区域，涂色后效果如图3-85所示。

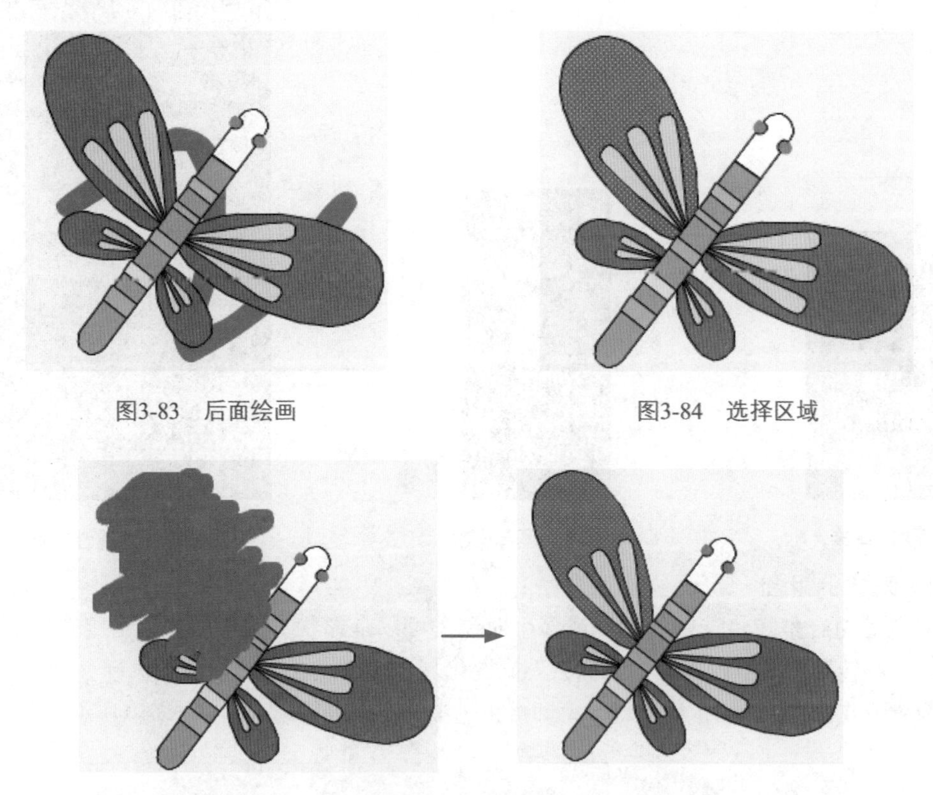

图3-83　后面绘画

图3-84　选择区域

图3-85　颜料选择

⑤ “内部绘画”模式：画笔起点在图形内部时对图形边框线内部涂色，且不对边框线涂色，如图3-86所示。若画笔的起点在舞台的空白区域，则不会对图形的填充产生影响，如图3-87所示。

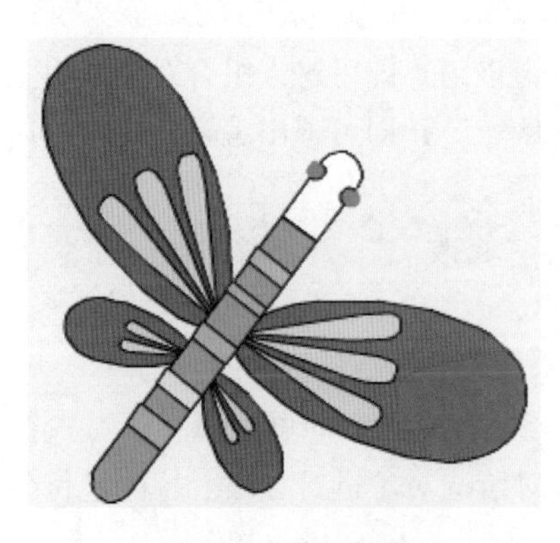

图3-86　内部涂色

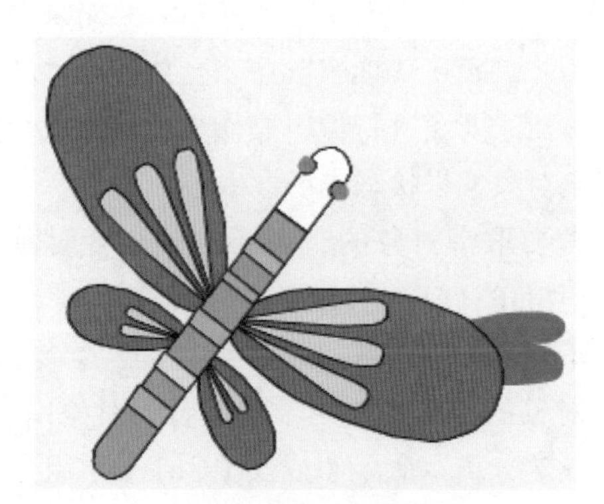

图3-87　空白区域涂色

（4）“画笔大小”按钮：单击该按钮如图3-88所示，从中可选择画笔大小。

（5）“画笔形状”按钮：单击该按钮如图3-89所示，从中可选择画笔形状。

“画笔工具”的属性面板如图3-90所示，可设置画笔的颜色、形状、大小，还可勾选是否跟随舞台缩放大小，最下方的“平滑”参数可用于调节画笔的平滑度。

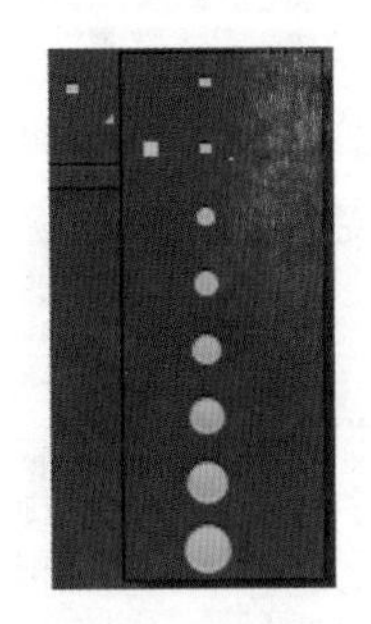

图3-88　画笔大小

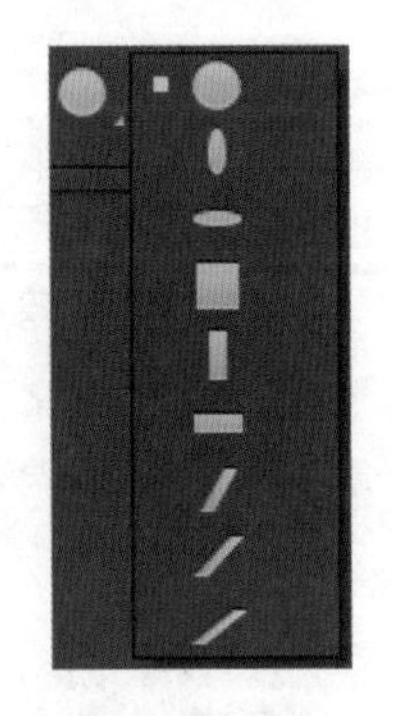

图3-89　画笔形状

图3-90　“属性”面板

3．对象的组合

对象的组合是指将选中的两个或多个对象（可以是形状、位图、组等）组合在一起，进行移动、旋转及缩放等操作时，它们会一同变化。选择要组合的对象后，执行“修改”→“组合”命令（或按【Ctrl+G】组合键），即可将选中的对象进行组合，如图3-91所示。

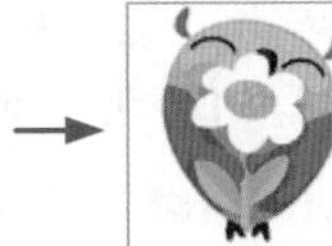

图3-91　组合对象

在Flash中，组和对象内部的子对象是可以进行编辑的，选中组合后的对象，执行“编辑”→“编辑所选项目”命令，或使用“选择工具”双击该组，即可进入组合对象编辑状态，此时可对子对象进行编辑操作。编辑完成后双击“工作区域”，即可退出编辑状态，返回到上一级组对象编辑状态或场景中。

若要取消对象的组合，选中组合对象后，可执行“修改”→“取消组合”命令（或按【Ctrl+Shift+G】组合键）进行取消。

4．对象的分离

对象的分离主要用于将组合的对象以及位图对象等分解成独立的可编辑元素。执行“修改”→“分离”命令（或按【Ctrl+B】组合键），即可对所选对象进行分离。位图进行分离后会转换为填充图。

**注意**

“分离”操作与“取消组合”命令是两个不同的概念，虽然有时可以实现同样的效果。但“取消组合”操作只能将组合后的对象重新拆分为组合前的各个部分。“分离”操作是将对象分离，生成与原对象不同的对象。

5. 对象的排列

在Flash中会根据创建对象的先后顺序排列对象，先创建的对象位于底层，后创建的对象位于顶层，对象的排列主要用于对默认的排列顺序进行调整。

选中要调整的对象后，执行“修改”→“排列”命令，或在选择的对象上右击，在弹出的快捷菜单中选择“排列”命令，出现图3-92所示的子菜单，从中可选择排列方式。选中图3-93所示的3个图形对象后右击，在弹出的快捷菜单中选择“排列”→“移至顶层”命令，效果如图3-94所示。

| 移至顶层(F) | Ctrl+Shift+向上箭头 |
| --- | --- |
| 上移一层(R) | Ctrl+向上箭头 |
| 下移一层(E) | Ctrl+向下箭头 |
| 移至底层(B) | Ctrl+Shift+向下箭头 |
| 锁定(L) | Ctrl+Alt+L |
| 解除全部锁定(U) | Ctrl+Shift+Alt+L |

图3-92　排序选项

图3-93　原排列顺序

图3-94　调整后排列顺序

## 3.3.2　任务分析

针对该任务可以从动画的内容元素以及动画效果两方面进行分析。

1. 内容元素

本动画的主题为可怜的地鼠，因此可创建一个下雨天，地鼠在雨中打着伞，因无家可归而哭泣的动画场景。

（1）地鼠：通过形状工具结合画笔工具和铅笔工具绘制。

（2）泪滴和鼻涕：通过钢笔工具绘制。

（3）雨伞和土堆：通过钢笔工具和矩形工具绘制。

（4）雨滴：由铅笔工具绘制结合变形操作完成。

2. 动画效果

（1）泪滴和鼻涕：分别在所在图层的起始帧和结束帧绘制不同的形状，通过创建形状补间动画完成动画效果。

（2）雨滴：通过创建逐帧动画实现下雨效果。

## 3.3.3　任务实现

Step 01 打开Flash CC软件，按【Ctrl+N】组合键打开“新建文档”对话框。在其左侧

选择ActionScript 3.0类型，在右侧的参数面板中设置宽度为500像素，高度为500像素，帧频为24 fps，背景颜色为灰色（RGB：204、204、204），单击“确定”按钮，创建一个空白的Flash动画文档。

Step 02 将“图层1”命名为“地鼠”，选择“椭圆工具”（对象绘制模式下）在舞台中绘制一个椭圆形，设置填充颜色为红色（RGB：204、51、0），笔触颜色为棕色（RGB：102、51、0），并通过“属性”面板设置笔触大小为4，如图3-95所示。

Step 03 选择“画笔工具”，画笔形状为圆形，设置填充色为黑色（RGB：0、0、0），在舞台上单击绘制黑色眼睛，修改填充色为白色，在舞台上单击，绘制眼睛上的高光效果，并适当调整大小，如图3-96所示。

图3-95 椭圆形

图3-96 眼睛

Step 04 选择“椭圆工具”绘制眼睛里的泪水，填充白色透明度为100%到白色透明度为0%的径向渐变，如图3-97所示。选择“渐变变形工具”调整渐变效果，移动控制点，如图3-98所示。

图3-97 径向渐变

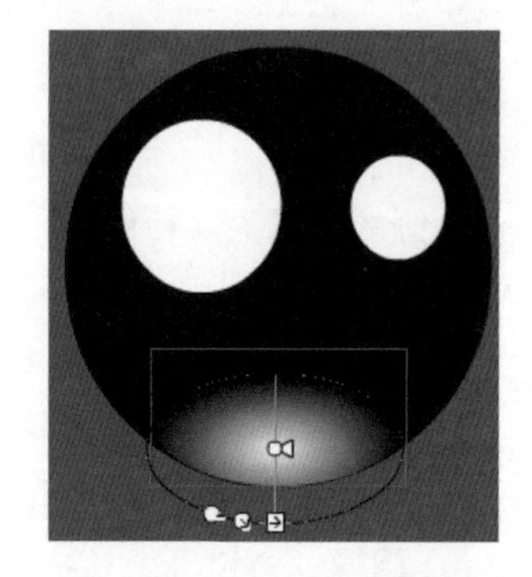

图3-98 改变变形点位置

Step 05 选择“铅笔工具”，设置笔触颜色为黑色（RGB：0、0、0），铅笔模式为“平滑”，笔触大小为3，绘制眉毛，如图3-99所示。选中眉毛和眼睛按【Ctrl+G】组合键进行组合。

Step 06 采用同样的方法绘制右侧的眼睛和眉毛，如图3-100所示。

Step 07 选择“画笔工具”，填充红色透明度为100%到红色透明度为0%的径向渐变，在舞台中单击，绘制地鼠的红色脸蛋，并调整大小，如图3-101所示。

图3-99　绘制眉毛

图3-100　绘制右侧

Step 08 选择“椭圆工具”绘制两个圆形，填充色为浅棕色（RGB：204、153、51），笔触色为棕色（RGB：102、51、0），笔触大小为3，如图3-102所示。

图3-101　绘制红色渐变

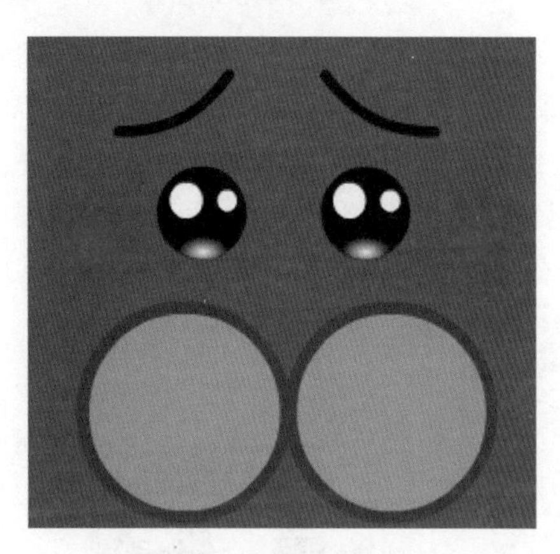

图3-102　绘制圆形

Step 09 选择“椭圆工具”，设置填充色为黑色（RGB：0、0、0），绘制椭圆形，通过“部分选取工具”调整锚点的位置，效果如图3-103所示。设置填充色为白色，绘制高亮效果，如图3-104所示。选中Step08绘制的两个圆形和本步中所绘制的图形按【Ctrl+G】组合键进行组合。

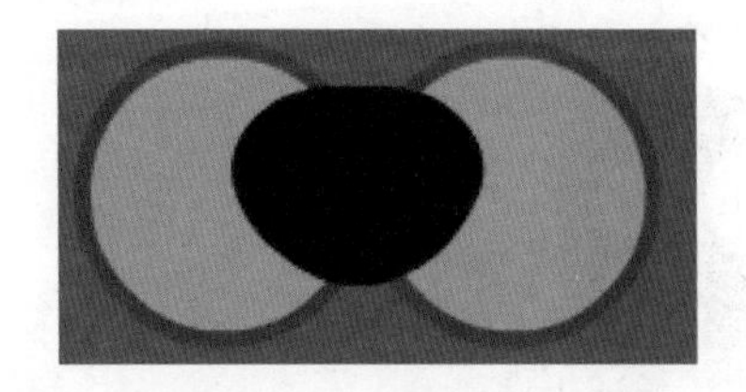

图3-103　调整锚点

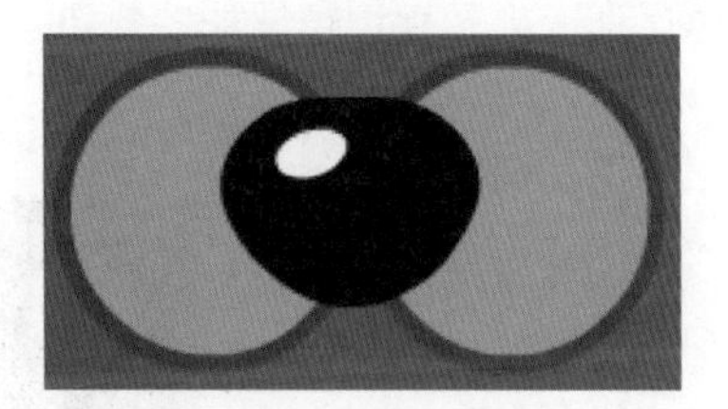

图3-104　绘制高亮

Step 10 选择“矩形工具”，设置填充色为白色，笔触色为棕色（RGB：102、51、0），笔触大小为3，绘制一个矩形，通过“部分选取工具”调整锚点的位置，效果如图3-105所示。

Step 11 选择“铅笔工具”，设置笔触颜色为棕色（RGB：102、51、0），笔触大小为3，绘制一条直线，选中直线和上一步绘制的图形按【Ctrl+G】组合键进行组合。选中组合后的对象并右击，在弹出的快捷菜单中选择“排列”→“下移一层”命令，如图3-106所示。单击时间轴上第60帧，按【F5】键插入普通帧。

图3-105　调整矩形

图3-106　绘制牙齿

**Step 12** 新建图层将其命名为“左泪滴”，选择“钢笔工具”绘制一个封闭图形，设置笔触颜色为无，填充色为白色，如图3-107所示。

**Step 13** 在第40帧位置插入关键帧，选择“钢笔工具”，采用与上一步同样的方法绘制封闭图形，如图3-108所示。选中“左泪滴”图层上第1帧和第40帧间的任何一帧，在帧上右击，在弹出的快捷菜单中选择“创建补间形状”命令即可创建形状补间动画。

图3-107　泪滴1

图3-108　泪滴2

**Step 14** 按【Ctrl+Enter】组合键测试影片。根据动画需求需添加形状提示功能，使动画效果更逼真，提示标记位置如图3-109所示。

第1帧

第40帧

图3-109　标记位置

**Step 15** 新建图层将其命名为“右泪滴”，采用Step12~Step14中的方法绘制右泪滴，并创建形状补间动画，与左泪滴不同的是此动画的起始帧为第20帧，结束帧为第60帧，如图3-110所示。

**Step 16** 新建图层将其命名为“鼻涕”，采用Step12~Step14中的方法绘制鼻涕，并创建形状补间动画，起始帧为第1帧，结束帧为第60帧，如图3-111所示。

第20帧

第60帧

图3-110　右泪滴

第1帧

第60帧

图3-111　鼻涕

Step 17 新建图层将其命名为“雨伞和手”。选择“钢笔工具”，结合“矩形工具”绘制雨伞图形。设置填充为绿色（RGB：102、204、0），笔触为棕色（RGB：102、51、0），笔触大小为4，效果如图3-112所示。

Step 18 选择“矩形工具”，设置填充为黄色（RGB：255、204、0），笔触为棕色（RGB：102、51、0），笔触大小为3，绘制矩形并右击，在弹出的快捷菜单中选择“排列”→“下移一层”命令，效果如图3-113所示。

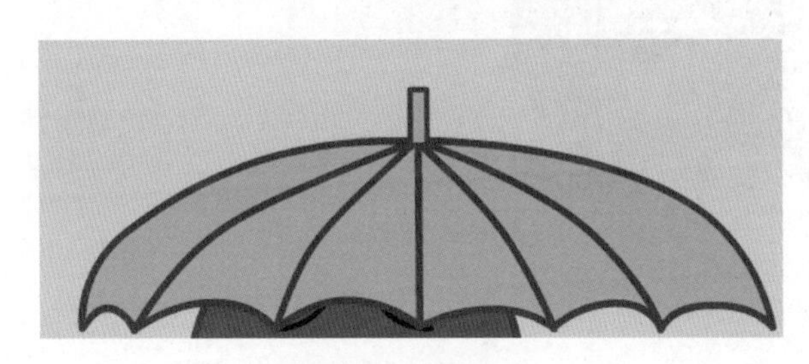

图3-112　雨伞

图3-113　矩形

Step 19 选择“椭圆工具”，设置填充为红色（RGB：204、51、0），笔触为棕色（RGB：102、51、0），笔触大小为4，绘制地鼠的两只手，如图3-114所示。

图3-114　椭圆工具

Step 20 新建图层将其命名为“土堆”。选择“钢笔工具”绘制封闭图形，设置填充为浅棕色（RGB：225、186、134），笔触为棕色（RGB：102、51、0），笔触大小为4，效果如图3-115所示。

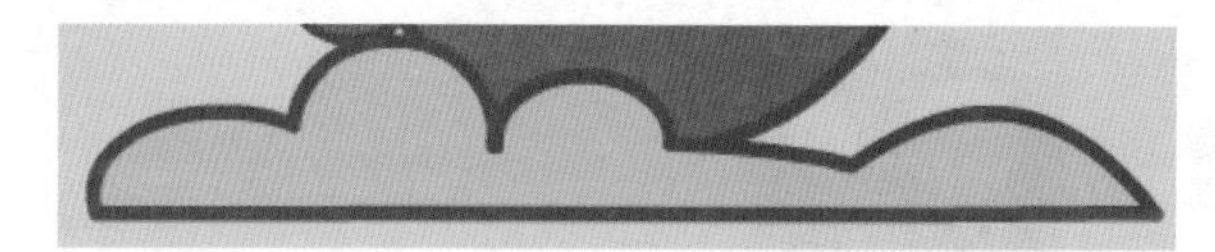

图3-115　土堆

Step 21 新建图层将其命名为“雨滴”。选择“铅笔工具”，设置笔触颜色为白色，笔触大小为4，在“伸直”模式下绘制雨滴效果，如图3-116所示。复制该帧到第5、10、20、30、40、50、60帧。

图3-116　雨滴1

Step 22 选择第5帧，在图形上右击，在弹出的快捷菜单中选择“变形”→“水平翻转”命令，并移动到图3-117所示位置。复制该帧到第15、25、35、45、55帧。

图3-117　雨滴2

Step 23 按【Ctrl+Enter】组合键测试影片。

Step 24 按【Ctrl+S】组合键，将文件命名后保存在指定位置。

Step 25 执行“文件”→“导出”→“导出影片”命令（或按【Ctrl+Shift+Alt+S】组合键）导出SWF格式的文件。

## 3.4【任务6】小小牵牛花

运用形状补间动画，可制作出植物由发芽到开花结果的成长变化过程，其中在制作较复杂的形状变化时一般会添加形状提示来完成。本任务是制作牵牛花开花的动画效果。通过本任务的学习，读者可以掌握多边形工具、对象修饰以及对齐对象等操作的使用。

### 3.4.1 知识储备

1. 套索工具

“套索工具”（快捷键【L】）是一种操作较灵活的选择工具，用户可随意选择所需要的范围，主要用于选择舞台上的形状图形和分离后的位图图像。

将舞台中的位图图像分离后，选择“套索工具”，在图3-118所示的图形上按下鼠标左键并拖动，释放鼠标后如图3-119所示，选区中的图像将被选中，此时可对其进行移动、删除等操作。

图3-118　创建选区

图3-119　创建选区后的效果

使用“套索工具”创建选区时，若光标没有回到起始位置，释放鼠标后，起点和终点之间会自动连接，内部的图形会被选中。未释放鼠标之前按【Esc】键，可以取消选定。

2. 多边形工具

“多边形工具”和“套索工具”使用方法类似，但是“多边形工具”主要用于创建直线边缘的选区。将舞台中的位图图像分离后，选择“多边形工具”，在图像上单击确定第一个定位点，松开鼠标后移至下一个定位点再次单击，依照上述方法勾画出所要的选区，如图3-120所示。双击鼠标，选区中的图像被选中，如图3-121所示（若选区不闭合，双击时会自动闭合）。

图3-120　创建选区

图3-121　创建选区后的效果

3．魔术棒工具

“魔术棒工具” 可在分离后的位图图像上选择颜色相似的部分。选择“魔术棒工具”，在位图上单击则与单击点颜色相近的区域都会被选中，如图3-122所示。

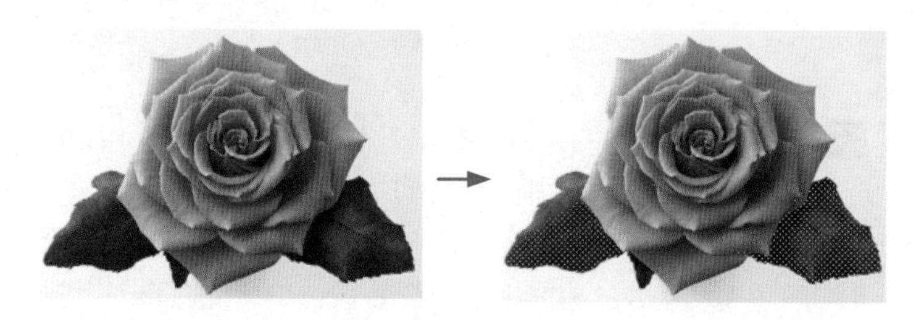

图3-122　魔术棒工具

为了满足工作需求，还可在“属性”面板中对“魔术棒工具”的参数进行设置。单击舞台空白区域，再单击工具箱中的“魔术棒工具”，“属性”面板如图3-123所示，可对其中的参数进行设置。

（1）阈值：用于定义选区范围内相邻像素颜色值的相近程度，该值越大，选择范围越大。

（2）平滑：可以选择边缘的4种平滑程度，如图3-124所示。

图3-123　参数设置

图3-124　平滑选项

① 像素：创建的选区边缘为锯齿状，以像素为单位进行选取。

② 粗略：选区边缘不会有过多的锯齿，相对较为平整。

③ 一般：与“粗略”选项相似，但边缘更加平滑一些。

④ 平滑：选区边缘更为平滑，对颜色的区分更明确。

4. 对象修饰

在Flash中可以对已绘制的图形进行修改和调整，除了对图形的整体进行调整外，还可针对图形的某些细节做进一步改进，使图形效果更加完善。下面针对“宽度工具”和“形状”命令对图形的调整技巧进行详细讲解。

1）宽度工具

“宽度工具”（快捷键【U】）主要用于对图形的笔触效果进行调整。选择“宽度工具”，当未选择任何笔触图形时光标为形状，将光标指向笔触图形上时，效果如图3-125所示。拖动鼠标，即可调整该笔触图形的形状，如图3-126所示。

图3-125　光标位置

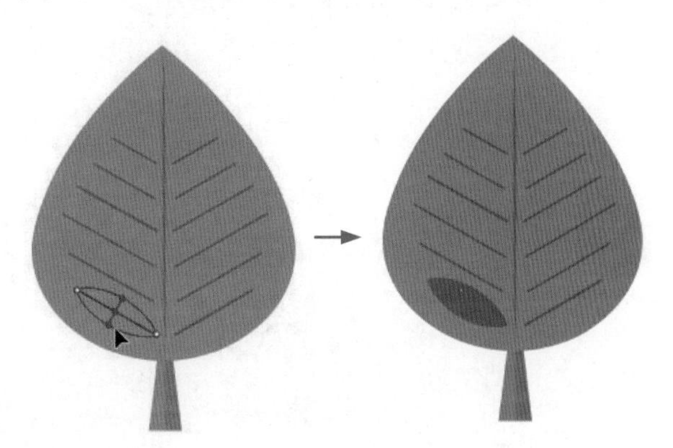

图3-126　效果展示

2）“形状”命令

“形状”命令一般用于对直线、曲线和图形的填充效果进行调整。该命令中包含若干个子命令，执行“修改”→“形状”命令即可显示所有的子命令，如图3-127所示。

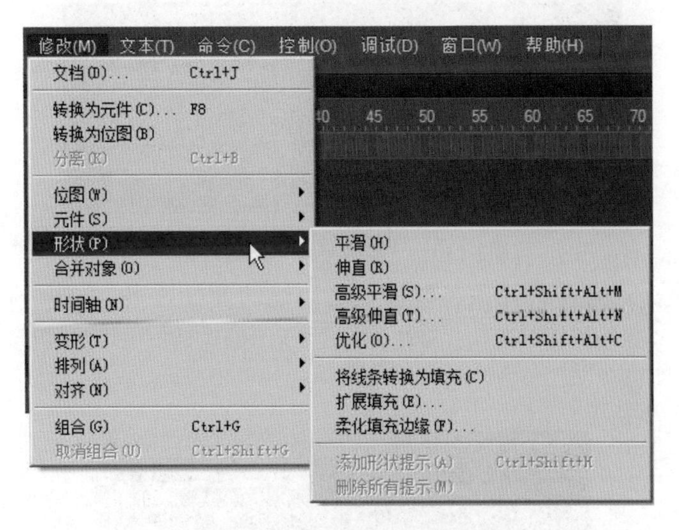


图3-127　“形状”子菜单

（1）平滑：通过该操作可减少曲线整体方向上的突起或其他变化，同时还会减少曲线中的线段数，如图3-128所示。选择要调整的图形后，单击工具箱中的“平滑”按钮，可实现同样的效果。

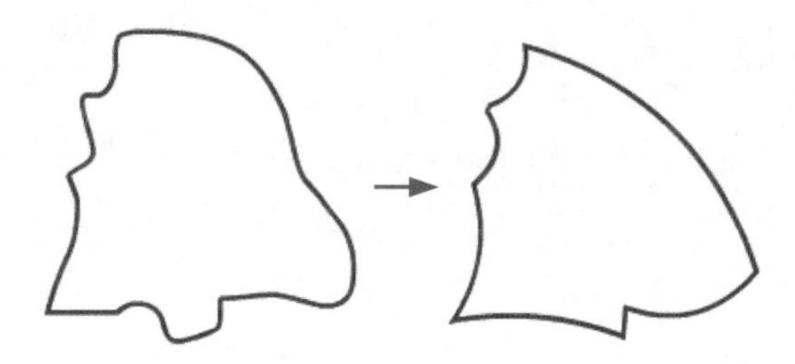

图3-128　平滑效果

（2）伸直：该操作可将已绘制的曲线调整的更加平直，同样会减少曲线中的线段数，如图3-129所示。选择要调整的图形后，单击工具箱中的“伸直”按钮，可实现同样的效果。

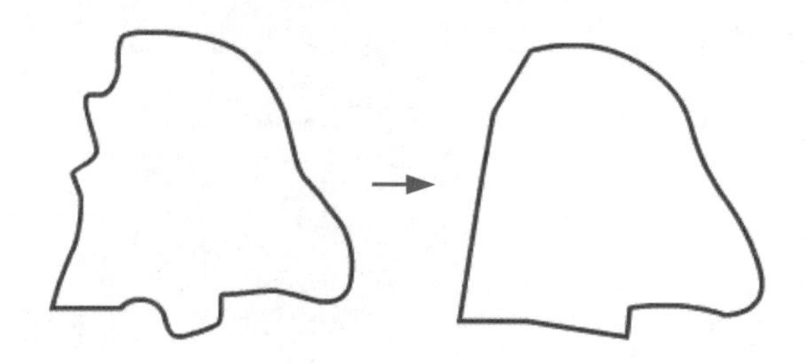

图3-129　伸直效果

（3）高级平滑：通过该操作可精确控制曲线的平滑效果，选中图形后，执行“修改”→“形状”→“高级平滑”命令，弹出图3-130所示的对话框。可具体设置线段的平滑角度和平滑强度，其中平滑强度的值越大，平滑效果越明显。

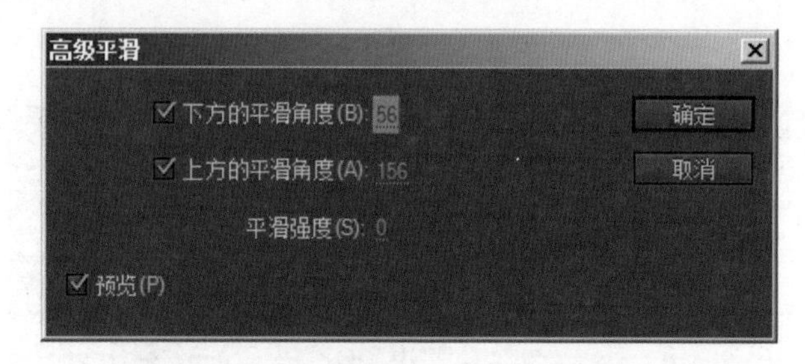


图3-130　“高级平滑”参数设置

（4）高级伸直：通过该操作可精确控制曲线的伸直效果，选中图形后，执行“修改”→“形状”→“高级伸直”命令，弹出图3-131所示的对话框。可具体设置伸直强度，参数值越大伸直效果越明显。

图3-131　“高级伸直”参数设置

（5）优化："优化"命令可将线条优化得更为平滑，同时还会减少曲线的数量，从而减小文档大小，该操作可对相同元素进行多次优化。选中要优化的图形后，执行"修改"→"形状"→"优化"命令，弹出图3-132所示的对话框，设置参数后单击"确定"按钮，弹出图3-133所示的提示框，从中可查看优化程度，再次单击"确定"按钮，线条即被优化，如图3-134所示。

图3-132　"优化曲线"参数设置

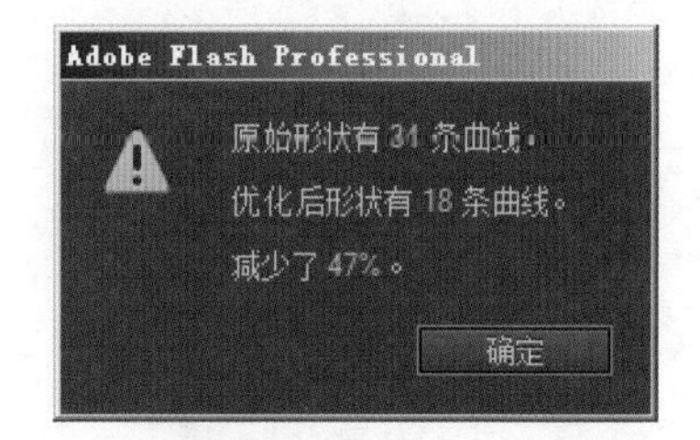


图3-133　提示框

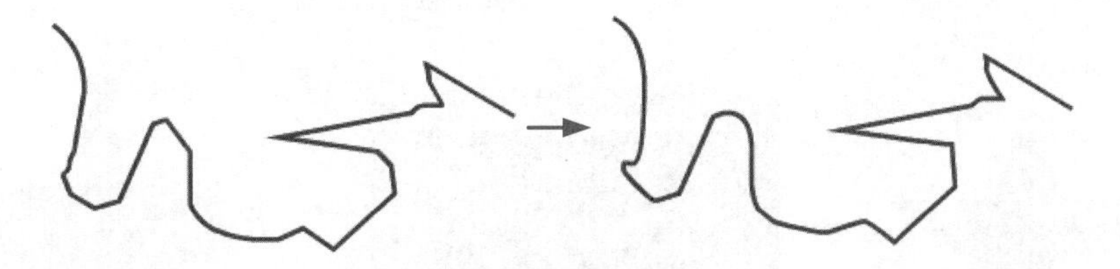

图3-134　优化效果

（6）将线条转换为填充：通过"将线条转换为填充"命令可将笔触转换为填充，使其拥有填充属性。双击图形的外边线将其选中，如图3-135所示，执行"修改"→"形状"→"将线条转换为填充"命令，此时的边线将转换为填充。选择"油漆桶工具"可对填充的颜色进行修改，如图3-136所示。

图3-135　选中边线

图3-136　修改填充色

（7）扩展填充：通过"扩展填充"命令可将填充对象的形状向外扩展或向内收缩。选中图形对象后，执行"修改"→"形状"→"扩展填充"命令，弹出"扩展填充"对话框，图3-137和图3-138所示为扩展和插入效果展示。其中"距离"选项用于设置图形的扩展或收缩范围，"方向"选项用于确定图形是向外扩展还是向内插入。

（8）柔化填充边缘：通过"柔化填充边缘"命令可使填充形状图形的边缘产生类似模糊的效果，使图像边缘变得柔和。选中图形对象后，执行"修改"→"形状"→"柔化填充边缘"命令，弹出"柔化填充边缘"对话框，如图3-139~图3-142所示为不同的参数设置下所产生的效果展示。

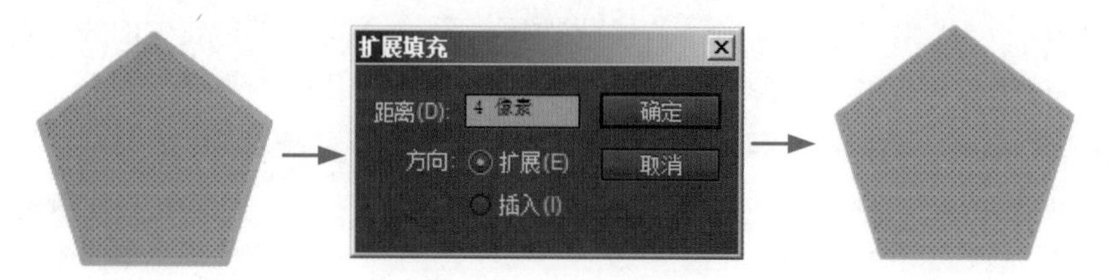


图3-137　扩展效果

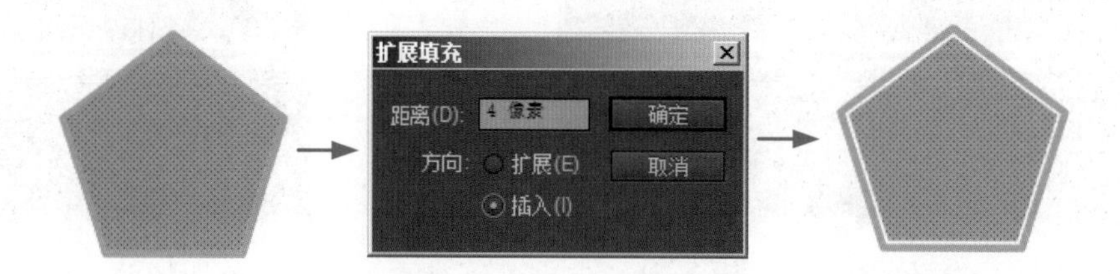


图3-138　收缩效果

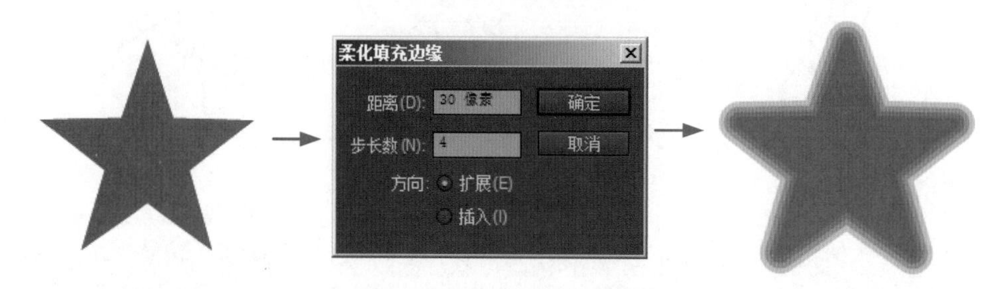


图3-139　向外柔化（步长数为4）

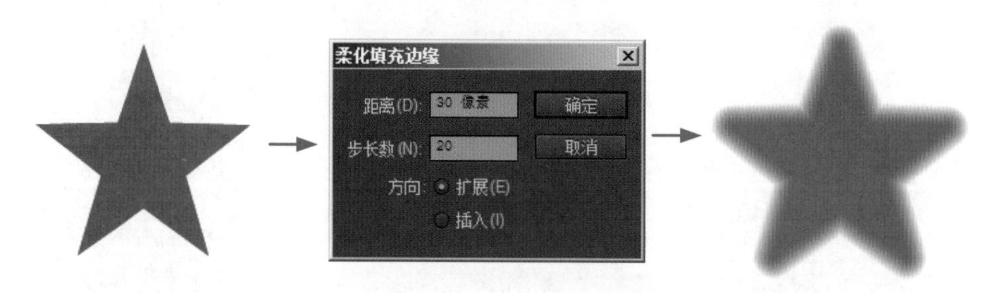


图3-140　向外柔化（步长数为20）

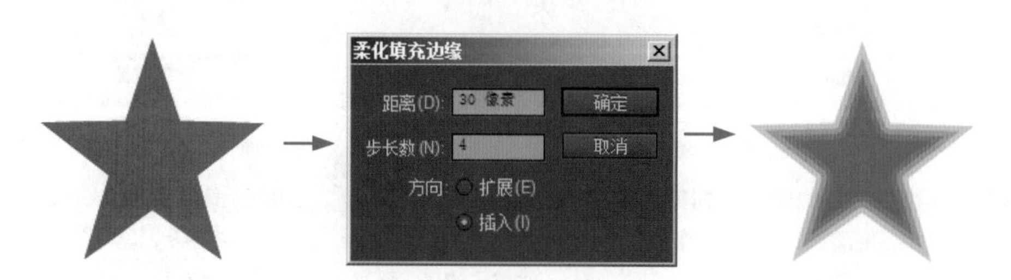


图3-141　向内柔化（步长数为4）

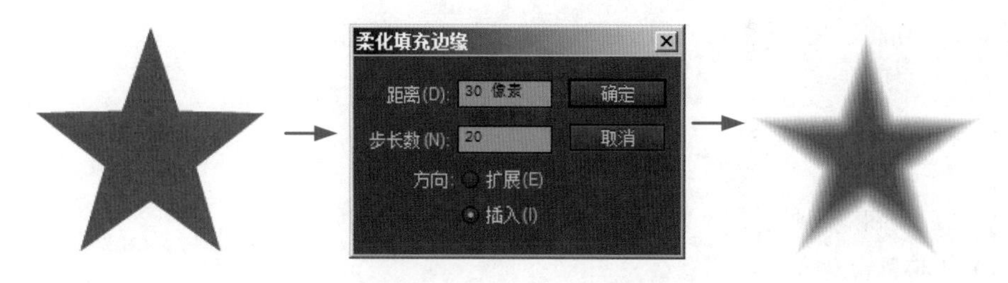


图3-142　向内柔化（步长数为20）

从图3-139~图3-142所展示的效果中可以得出，“距离”选项用来设置柔边的宽度，当距离一定时“步长数”的值越大，柔化效果越平滑。“方向”选项用于设置图形向外柔化或向内柔化。

5. 对齐对象

在Flash动画制作过程中，有时需要图形对象的位置分布具有一定的规整性，通过“对齐”操作，可实现图形对象位置的快速调整。针对用户操作习惯可选择采用“对齐”面板或“对齐”命令进行调整。

1）对齐面板

执行“窗口”→“对齐”命令，弹出“对齐”面板，如图3-143所示。其中包含“对齐”选项组、“分布”选项组、“匹配大小”选项组、“间隔”选项组和“与舞台对齐”复选框，共5部分。

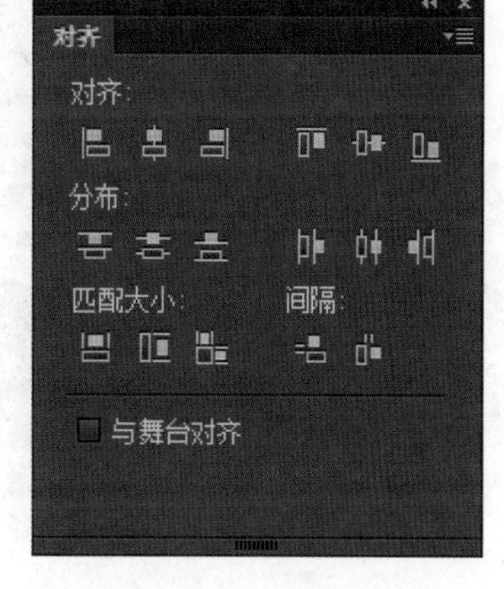


图3-143　“对齐”面板

（1）“对齐”选项组：

“左对齐”按钮：以所选对象最左侧的边缘进行对齐。

“水平中齐”按钮：以所选对象的水平中间位置进行对齐。

“右对齐”按钮：以所选对象最右侧的边缘进行对齐。

“顶对齐”按钮：以所选对象顶部的边缘进行对齐。

“垂直中齐”按钮：以所选对象的垂直中间位置进行对齐。

“底对齐”按钮：以所选对象底部的边缘进行对齐。

（2）“分布”选项组：

“顶部分布”按钮：以每个对象最上方为基准点，等距离垂直分布。

“垂直居中分布”按钮：以每个对象中心点为基准点，等距离垂直分布。

“底部分布”按钮：以每个对象最下方为基准点，等距离垂直分布。

“左侧分布”按钮：以每个对象最左侧为基准点，等距离水平分布。

“水平居中分布”按钮：以每个对象中心点为基准点，等距离水平分布。

“右侧分布”按钮：以每个对象最右侧为基准点，等距离水平分布。

（3）“匹配大小”选项组：

“匹配宽度”按钮：以所选对象中最长的宽度为基准，在水平方向上等尺寸变形。

“匹配高度”按钮：以所选对象中最长的高度为基准，在垂直方向上等尺寸变形。

“匹配宽和高”按钮：以所选对象中最长的宽度和高度为基准，在水平和垂直方向上同时进行等尺寸变形。

（4）“间隔”选项组：

“垂直平均间隔”按钮：使所选对象在垂直方向上间距相等。

“水平平均间隔”按钮：使所选对象在水平方向上间距相等。

（5）“与舞台对齐”复选框：

勾选此复选框后，调整图像的位置时将以整个舞台为标准，使图像相对于舞台进行对齐，若未勾选此复选框，则以图像的相对位置为标准进行对齐。

2）对齐命令

执行“修改”→“对齐”命令，可显示所有子命令，如图3-144所示。“对齐”面板中包含该列表项中的所有命令，这里不再具体讲解。

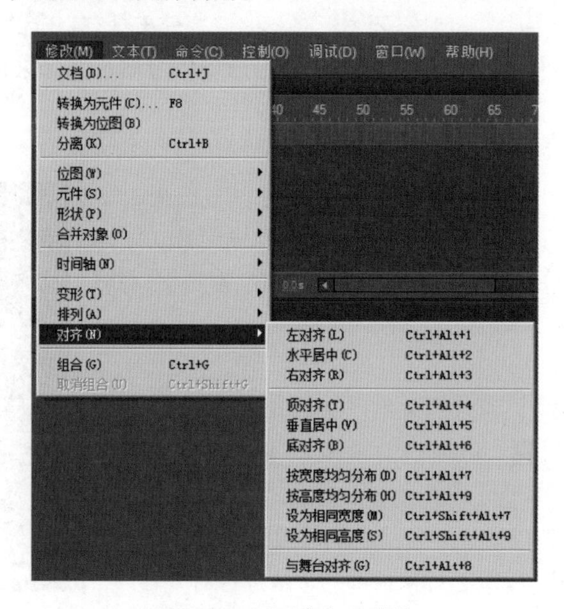


图3-144 “对齐”子菜单

### 6. “还原”“撤销”与“重做”命令

在编辑图形的过程中，如果某一步的操作出现了失误或对设计的图形效果不满意，可以对文档进行还原、撤销和重做等操作。

1）“还原”命令

在Flash中，执行“文件”→“还原”命令，可将当前文档还原至上一次保存前的状态，执行“还原”命令的前提是当前文档已保存至磁盘中，否则该命令不会被激活。

2）“撤销”与“重做”命令

执行“编辑”→“撤销”命令（或按【Ctrl+Z】组合键）可以撤销之前的操作。多次执行该命令，可以撤销多个操作。如果要恢复之前的操作，可以执行“编辑”→“重做”命令（或按【Ctrl+Y】组合键）。

### 7. “历史记录”面板

Flash中的“历史记录”面板用于将文档新建或打开后所执行的操作按顺序进行一一记录，便于用户查看操作的步骤过程，还可对操作的步骤进行撤销或重放等操作。

1）了解“历史记录”面板

执行“窗口”→“历史记录”命令，弹出“历史记录”面板，对文档进行操作后，面板如图3-145所示。其中左侧滑块▶所在的位置即为当前所执行的操作步骤。默认情况下，“历史记录”面板支持的撤销级别数为 100。可以在 Flash 的“首选参数”对话框中设置撤销和重做的级别数（从 2～300），如图3-146所示。

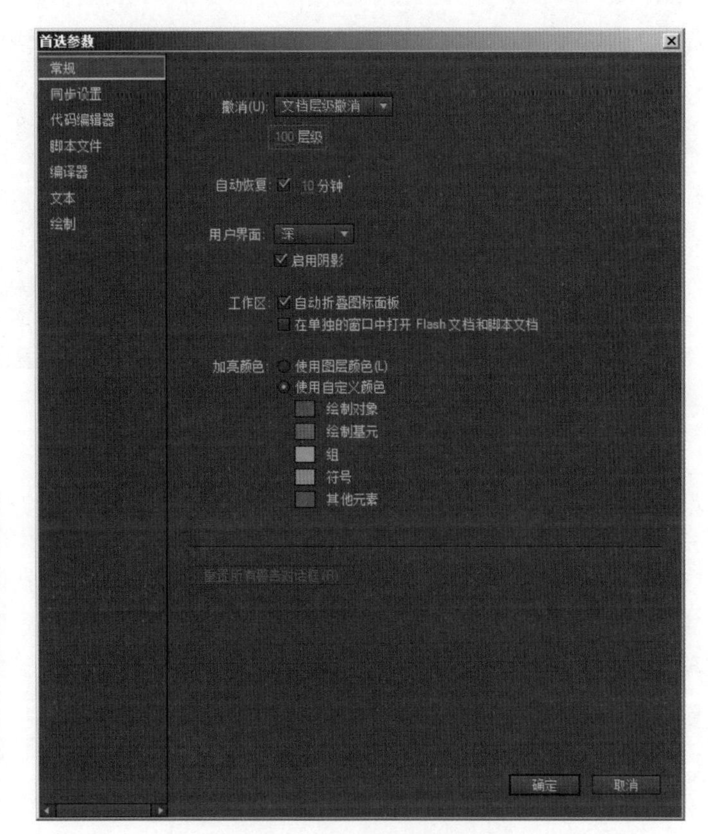


图3-145　“历史记录”面板　　图3-146　“首选参数”对话框

2）撤销操作

在执行了一系列操作之后，如果希望撤回至某一个历史状态，只需向上拖拽动块至相应的历史记录名称即可，撤销的步骤将在“历史记录”面板中变成灰色，如图3-147所示。再进行新的步骤操作时，原来灰色部分的操作将会被新的操作步骤所代替，如图3-148所示。

图3-147　撤销步骤

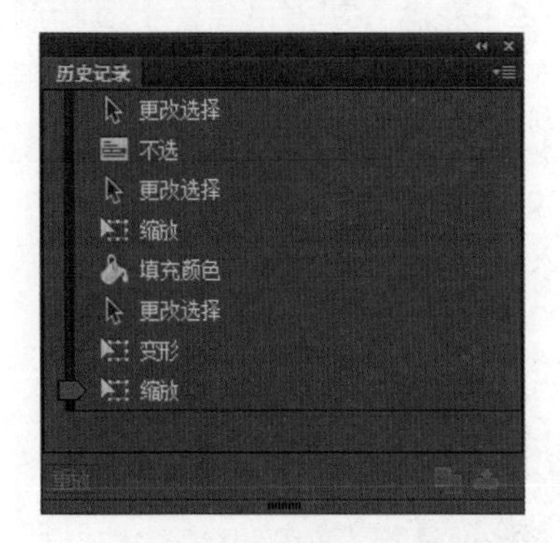


图3-148　新步骤

3）重放操作

重放操作是指重新执行所选中的操作步骤（“历史记录”面板中加亮显示的步骤，而不是滑块当前指向的步骤）。选中某个步骤后“重放”按钮被激活，如图3-149所示。单击该按钮“历史记录”面板会重新显示所选中的步骤，如图3-150所示，重放操作可应用于文档中任意选定的对象。

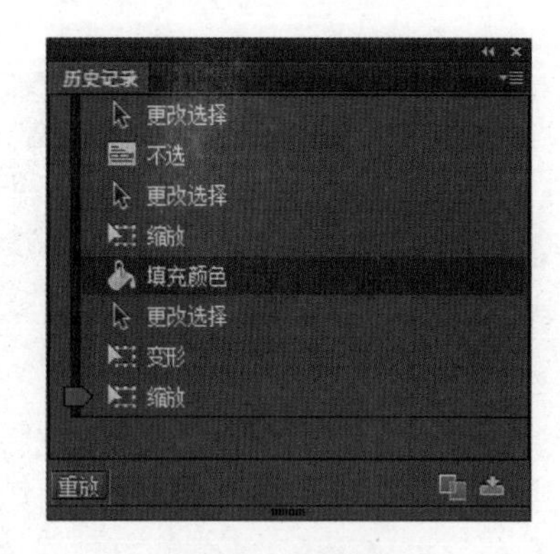


图3-149 激活按钮

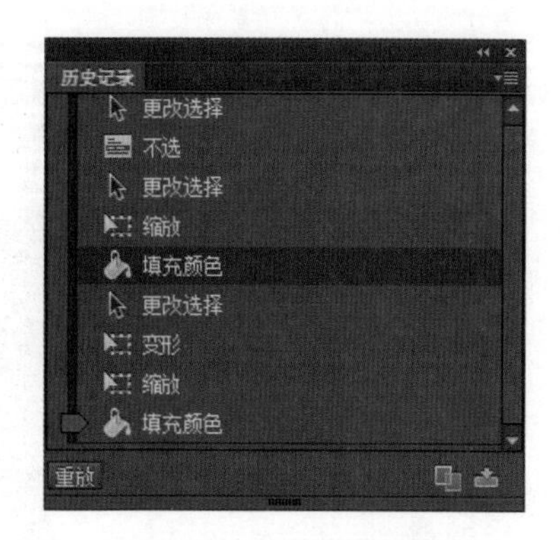


图3-150 增加新步骤

4）复制步骤

通过“历史记录”面板可将当前文档中的步骤应用到另一文档中。从“历史记录”面板中选择步骤后右击，弹出图3-151所示的快捷菜单，选择“复制步骤”命令。打开要应用步骤的文档，选择对象后，执行“编辑”→“粘贴到中心位置”命令（或按【Ctrl+V】组合键）即可使对象应用这些步骤。

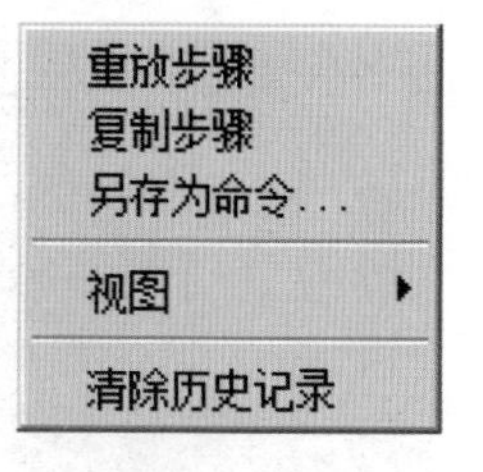


图3-151 选项菜单

## 3.4.2 任务分析

针对该任务可以从动画的背景、内容元素以及动画效果三方面进行分析。

1. 动画背景

本动画的主题为牵牛花开，因此可选用一张包含房屋、树木、草地的图片充当背景。

2. 内容元素

结合背景素材，可绘制一排篱笆，牵牛花缠绕在篱笆上。

（1）篱笆：通过矩形工具结合钢笔工具绘制，通过对齐与分布调整间距。

（2）花藤：茎部由铅笔工具绘制，通过宽度工具进行调整，并通过多边形工具删除多余部分，花藤中的叶子由钢笔工具结合铅笔工具绘制。

（3）花朵：通过钢笔工具和铅笔工具绘制。

3. 动画效果

本动画需展示花朵含苞待放到开放的动画效果，整个动画过程采用形状补间动画完成。

## 3.4.3 任务实现

1. 动画背景

Step 01 打开Flash CC软件，按【Ctrl+N】组合键打开“新建文档”对话框。在其左侧

选择ActionScript 3.0类型，在右侧的参数面板中设置宽度为550像素，高度为400像素，帧频为24fps，背景颜色为白色，单击“确定”按钮创建一个空白的Flash动画文档。

Step 02 执行“文件”→“导入”→“导入到舞台”命令（或按【Ctrl+R】组合键），弹出“导入”对话框，找到案例素材，选择“背景.jpg”，如图3-152所示。单击“打开”按钮，即可将素材导入到舞台中，如图3-153所示。

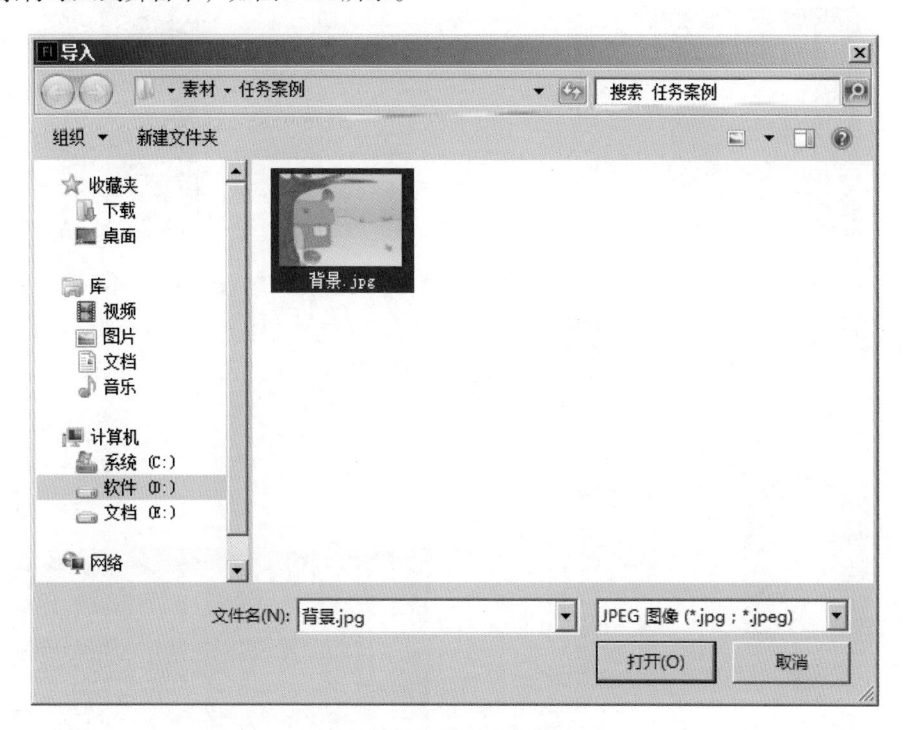


图3-152　填充动画背景

图3-153　背景素材

2. 内容元素

Step 01 选择“矩形工具”，设置填充色为白色，在绘制对象模式下，绘制图3-154所示的矩形。然后绘制图3-155所示的矩形，并通过“添加锚点工具”添加锚点，选择“部分选区工具”将锚点移动到图3-156所示的位置。

图3-154 矩形1

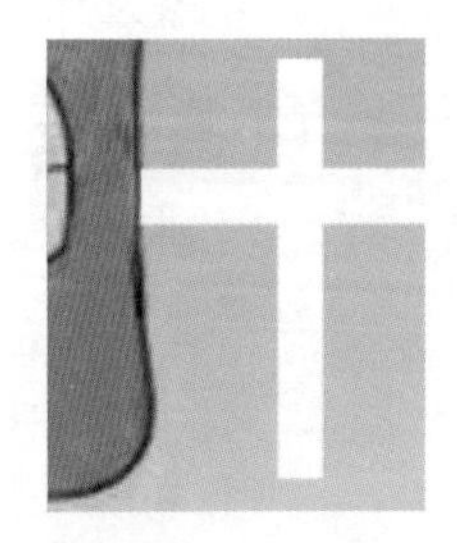

图3-155 矩形2

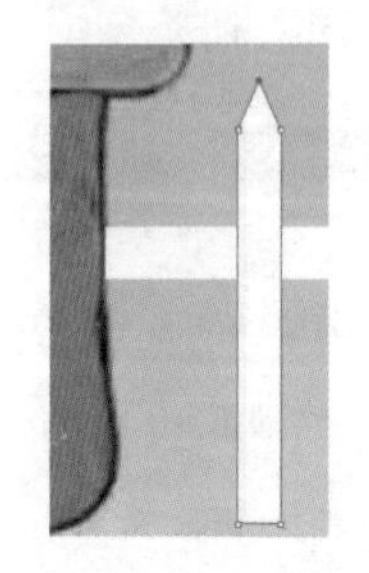

图3-156 锚点位置

Step 02 选择“椭圆工具”，设置填充色为绿色（RGB：151、218、97），绘制图3-157所示的圆形。选中圆形和图3-156中调整锚点的图形，按【Ctrl+G】组合键编为一组，并复制多个，如图3-158所示。

图3-157 绘制圆形

图3-158 锚点位置

Step 03 执行“窗口”→“对齐”命令，打开“对齐”面板。选中上一步中所有编组图形，单击“顶对齐”按钮和“水平居中分布”按钮，效果如图3-159所示。单击时间轴上第60帧，按【F5】键插入普通帧。

图3-159 对齐效果

Step 04 单击“新建图层”按钮，创建新图层并将其命名为“花藤”。选择“铅笔工具”，设置笔触色为绿色（RGB：0、153、0），笔触大小为4，并通过“属性”面板设置端点为“无”，绘制图3-160所示的图形。

Step 05 选择“宽度工具”，调整上一步所绘制的图形，如图3-161所示。选择该图形，执行“修改”→“形状”→“将线条转换为填充”命令，然后按【Ctrl+B】组合键，将图形分离为形状图形。

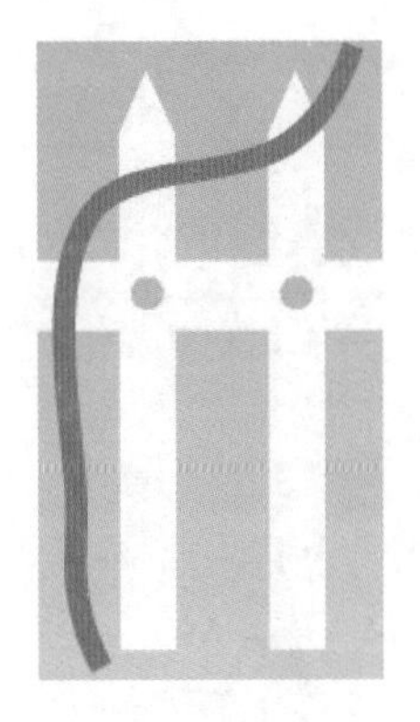
图3-160　铅笔工具

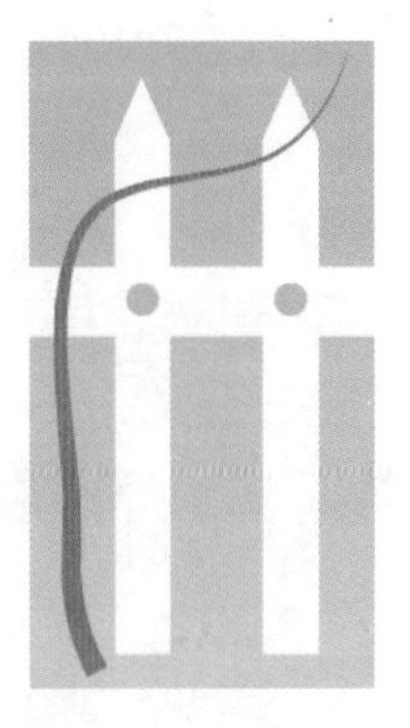
图3-161　宽度工具

Step 06 锁定“图层1”，选择“多边形工具”，创建图3-162所示的选区，并将选区内的图形删除，如图3-163所示。

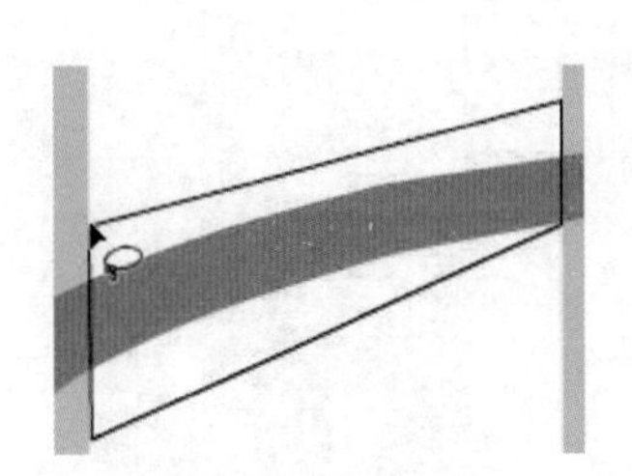
图3-162　矩形2

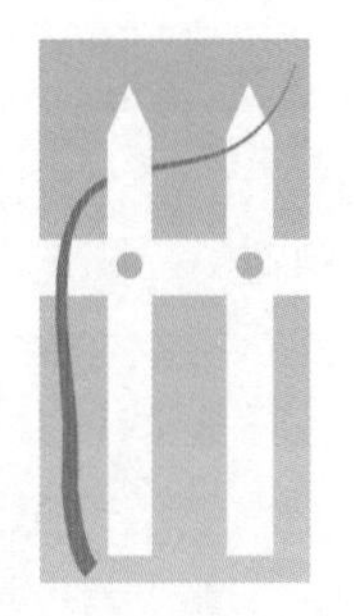
图3-163　锚点位置

Step 07 选择“钢笔工具”绘制叶子图形，填充绿色（RGB：0、153、0），如图3-164所示。

Step 08 选择“铅笔工具”，设置笔触色为深绿色（RGB：0、102、0），笔触大小为0.1，绘制叶脉，效果如图3-165所示。

Step 09 依据上一步中的操作方法绘制多个叶子，并将花藤中的所有图形元素编为一组，如图3-166所示。

图3-164　绘制叶子

图3-165　绘制叶脉

图3-166　花藤1

Step 10 重复Step06~Step11中的操作方法，绘制其他花藤，如图3-167所示。

图3-167　花藤2

Step 11 单击“新建图层”按钮，创建新图层并将其命名为“花柄”。选择“钢笔工具”，设置笔触色为深绿色（RGB：0、102、0），填充色为绿色（RGB：0、153、0），绘制图3-168所示图形。并分别在第15帧、30帧、50帧的位置创建关键帧。

Step 12 单击“新建图层”按钮，创建新图层并将其命名为“花瓣”。选择“钢笔工具”绘制花瓣，填充浅红色（RGB：255、153、102），如图3-169所示。

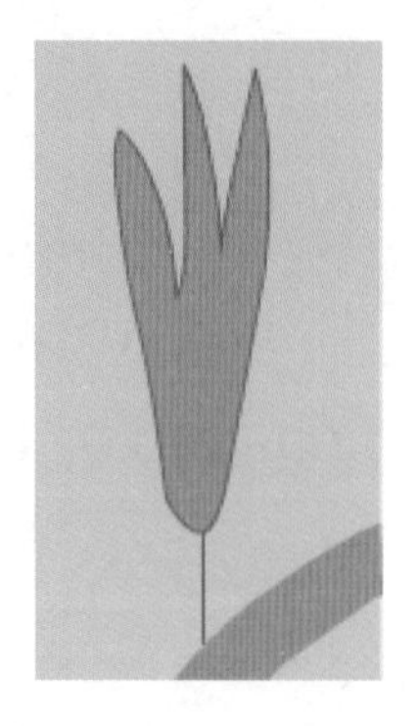

图3-168　钢笔工具

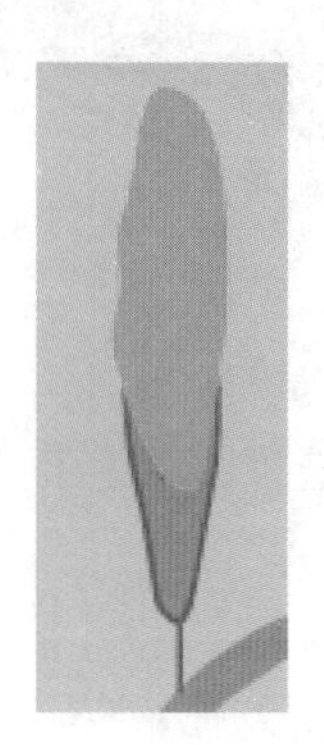

图3-169　花苞

Step 13 分别在第15帧、30帧、50帧的位置创建关键帧，修改花瓣的颜色为橘红色（RGB：255、102、0），并调整花瓣的形状，如图3-170~图3-172所示。

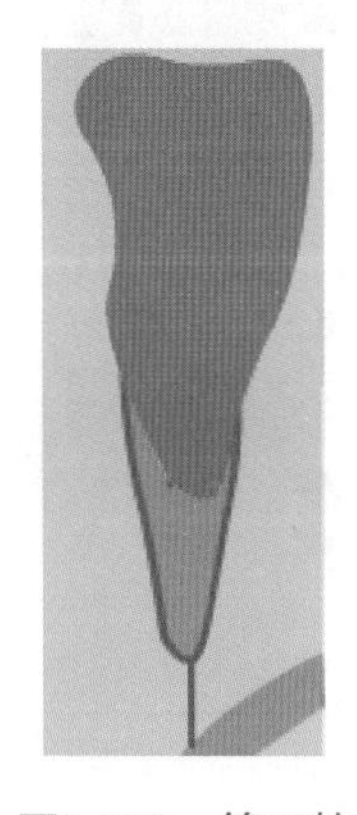

图3-170　第15帧

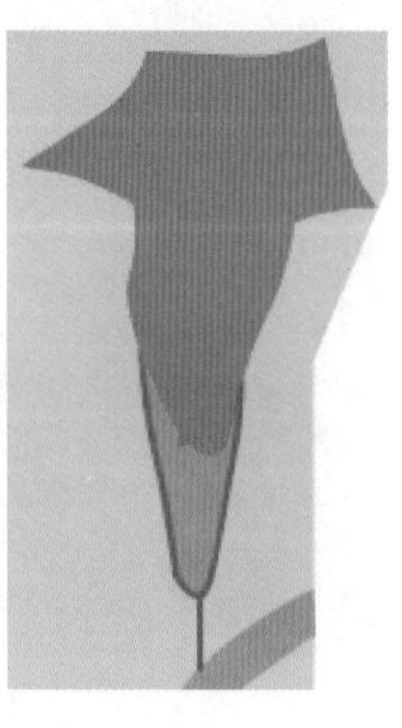

图3-171　第30帧

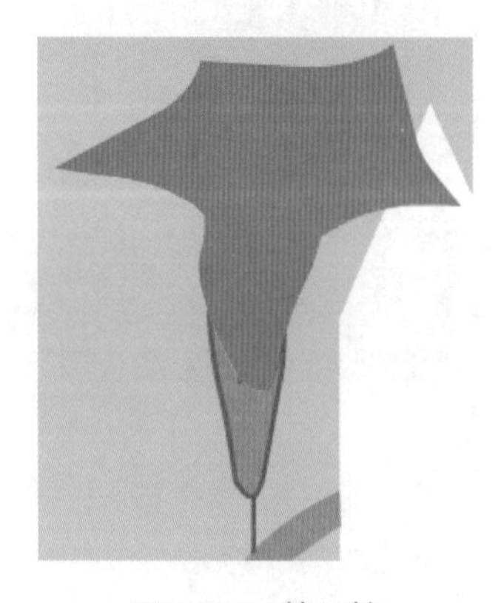

图3-172　第31帧

Step 14 单击“新建图层”按钮，创建新图层并将其命名为“花心”。在第50帧的位置创建关键帧，选择“铅笔工具”，设置笔触色为白色，笔触大小为0.1，绘制图3-173所示的图形。

Step 15 选择“花柄”图层，将其移动到所有图层的最上方，效果如图3-174所示。

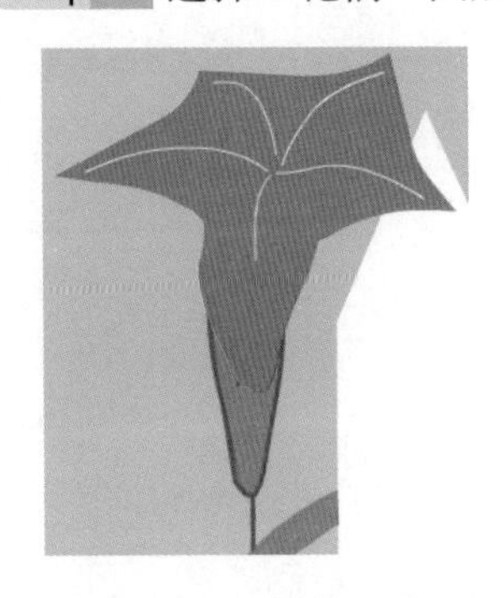

图3-173　铅笔工具

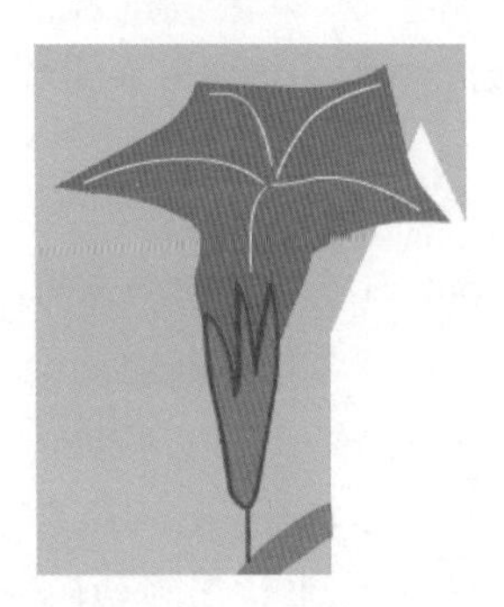

图3-174　调整图层

3. 动画效果

Step 01 选中“花瓣”图层，分别在第1帧和第15帧，第15帧和第30帧以及第30帧和第50帧间创建形状补间动画。

Step 02 按【Ctrl+Enter】组合键测试影片。根据测试结果在关键位置创建形状提示，如图3-175和图3-176所示。

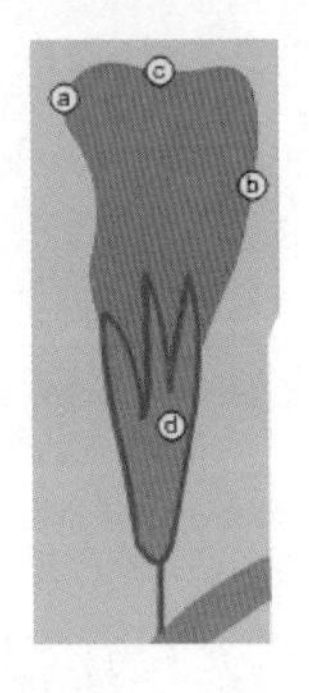


图3-175　第15帧

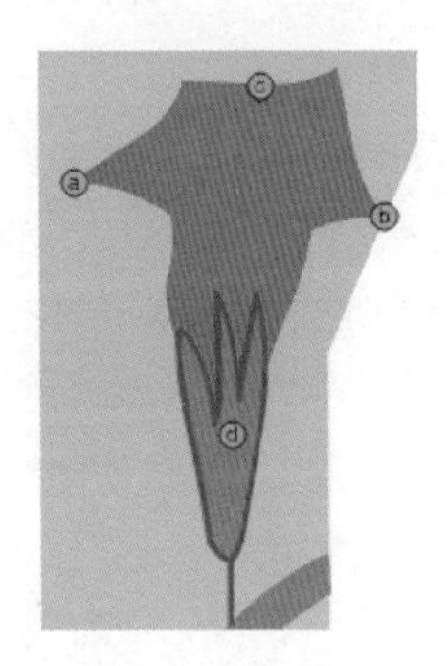


图3-176　第30帧

Step 03 采用上述绘制花朵的方法，绘制其他花朵，并添加动画效果，如图3-177和图3-178所示（这里只展示第1帧和第50帧）。

图3-177　第1帧

图3-178　第50帧

Step 04 按【Ctrl+Enter】组合键测试影片。

Step 05 按【Ctrl+S】组合键，将文件命名后保存在指定位置。

Step 06 执行“文件”→“导出”→“导出影片”命令（或按【Ctrl+Shift+Alt+S】组合键）导出SWF格式的文件。

## 巩固与练习

一、判断题

1. 在创作形状补间动画的过程中，如果使用的元素是图形元件、按钮元件、文字，则必须先将其“分离”。 （　　）

2. “形状提示”是所有Flash动画均有的功能。 （　　）

3. “钢笔工具”是Flash CC中主要的绘图工具，通常只可以绘制直线或曲线。 （　　）

4. 在Flash中，图形的绘制模式主要分为两种，即“图像绘制模式”和“对象绘制模式”。 （　　）

5. 在Flash中，组和对象内部的子对象是不可以进行编辑的。 （　　）

二、选择题

1. 下列选项中，属于铅笔工具绘制模式的是（　　）。
   A. 伸直　B. 平滑　C. 墨水　D. 弯曲

2. 下列选项中，属于“分离”命令快捷键的是（　　）。
   A. Shift+B　B. Alt+B　C. Ctrl+B　D. Shift+ Alt

3. 在Flash“对齐”面板中，包含下列（　　）选项组。
   A. “对齐”　B. “分布”　C. “匹配大小”　D. “间隔”

4. 下列选项中，用于创建直线边缘的选区的是（　　）。
   A. 套索工具　B. 多边形工具　C. 魔术棒工具　D. 直线工具

5. 在Flash中，下列（　　）命令用于对象的排列。
   A. 移至顶层　B. 上移一层　C. 下移一层　D. 移至底层

# 第 4 章

# 传统补间动画

| 知识学习目标 | ☑ 掌握元件的制作方法，能够进行元件的创建和转换。<br>☑ 理解图形、元件和实例的概念，能够区分图形、实例和元件。<br>☑ 掌握实例属性设置技巧，能够根据相关属性制作绚丽的动画效果。<br>☑ 掌握传统补间动画的创建方法，能够制作出效果流畅的传统补间动画。 |
| --- | --- |

传统补间动画是Flash动画中非常重要的表现手法之一，它是使对象大小、位置和不透明度发生改变而产生的过渡动画效果。然而什么是传统补间动画？它和形状补间动画有哪些差异？本章将通过“卡通太阳”“爬动的瓢虫”“闪电动画”三个任务详细讲解传统补间动画的特点和制作技巧。

# 4.1 传统补间动画概述

在进行任务制作之前，需要了解一些传统补间动画的相关知识，为后续的任务制作夯实基础。本节将从补间动画的创建方法、特点、与形状补间动画的异同等方面对传统补间动画的基础知识进行详细讲解。

## 4.1.1 认识传统补间动画

在时间轴面板的一个关键帧上放置一个元件，然后在另一个关键帧改变这个对象的大小、位置、不透明度等属性，Flash根据这两个对象创建出的中间变化过程称为“传统补间动画”，图4-1所示的风车的旋转就是运用动作补间制作的。

图4-1 传统补间动画

当传统补间动画建立后，时间轴面板的起始帧和结束帧之间有一个长长的箭头，背景色变为淡紫色，如图4-2所示，这是传统补间动画的特殊标志。

图4-2 传统补间动画显示标志

## 4.1.2 传统补间动画的优势

传统补间动画相对于逐帧动画而言，具有以下几个优势。

1. 制作更简单

传统补间动画不需要人为创建每帧的内容，只需要创建两个关键帧的内容，两个关键帧之间的所有动画都由Flash创建，制作更加简便。

2. 动画更连贯

传统补间动画由软件自动生成帧，相比于逐帧动画人为添加，动画过渡更自然。

3. 文件更小

不必每帧都制作内容，更加节省空间。

### 4.1.3 传统补间动画和形状补间动画的区别

传统补间动画和形状补间动画都属于补间动画，前后都各有一个起始帧和结束帧，但二者仍然有较大的差异，具体差异如表4-1所示。

表4-1 动作补间和形状补间的差异

| 类　型 | 显示样式 | 参与对象 | 动画功能 |
|---|---|---|---|
| 传统补间动画 | 淡紫色背景长箭头 | 元件 | 实现元件大小、位置、不透明度的细腻变化 |
| 形状补间动画 | 淡绿色背景长箭头 | 图形 | 实现2个形状之间的变化或1个形状大小、位置、颜色的细腻变化 |

需要注意的是在传统补间动画的参与对象中出现了“元件”这一概念，关于“元件”将会在4.2节详细讲解，这里了解即可。

### 4.1.4 传统补间动画的创建方法

传统补间动画的创建方法十分简单，通常可分为三个步骤。

（1）在时间轴面板动画开始的地方创建或选择一个关键帧并设置一个元件。

（2）在动画要结束的地方创建或选择一个关键帧并设置该元件的属性。

（3）在开始帧和结束帧的中间右击，在弹出的快捷菜单中选择“创建传统补间”命令，即可创建传统补间动画，如图4-3所示。

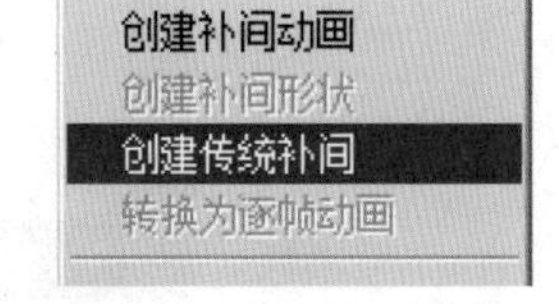


图4-3 创建传统补间

### 4.1.5 传统补间动画属性面板

在传统补间动画的开始帧和结束帧中间单击，右侧的“属性”面板就会出现传统补间动画的对应属性，如图4-4所示。

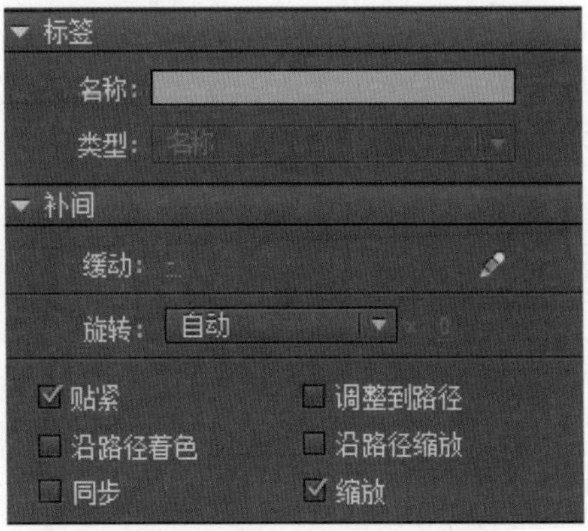

图4-4 传统补间动画属性面板

图4-4中常用选项的解释如下：

（1）名称：可以为当前补间输入一个名称作为标记。

（2）类型：输入名称后，该下拉列表框被激活，单击▾按钮，可在下拉列表中选择“名称”“注释”“锚记”3个选项。

（3）缓动：用于调节对象的加速度，设置范围为-100～100之间。正数表示由快到慢，负数表示由慢到快。

（4）编辑缓动：单击右侧的“编辑”按钮，弹出图4-5所示的“自定义缓入/缓出”对话框，用于精确设置缓动。

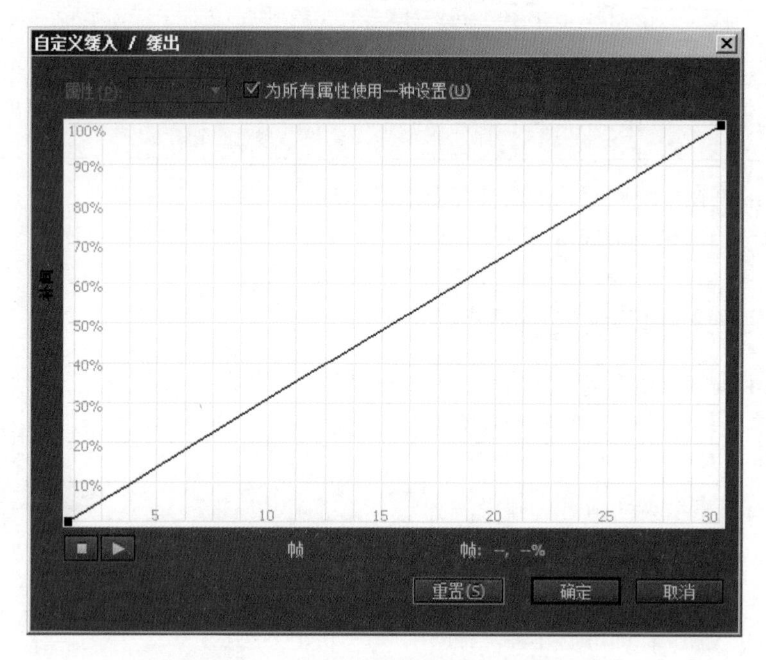


图4-5 “自定义缓入/缓出”对话框

（5）旋转：用于设置对象的旋转方向，当选择旋转方向后，其右侧的文本框将被激活，可以输入相应的数值来确定旋转圈数。

（6）贴紧：该功能主要用于引导动画，可以使对象以其中心点捕捉路径，这里了解即可。

（7）调整到路径：该功能同样用于引导动画，可以使动画的运动方向与引导路径方向一致，这里了解即可。

（8）缩放：勾选此复选框，可以使过渡帧中的元素比例正常。

## 4.2【任务7】卡通太阳

在进行传统补间动画制作时，其参与对象必须是元件，掌握元件的概念和操作技巧是制作传统补间动画的前提。本任务是制作一个卡通太阳影片剪辑元件。通过本任务的学习，读者可以对元件有一个基本的认识，掌握不同类型元件的创建方法。

## 4.2.1　知识储备

1. 什么是元件

在使用Flash进行动画制作时，经常会用到一些重复的对象，如果把这些重复对象都制作一遍会浪费很多时间，既不便于控制，还会增加文件大小。为此Flash专门提供了“元件”来解决这一问题。

在Flash中元件指的是一些可以重复使用的图像、动画或按钮，一旦某个对象被定义为元件，不仅可以重复应用，而且不会增加文件的大小。图4-6所示为“蚂蚱一家”动画，图中所有的蚂蚱都是由一个元件生成的。

图4-6　蚂蚱一家

此时，修改元件（如大小、颜色、形状等），则由该元件生成的对象都将发生变化。例如，将图4-6中的蚂蚱元件改变颜色，如图4-7所示，此时图中的所有蚂蚱颜色都会改变，如图4-8所示。

图4-7　改变元件颜色

图4-8　颜色改变后效果图

2. 元件的类型

在Flash中，元件分为3种类型，分别为“图形元件”“影片剪辑元件”和“按钮元件”，3种元件有着各自的功能和特点。

1）图形元件

图形元件主要用于静态图像的重复使用，或者创建与主时间轴相关联的动画。交互式控件和声音在图形元件的动画序列中不起作用。在Flash CC中，图形元件的标示为![]。

2）影片剪辑元件

影片剪辑元件是包含在Flash动画中的动画片段，有自己的时间轴和属性。可以包含交互式控件、声音等，也可以将其放置在按钮元件的时间轴中制作动画按钮。影片剪辑元件具有交互性，在三种元件中用途最广、功能最多。在Flash CC中，影片剪辑元件的标示为。

3）按钮元件

按钮元件实际上是4帧的交互影片剪辑，四帧分别代表了“弹起”“指针经过”“按下”“点击”4种状态。按钮元件只对鼠标动作作出反应，用于建立交互按钮。在Flash CC中，按钮元件的标示为。

3. 元件的创建

想要使用元件，首先要创建元件。创建元件的方法十分简单，执行“插入”→“新建元件”命令（或按【Ctrl+F8】组合键），会弹出“创建新元件”对话框，如图4-9所示。

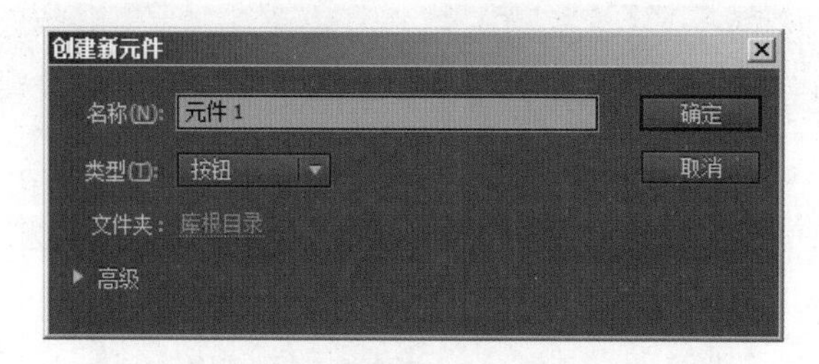


图4-9　“创建新元件”对话框

图4-9所示“创建新元件”对话框中主要参数的解释如下：

（1）名称：用于自定义元件的名字，防止元件过多出现混淆，默认名称为“元件1”。

（2）类型：用于设置新创建元件的类型，单击按钮，在弹出的下拉菜单中可选择影片剪辑、按钮、图形3种类型。

（3）文件夹：单击右侧的“库根目录”超链接，弹出图4-10所示的“移至文件夹”对话框，可以设置元件创建后保存的位置，一般默认设置即可。

图4-10　“移至文件夹”对话框

（4）高级：单击 高级 按钮，展开图4-11所示的高级选项，在高级选项中可以为元件指定ActionScript脚本语言及元件的共享等属性，关于ActionScript脚本语言将会在后面的章节中详细讲解。

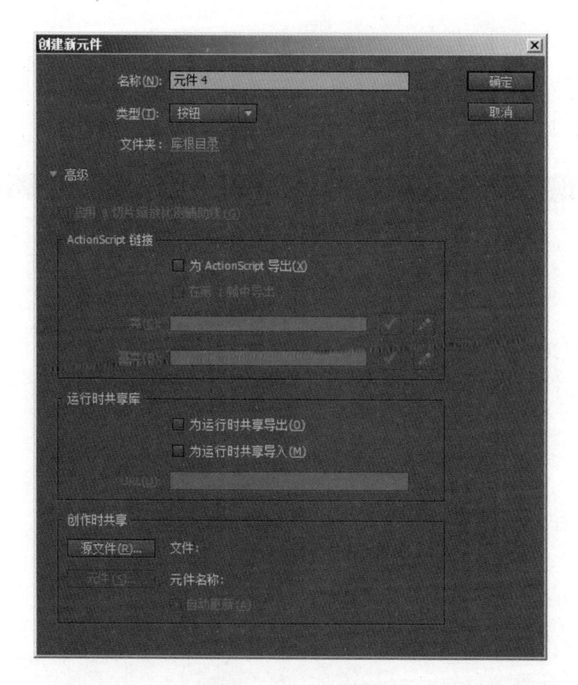


图4-11　高级选项

设置好相应的选项后，单击“确定”按钮，即可进入“元件编辑区”创建元件。

4．元件的编辑

要改变元件的内容，就需要进入元件内部对其进行编辑。在Flash中，编辑元件的方法有如下两种。

1）在当前位置编辑元件

选中需要编辑的元件，执行“编辑”→“在当前位置编辑”命令（或运用“选择工具”在场景中双击需要编辑的元件），此时将淡化元件以外的内容，进入元件编辑区，如图4-12所示。

图4-12　在当前位置编辑元件

在图4-12中，当单击橙色椭圆元件时，软件将淡化黑色圆形，进入椭圆元件内部。运用这种编辑方式，可以更好地结合场景需要修改元件。

2）在元件编辑区中编辑元件

选中需要编辑的元件，执行“编辑”→“编辑元件”命令（或按【Ctrl+E】组合键），即可进入到“元件编辑区”，如图4-13所示。

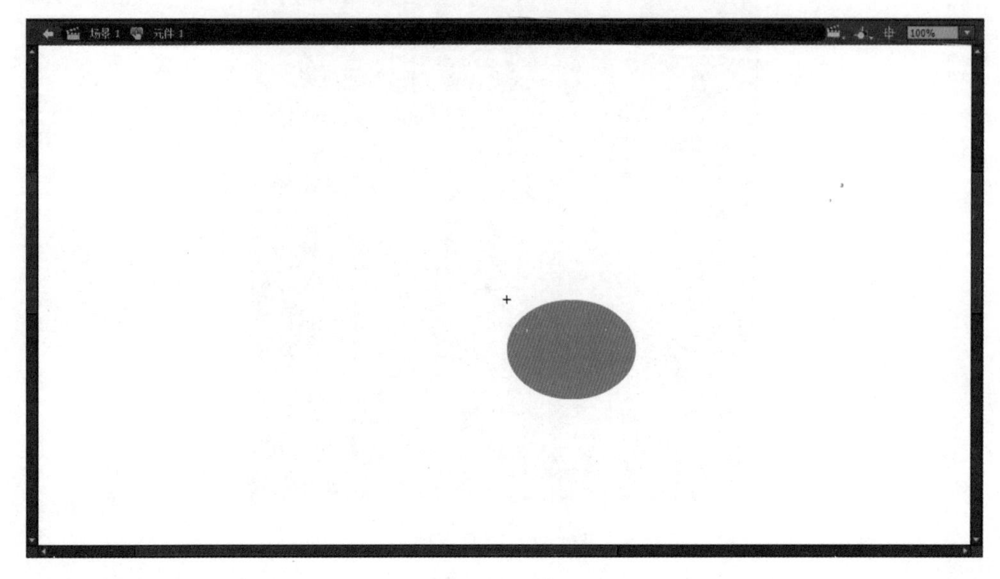

图4-13　元件编辑区

：返回上一层，可以逐级向上返回，直到返回到场景为止。

场景 1　元件 1：用于显示当前元件所在层级。

：用于返回到场景。单击该按钮，在弹出的下拉菜单中选择场景，即可返回。

：用于进入到“元件编辑区”。单击该按钮，场景中有几个元件，则会弹出与之对应个数的菜单，如图4-14所示。选择相应的选项，即可进入该元件的编辑页面。

元件 3
元件 2
元件 1

图4-14　元件选项

+ ：元件注册点，位于元件编辑区的中心位置。

需要注意的是，当进入按钮元件编辑区时，时间轴上的帧面板将会变成4个空白帧，分别用于创建“弹起”“指针经过”“按下”“点击”4种状态效果。关于按钮元件的运用，将会在第7章配合ActionScript脚本代码详细讲解吗，这里了解即可。

3）退出元件编辑

当编辑完成后，执行下列操作，均可以退出元件编辑状态。

（1）单击场景按钮，在弹出的下拉菜单中选择场景，即可返回。

（2）单击按钮，逐级退出编辑状态。

（3）在当前位置编辑时，在元件外的区域双击即可返回场景。

（4）在“元件编辑区”编辑时，按【Ctrl+E】组合键即可返回场景。

5. 转换为元件

为了便于操作，Flash还提供了元件转换功能。选中需要进行转换的元件，在菜单栏执行“修改”→“转换为元件”命令（或按【F8】快捷键），弹出图4-15所示的“转换为元件”对话框。

图4-15　“转换为元件”对话框

该对话框和“创建新元件”对话框类似，只是多出“对齐”选项，选择“对齐”选项右侧“定位框”中的某一点，即可设置转换后元件注册点的位置，如图4-16所示。

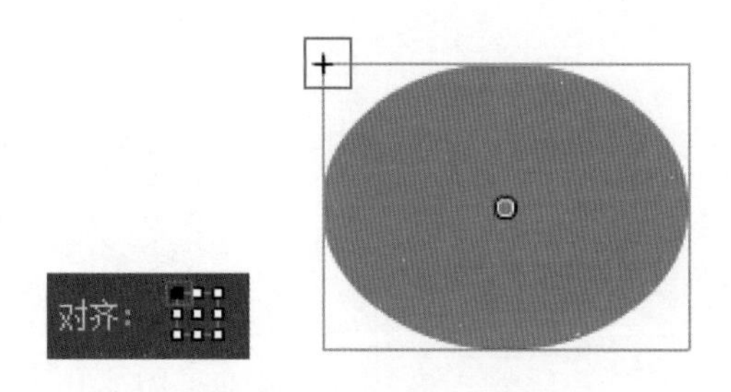


图4-16　设置元件注册点

## 4.2.2　任务分析

本次动画的主题是绘制一个卡通太阳影片剪辑元件。针对该任务，可以太阳的构成和动画效果进行分析

1. 太阳的构成

本次任务可将太阳的构成分为两部分，即太阳的光线和太阳实体。

（1）太阳光线：可以运用“椭圆工具”绘制，并运用“选择工具”编辑形状，使其类似于雨滴形状。

（2）太阳实体：可以运用椭圆绘制。

2. 动画效果

根据影片剪辑元件的特点，可以制作一个太阳光旋转的传统补间动画作为影片剪辑元件。

## 4.2.3　任务实现

Step 01 打开Flash CC软件，按【Ctrl+N】组合键打开“新建文档”对话框。在其左侧选择ActionScript 3.0类型，在右侧的参数面板中设置宽度为550像素，高度为400像素，帧频为3 fps，背景颜色为白色，单击“确定”按钮创建一个空白的Flash动画文档。

Step 02 选择“椭圆工具”，在舞台中绘制一个圆，通过“颜色”面板设置黄色（RGB：255、204、0）到橘黄色（RGB：153、255、255）的线性渐变，如图4-17所示。

Step 03 运用“渐变变形工具”，调整渐变的方向，如图4-18所示。

图4-17 渐变圆

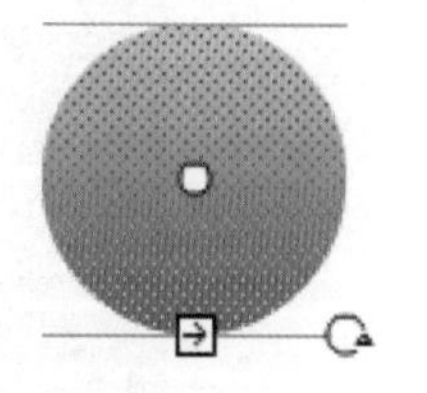

图4-18 调整渐变方向

Step 04 运用“选择工具”对形状进行编辑，得到图4-19所示形状。

Step 05 运用“任意变形工具”调整形状大小至图4-20所示样式。

图4-19 编辑形状

图4-20 调整形状大小

Step 06 选中调整后的形状，按【F8】键，弹出“转换为元件”对话框。将图形转换为名称为“卡通太阳”的影片剪辑元件，对话框设置如图4-21所示。

图4-21 设置“卡通太阳”影片剪辑元件

Step 07 按【Ctrl+E】组合键进入影片剪辑元件编辑区。

Step 08 按【F8】键，将影片剪辑元件编辑区的图形转换为名称为“阳光”的图形元件，对话框参数设置如图4-22所示。

图4-22 设置“阳光”图形元件

Step 09 调整图形元件的位置，使其位于元件定位点的上方。

Step 10 运用“任意变形工具”，选中对象，移动对象的变形点使其和元件的注册点重合，如图4-23所示。

Step 11 按【Ctrl+T】组合键调出“变形”面板，如图4-24所示。设置旋转角度为30°，单击“重置选区和变形”按钮，制作出图4-25所示图形。

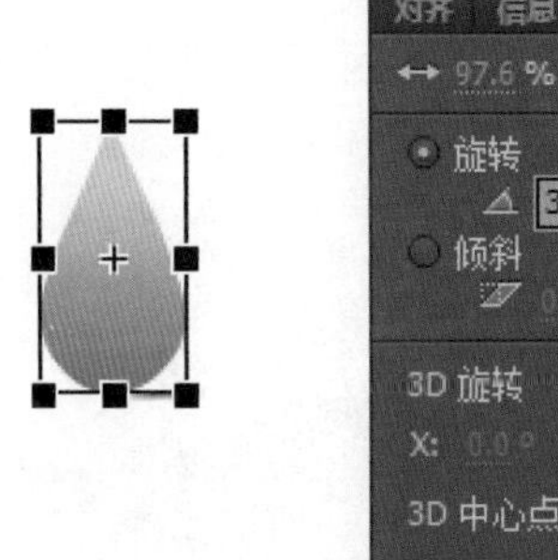

图4-23　调整中心点位置

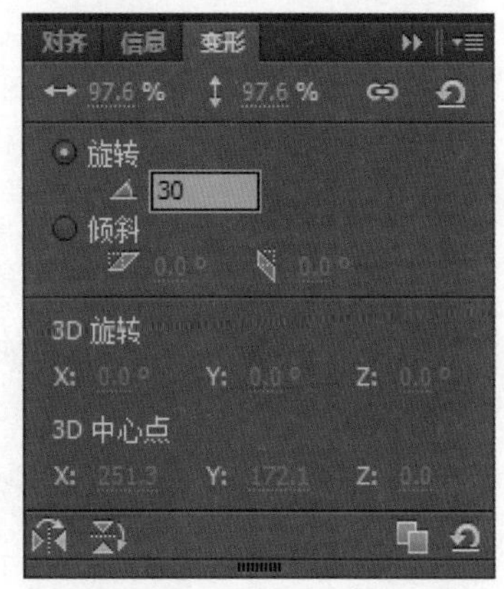


图4-24　“变形”面板

图4-25　变形效果

Step 12 单击元件编辑区域上方的“编辑元件”按钮，在弹出的下拉菜单中选择“阳光”元件，进入到该元件的编辑面板。

Step 13 运用“任意变形工具”缩小阳光形状，然后回到“卡通太阳”元件编辑区，此时阳光元件整体效果如图4-26所示。

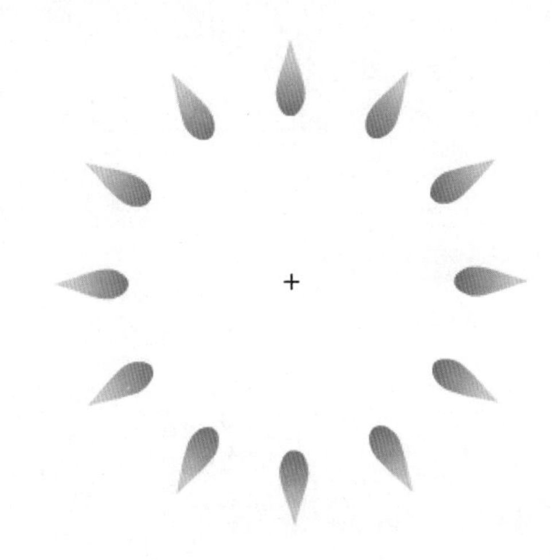

图4-26　缩小后的效果

Step 14 选中元件编辑区中的所有对象，按【F8】键，将其转换为新的元件，将新的元件命名为“阳光组合”。

Step 15 按【F6】键，在第30帧处创建一个关键帧。

Step 16 将光标移动到两帧之间并右击，在弹出的快捷菜单中选择“创建传统补间”命令，此时时间轴上的帧面板如图4-27所示。

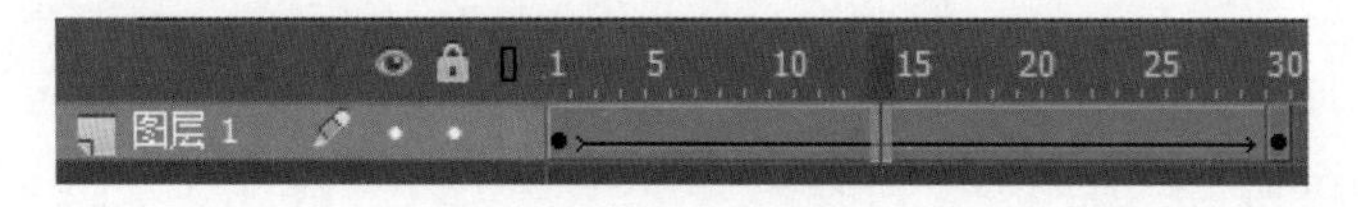


图4-27　帧面板

Step 17 在右侧的属性面板中设置旋转为“顺时针”，其他选项保持默认，如图4-28所示。

Step 18 在时间轴面板上新建图层，得到“图层2”。

Step 19 运用“椭圆工具”绘制一个图4-29所示的圆。在第30帧处创建一个普通帧。使圆和“旋转的阳光”时长一致。

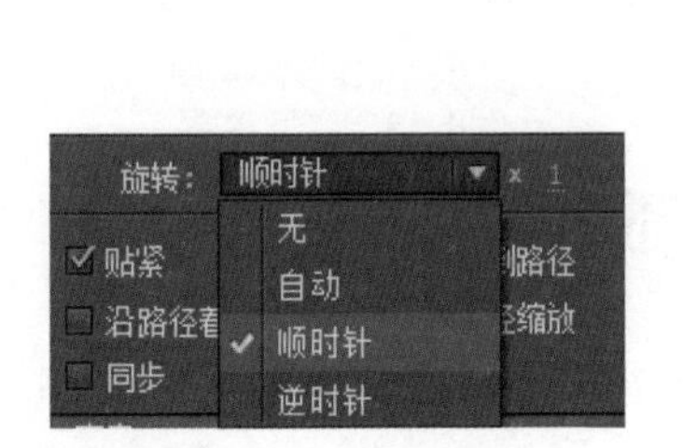

图4-28 补间属性面板

图4-29 绘制圆

Step 20 按【Enter】键测试影片剪辑元件。

Step 21 按【Ctrl+S】组合键，将文件命名后保存在指定位置。

## 4.3 【任务8】七星瓢虫

创建完成的元件只有转化成实例，才能真正参与动画的制作，掌握实例的基本操作技巧是制作传统补间动画的基础。本任务是制作一个七星瓢虫的传统补间动画。通过本任务的学习，读者能够了解元件和实例的差别，掌握实例的基本操作。

### 4.3.1 知识储备

1. 库的概念

如果把元件比作演员，库就相当于“演员”的化妆间，用于存放各种类型的元件。同时，库还可以存储导入的文件，如位图图形、音频文件和视频剪辑等，以便在动画制作时重复使用。执行“窗口”→“库”命令（或按【Ctrl+L】组合键），即可调出“库”面板，如图4-30所示。

图4-30所示“库”面板的常用选项介绍如下：

：单击该按钮，弹出库面板菜单，可以选择“新建元件”“新建文件夹”等相关命令。

：单击此按钮，可以新建一个库面板。

：单击此按钮，可以固定当前库面板，固定后当切换到其他文档时，可以将固定库中的元件引入到其他文档中。

空的库：用于显示元件的数目，并且可以在右侧的搜索栏中输入元件名称搜索元件。

：单击此按钮，可以弹出“新建元件”对话框，用于创建元件。

：当元件较多时，单击此按钮可以新建文件夹，用于对元件进行分类管理。

：用于显示选中元件的属性，可以在弹出的属性对话框中修改元件的名称和类型。

：单击该按钮，可以删除选中的元件或文件夹。

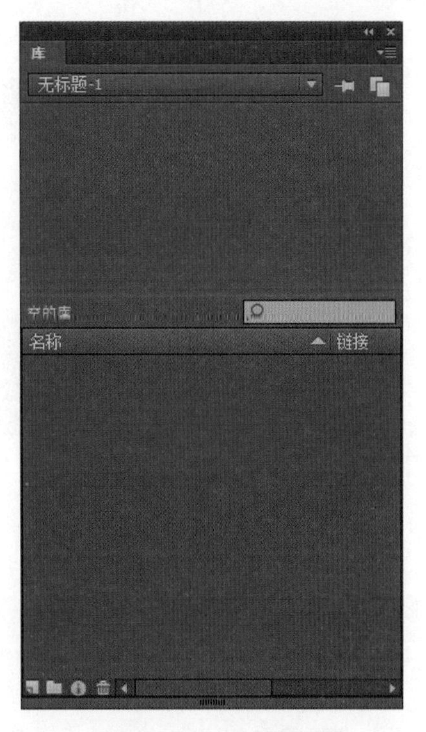

图4-30　“库”面板

2. 认识实例

如果将元件比作演员，库比作化妆间，实例就相当于化妆完成之后，在舞台表演的演员。将元件从库面板中拖到舞台，就会形成一个“实例”。一个元件可以创建多个实例，每个实例都具有该元件的属性，图4-31所示的“鱼群”就是运用一个元件制作的。

图4-31　鱼群游动

3. 实例的创建

元件创建完成后，就可以在舞台中建立实例。创建实例的方法十分简单，首先在时间轴上选取一个图层，然后打开库面板，如图4-32所示。

选择元件的缩略图或下面的元件名称（红框标示位置），按住鼠标左键不放，将其拖动到舞台中，即可完成实例的创建。创建的实例和元件一样可以进行大小、倾斜、位移等基本操作，并且不会影响元件的变化。图4-33所示为同一个元件调整大小后的实例。

库
无标题-2
1 个项目
名称
链接
元件 1

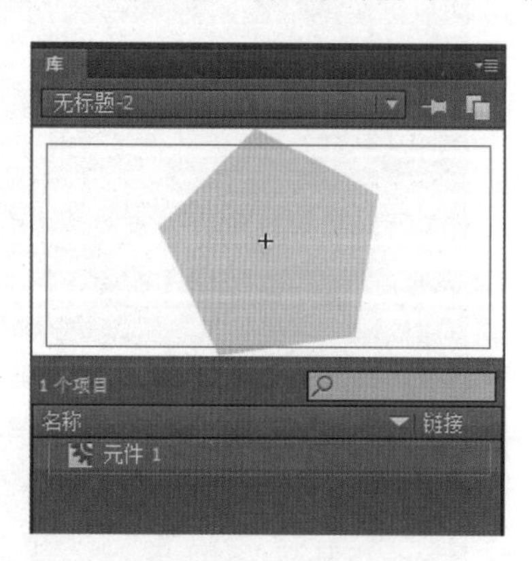

图4-32 库面板

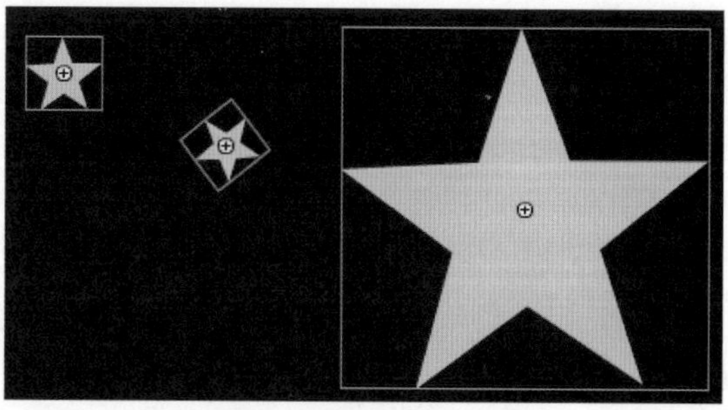

图4-33 调整实例大小

4. 实例排列

当舞台中的实例相互重叠时，它们会按照建立的先后顺序进行排列，最先建立的对象在最下面，最后建立的对象在最上面。图4-34所示为建立的星形和眼镜两个实例。

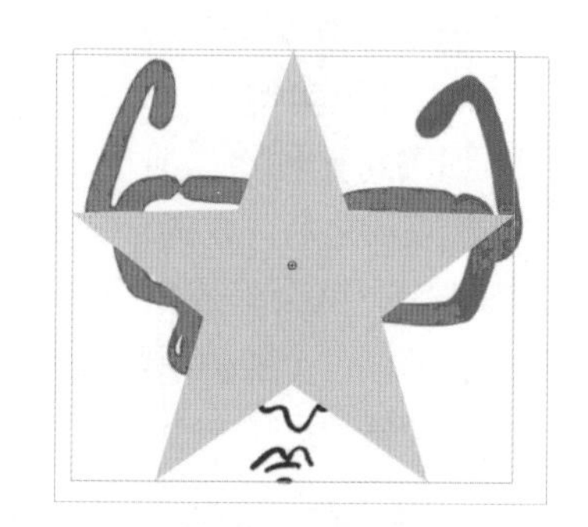

图4-34 实例排列

此时运用“排列”命令可以改变实例的排列顺序。选中需要调整顺序的实例，执行“修改”→“排列”命令，弹出图4-35所示的下拉菜单，选择相应的命令（或运用快捷键）即可对实例进行排序。例如，选择“下移一层”命令（或按【Ctrl+↓】组合键），即可将图4-34所示的黄色星形移到下一层，如图4-36所示。

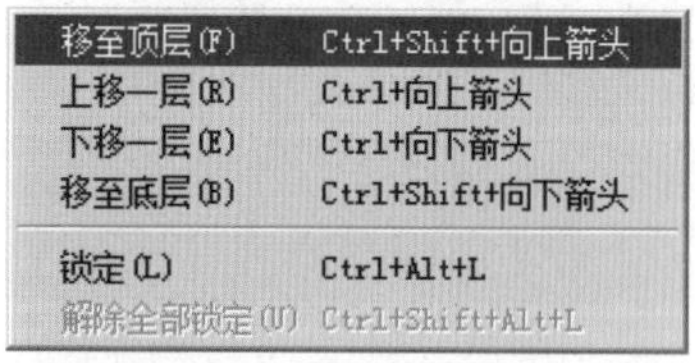

移至顶层(F) Ctrl+Shift+向上箭头
上移一层(R) Ctrl+向上箭头
下移一层(E) Ctrl+向下箭头
移至底层(B) Ctrl+Shift+向下箭头
锁定(L) Ctrl+Alt+L
解除全部锁定(U) Ctrl+Shift+Alt+L

图4-35 弹出菜单

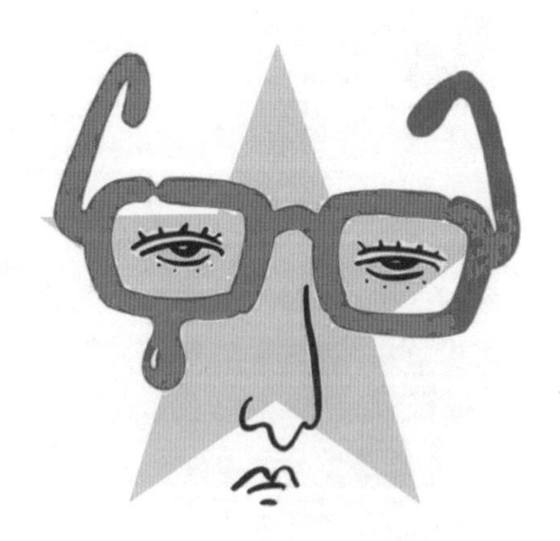

图4-36 “下移一层”实例排列效果

5. 转换实例的类型

每个新建的实例都会继承相应元件的类型，要改变实例的类型，可以在右侧的属性面板中进行设置。单击右侧属性面板的▼按钮（红框标示位置），在弹出的下拉菜单中（见图4-37）中选择不同的类型即可进行修改。

<实例名称>
影片剪辑
实例:
影片剪辑
按钮
图形
位置和大小

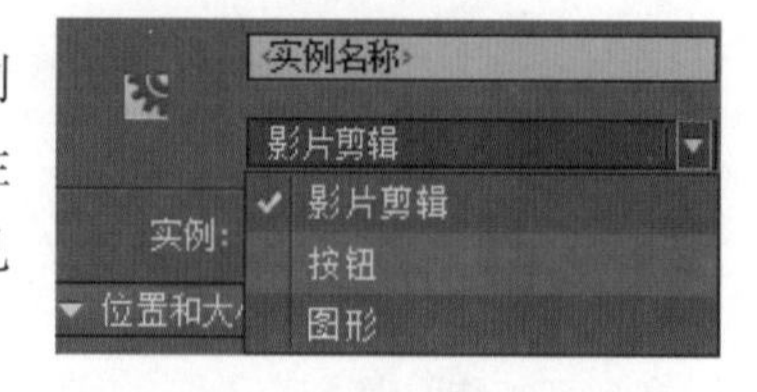

图4-37 转换实例类型

6. 交换元件

在制作多个相似元件时，可以用其中一个元件的实例，在舞台中进行布局，待所有元件制作好之后，再替换元件即可。交换元件可以保留原有的动画效果。在属性面板中单击实例右侧的“交换”按钮 交换... ，弹出图4-38所示的“交换元件”对话框。

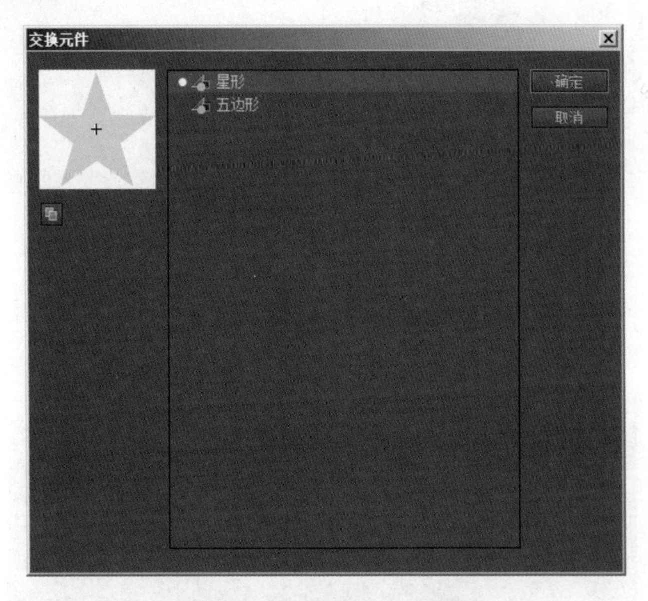


图4-38　“交换元件”对话框

在图4-38所示对话框中显示的是库中的全部元件，选择需要替换到舞台的元件，单击“确定”按钮，即可完成元件替换。

## 4.3.2　任务分析

针对该任务，可以从绿叶动画效果和瓢虫动画效果两个步骤进行分析。

1. 绿叶摇摆动画效果

（1）绿叶的绘制：可以运用“钢笔工具”绘制，并添加渐变填充颜色。

（2）绿叶摇摆动画：可以运用传统补间动画，制作一个动画效果细腻的影片剪辑元件。

2. 瓢虫爬动动画效果

（1）瓢虫的绘制：可以运用“椭圆工具”“线条工具”通过图形的组合绘制。

（2）瓢虫爬动动画：通过传统补间动画实现瓢虫来回爬动的细腻效果。

## 4.3.3　任务实现

1. 绿叶摇摆动画

Step 01 打开Flash CC软件，按【Ctrl+N】组合键打开“新建文档”对话框。在其左侧选择ActionScript 3.0类型，在右侧的参数面板中设置宽度为550像素，高度为400像素，帧频为24 fps，背景颜色为白色，单击“确定”按钮创建一个空白的Flash动画文档。

Step 02 选择“钢笔工具”，在舞台中绘制一个叶子形状，设置浅绿色（RGB：137、197、32）到深绿色（RGB：99、131、0）的径向渐变填充，如图4-39所示。

Step 03 设置填充为深黄绿色（RGB：85、91、0），运用“钢笔工具”绘制线条作为叶茎，如图4-40所示。

图4-39 钢笔工具

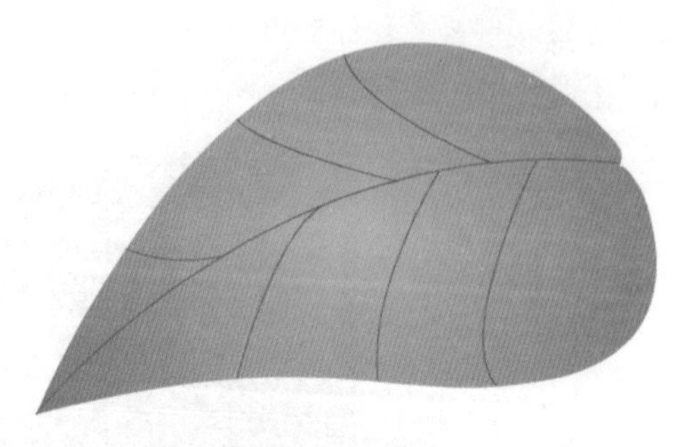

图4-40 绘制线条

Step 04 选中绘制的所有图形，将其转换为元件，设置名称为“绿叶”，类型为“图形”，如图4-41所示。单击“确定”按钮，完成转换。

图4-41 “转换为元件”对话框

Step 05 按【Ctrl+F8】组合键，新建影片剪辑元件，在“创建新元件”面板中将名称命名为“绿叶摇摆”。

Step 06 按【Ctrl+L】组合键打开“库”面板，将里面的“绿叶”图形元件拖动到影片剪辑元件编辑区中，如图4-42所示。

Step 07 运用“任意变形工具”调整“绿叶”的变形点，使之和编辑区的注册点重合，如图4-43所示。

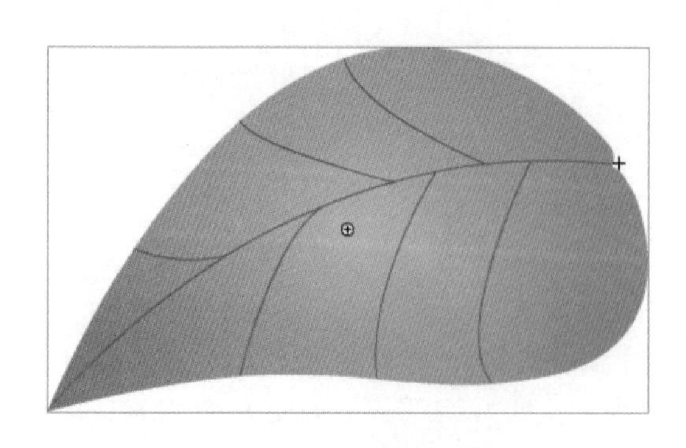

图4-42 影片剪辑元件

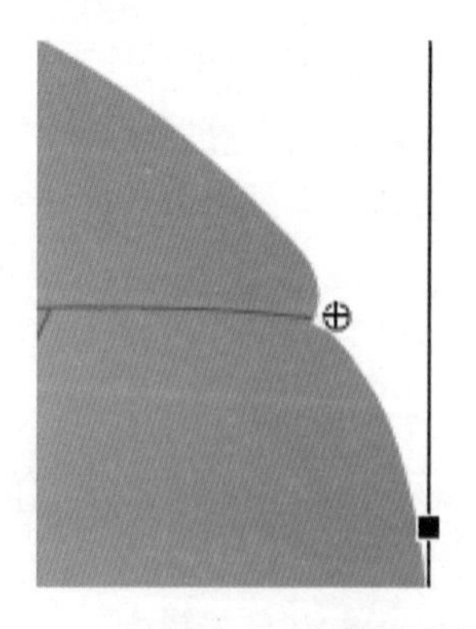

图4-43 调整变形点

Step 08 在第20帧处创建关键帧，并将舞台中的实例旋转至图4-44所示角度。

Step 09 在第40帧处创建关键帧，并将舞台中的实例旋转至图4-45所示角度。

Step 10 复制第1帧，粘贴到第60帧处，图形显示效果如图4-46所示。

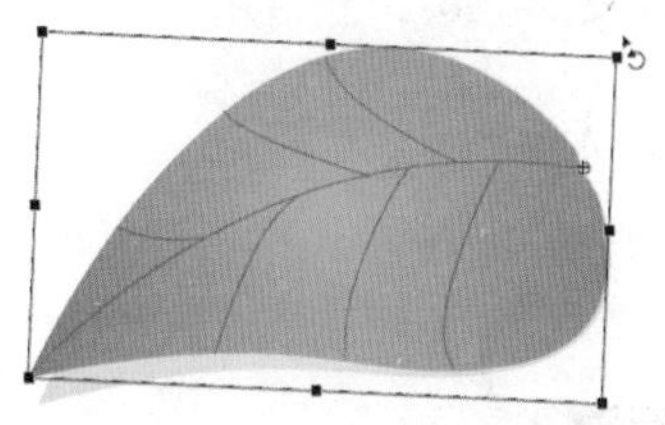

图4-44　第20帧

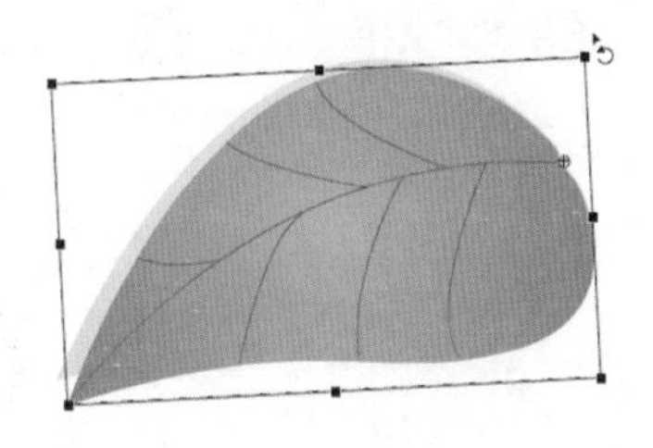
图4-45　第40帧

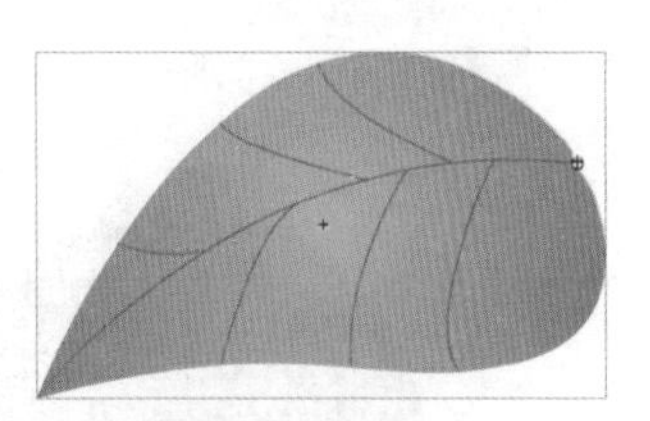
图4-46　第60帧

Step 11 在时间轴面板的0~20帧之间、20帧~40帧之间、40帧~60帧之间分别创建传统补间，得到树叶摆动的动画效果。

2. 瓢虫爬过动画

Step 01 按【Ctrl+F8】组合键新建图形元件，将图形元件命名为“瓢虫”。

Step 02 运用“椭圆工具”在舞台中绘制一个圆，通过“颜色”面板设置红色（RGB：255、204、0）到深红色（RGB：153、255、255）的线性渐变，如图4-47所示。

Step 03 运用“椭圆工具”和“线条工具”绘制出瓢虫外形，如图4-48所示。

图4-47　绘制圆

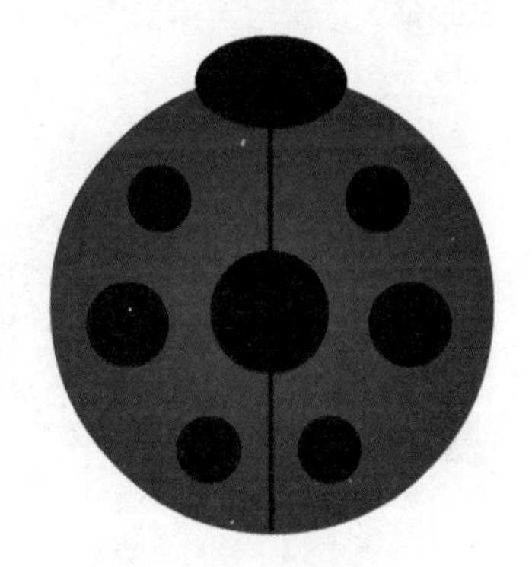
图4-48　绘制瓢虫外形

Step 04 选择“椭圆工具”，在“对象绘制模式”下绘制两个圆形，填充黄色（RGB：255、204、0），执行“修改”→“合并对象”→“联合”命令，将图形对象联合，如图4-49所示。

Step 05 运用“合并对象”中的裁切功能，将图4-50所示图形裁切，制作出图4-51所示图形。

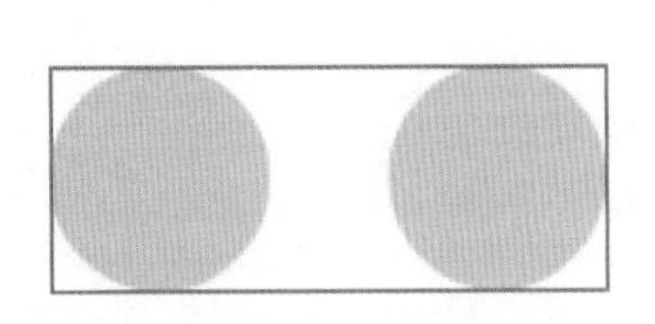
图4-49　联合对象

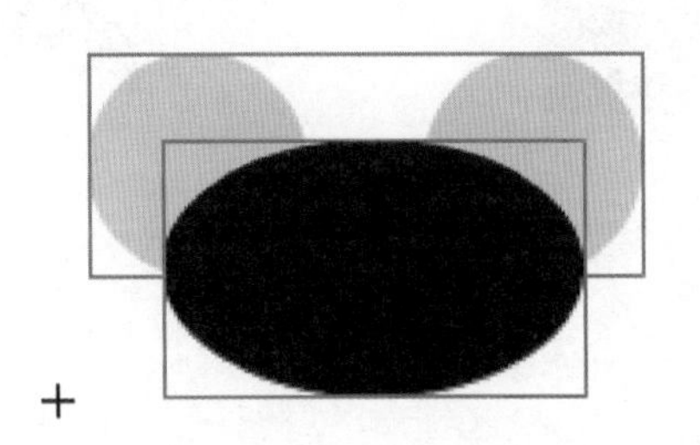
图4-50　裁切前

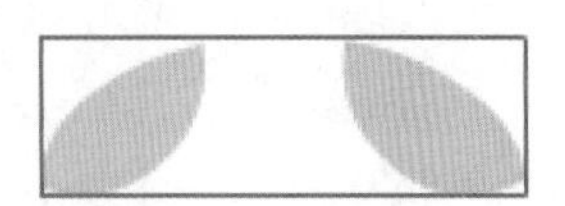
图4-51　裁切后

Step 06 将裁切后的图形移至瓢虫头部，得到图4-52所示图形。

Step 07 运用“线条工具”和“宽度工具”绘制出瓢虫的触角，并使用“选择工具”编辑线条形状，使其具有一定的弧度，如图4-53所示。

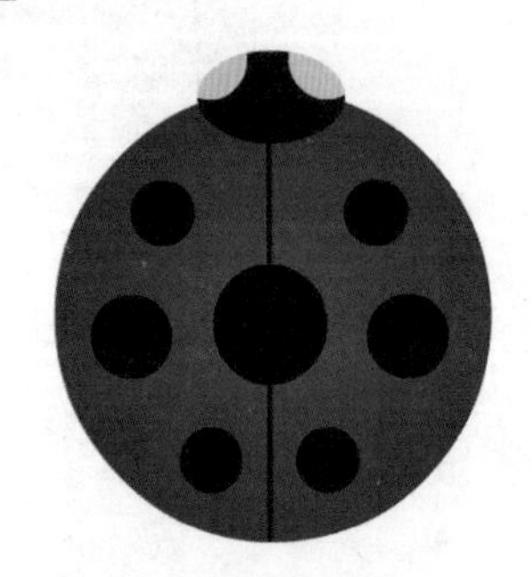
图4-52 组合图形

图4-53 触角

Step 08 回到舞台，新建图层得到“图层2”。

Step 09 将库中的“瓢虫”元件拖拽到舞台，调整实例的大小和位置至图4-54所示样式。

Step 10 选择“图层1”，在第50帧处创建普通帧，将绿叶动画延时。

Step 11 选择“图层2”，在第25帧处创建关键帧，将舞台中的瓢虫移动到图4-55所示位置。

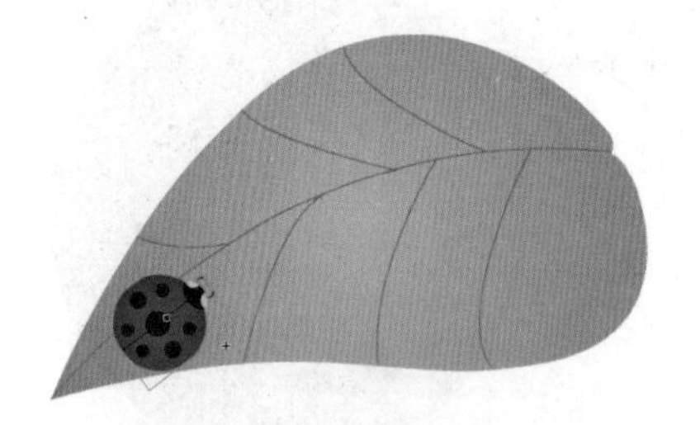
图4-54 建立和调整实例

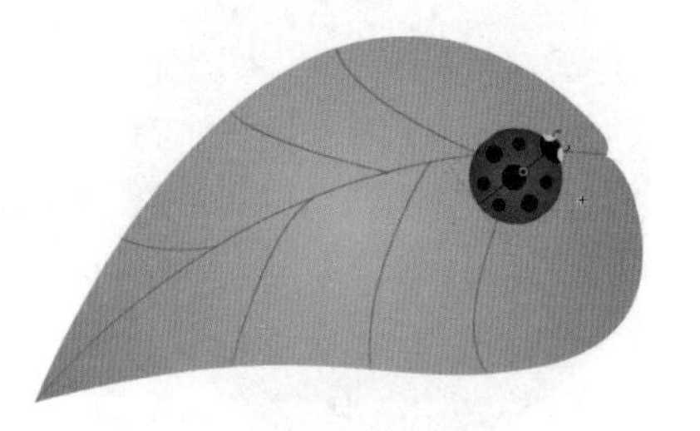
图4-55 第25帧

Step 12 在第30帧处创建关键帧，将瓢虫旋转至图4-56所示样式。

Step 13 在第50帧处创建关键帧，将瓢虫移动到图4-57所示位置。

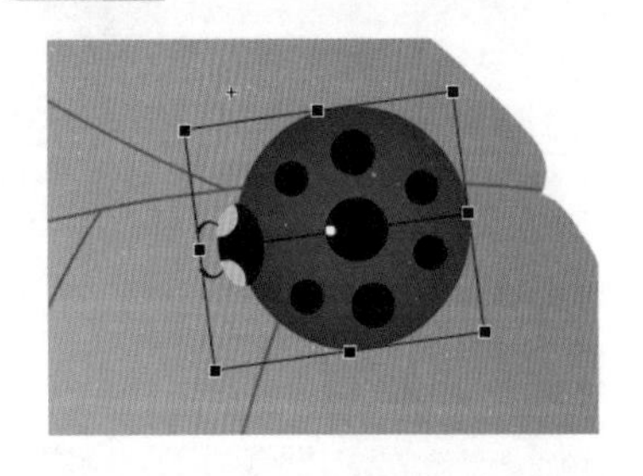
图4-56 第30帧

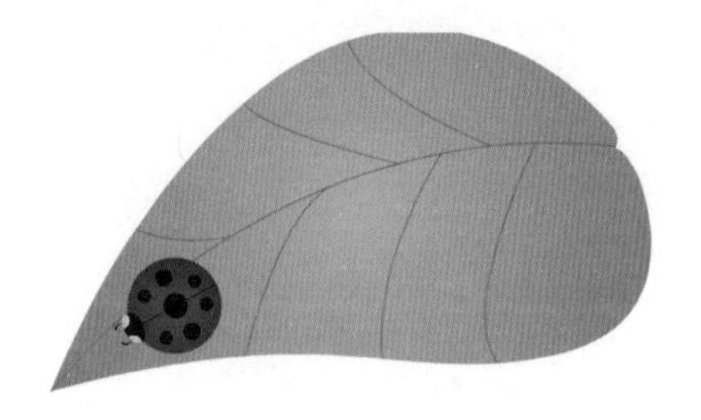
图4-57 第50帧

Step 14 分别在第0~25帧、第25~30帧、第30~50帧之间创建补间动画。

Step 15 按【Ctrl+Enter】组合键测试影片。

Step 16 按【Ctrl+S】组合键，将文件命名后保存在指定位置。

Step 17 执行“文件”→“导出”→“导出影片”命令（或按【Ctrl+Shift+Alt+S】组合键）导出SWF格式的文件。

# 4.4 【任务9】闪电动画

在Flash中，运用实例的属性可以让实例呈现一些特殊效果，如半透明、模糊、发光等，以满足动画制作的特殊需求。如常见的阴影、模糊等效果。本任务是制作一个闪电效果的传统补间动画。通过本任务的学习，读者能够掌握设置实例属性、分离实例、位图的转换等操作技巧。

## 4.4.1 知识储备

1. 设置实例的属性

实例的属性主要包括色彩效果、混合模式、滤镜、循环等功能属性，这些功能均可以在右侧的属性面板中设置。根据元件类型的不同，相应的实例在属性的设置上也各不相同，具体讲解如下。

1）色彩效果

“色彩效果”是三类元件所关联实例的共有属性，包括亮度、色调、高级和Alpha 四个选项。在右侧“色彩效果”选项中单击“样式”右侧的▼按钮，在弹出的菜单中即可进行设置，如图4-58所示。

图4-58所示选项的解释如下：

（1）亮度：用于更改实例的亮度。

（2）色调：选中该选项，属性面板将出现图4-59所示参数。其中“色调”滑块用于设置颜色浓度，调整“红”“绿”“蓝”色块或单击右上方的颜色块■，可以选择叠加颜色。

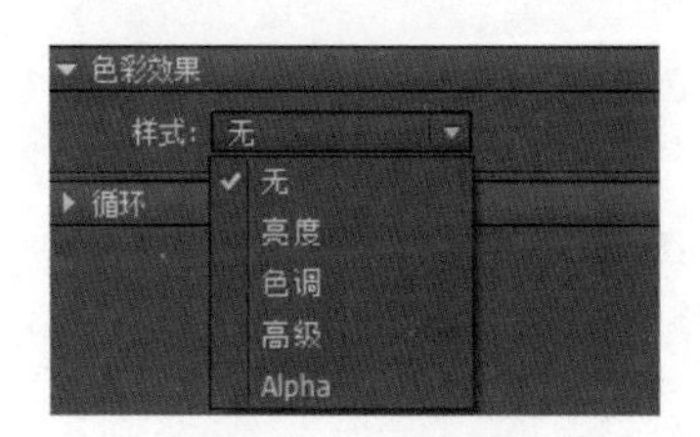


图4-58　色彩效果

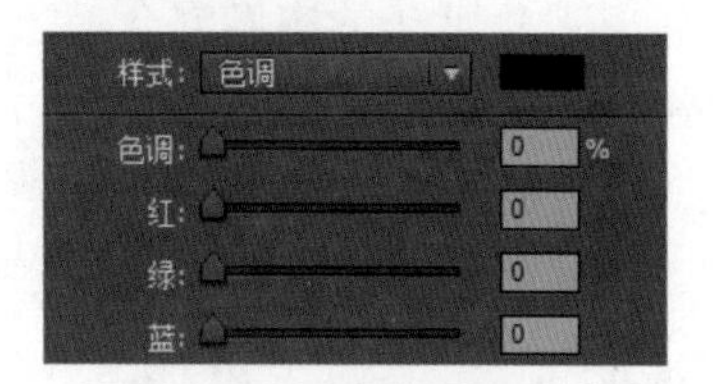


图4-59　色调参数

（3）Alpha：用于调整实例的不透明度，如图4-60和图4-61所示，分别为80%不透明度的实例和50%不透明度的实例。

图4-60　80%不透明度

图4-61　50%不透明度

（4）高级：该选项包含了“亮度”“色调”“Alpha”3个参数的全部功能，可以进行综合设置。其属性面板如图4-62所示。

2）混合模式

通过影片剪辑元件和按钮元件所创建的实例具有“混合模式”属性。应用混合模式可以将叠加的实例进行颜色融合，实现一些绚丽的效果。选中需要添加混合模式的实例，在右侧的属性面板中找到“显示”选项，单击该选项会弹出下拉菜单，如图4-63所示。单击“混合”右侧的▼按钮，弹出图4-64所示的下拉菜单，即可设置混合模式。

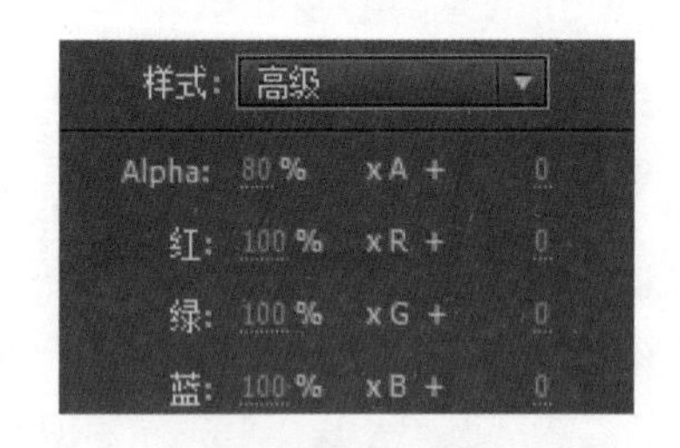


图4-62　高级选项

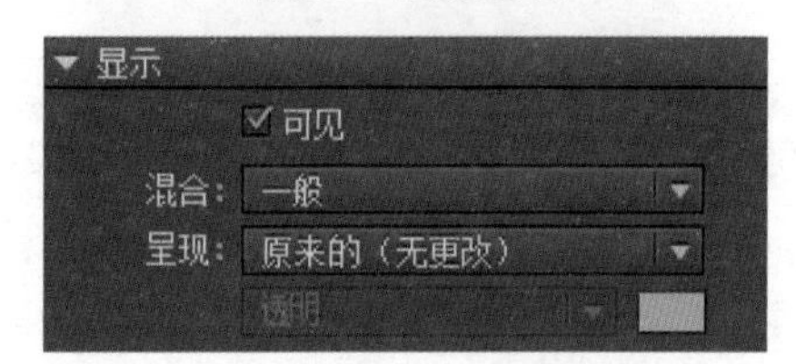


图4-63　“显示”选项

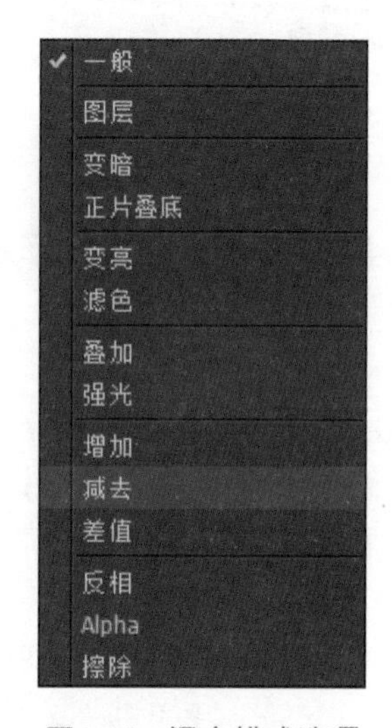


图4-64　混合模式选项

由于混合模式用于控制上下两个实例在叠加时所显示的整体效果，因此通常为上层的实例设置混合模式。图4-64所示混合模式选项的解释如下：

（1）一般：默认的实例混合模式，用当前实例像素的颜色叠加下层颜色。当实例的不透明度为100%时，显示最顶层实例像素的颜色。

（2）图层：选择此模式可以将实例以图层的方式叠加，但不会影响颜色。

（3）变暗：在混合时将绘制的颜色与底色之间的亮度进行比较，亮于底色的颜色都被替换，暗于底色的颜色保持不变。

（4）正片叠底：可以将实例的原有颜色与混合色复合，得到较暗的结果色。

（5）变亮：与变暗模式相反。使用“变亮”模式，混合时取绘图色与底色中较亮的颜色，底色中较亮的像素将被绘图色中较亮的像素取代，而底色中较亮的像素保持不变。

（6）滤色：“滤色”模式与“正片叠底”模式相反，应用“滤色”模式后，其结果色将比原有颜色更淡。因此“滤色”通常会用于加亮图像或去掉图像中的暗调色部分。

（7）叠加：是“正片叠底”和“滤色”的组合模式。采用此模式合并图像时，图像的中间色调会发生变化，高色调和暗色调区域基本保持不变。

（8）强光：根据实例的明暗程度决定实例的最终效果是变亮还是变暗。此外，选择“强光”模式还可以产生类似聚光灯照射图像的效果。

（9）增加：在基准颜色的基础上增加混合颜色。用于创建动画变亮的分解效果。

（10）减去：和“增加”模式相反，用于创建变暗的动画效果。

（11）差值：将当前实例的颜色与其下方实例颜色的亮度进行对比，用较亮颜色的值减去较暗颜色的值，所得差值就是最后效果。

（12）反相：反转显示基准颜色。

（13）Alpha：透明显示基准颜色。

（14）擦除：擦除影片剪辑中的颜色，显示下层颜色。

3）滤镜

滤镜是Flash中极为强大的功能，利用滤镜可以制作投影、模糊、发光等特殊效果，让动画效果变得更加丰富多彩。在Flash中，滤镜功能只能运用于影片剪辑元件、按钮元件和文字中。选中需要添加滤镜效果的对象，在其右侧的属性面板中选择"滤镜"选项，可以展开滤镜属性面板，如图4-65所示。

：用于添加滤镜，单击此按钮，弹出图4-66所示的菜单，选择菜单中的滤镜效果，即可完成效果的添加、删除、启用、禁用等基本操作。

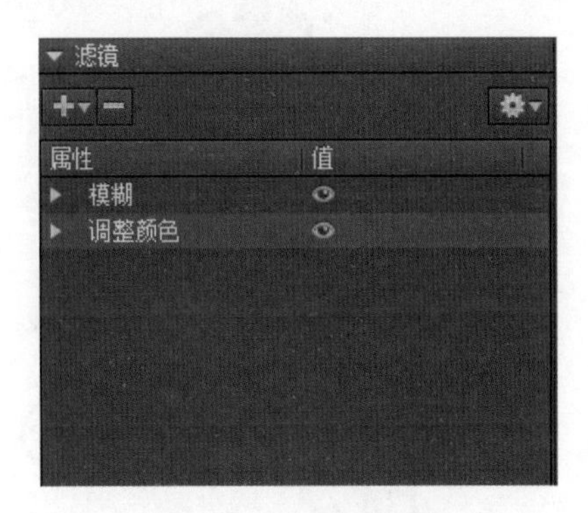


图4-65　滤镜属性面板

图4-66　添加滤镜菜单

：用于删除添加的滤镜效果。在下面的列表中选中需要删除的效果，单击按钮，即可将效果删除。

：用于对滤镜效果进行复制、粘贴等基本操作。单击此按钮，弹出图4-67所示的菜单，选择菜单中的选项，即可对滤镜效果进行一些基本操作。

在Flash中，添加的滤镜效果都会显示在其下方的属性栏中，当单击某一属性时，弹出图4-68所示的参数列表，用于设置滤镜效果的参数值。不同的滤镜效果，其可设置的参数值也各不相同。

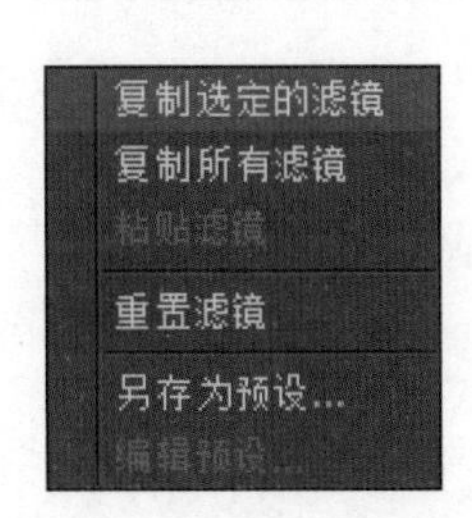


图4-67　滤镜的基本操作

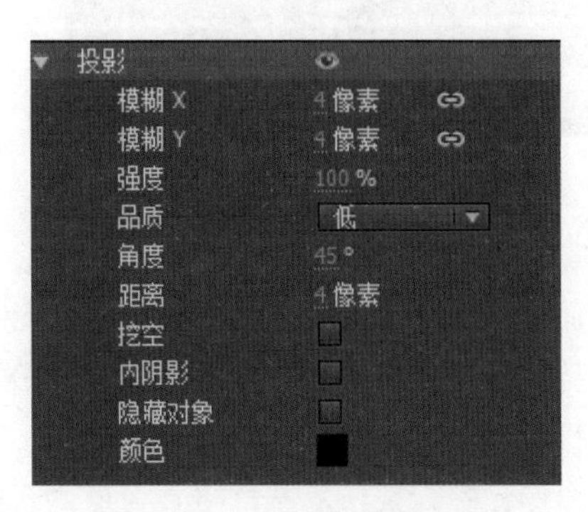


图4-68　"投影"滤镜参数

图4-66中各滤镜的解释如下：

（1）投影。用于模拟光线照射在物体上产生的阴影效果，其属性面板如图4-68所示。当单击上方的图标时，会禁用滤镜效果。禁用后的滤镜出效果会显示图标，单击该图标，可再次启用滤镜。

图4-68中各参数的解释如下：

① 模糊X、模糊Y：用于控制投影的横向模糊和纵向模糊。后面的图标用于链接X轴和Y轴的属性值，单击会断开链接，分别进行设置。

② 强度：用于控制投影的清晰程度，数值越高越清晰。

③ 品质：指投影的柔化程度，分为“低”“中”“高”3个档次，档次越高越真实。

④ 角度：设置投影效果和对象的位置关系。

⑤ 距离：投影和对象之间的距离。

⑥ 挖空：勾选该复选框将去除对象，其所在区域变为透明，并保留投影部分。

⑦ 内阴影：勾选该复选框可使对象产生嵌入的效果，如图4-69所示。

⑧ 隐藏对象：将对象隐藏，只在舞台显示投影效果。

⑨ 颜色：用于设置投影颜色。

（2）模糊。用于使对象变得模糊，产生速度感。其属性面板如图4-70所示。

图4-70中各参数的解释如下：

① 模糊X、模糊Y：用于控制投影的横向模糊和纵向模糊。

图4-69　内阴影

② 品质：设置对象模糊程度，分为“低”“中”“高”3个档次，档次越高模糊效果越大。

（3）发光。用于模拟对象的发光效果，其属性面板如图4-71所示。

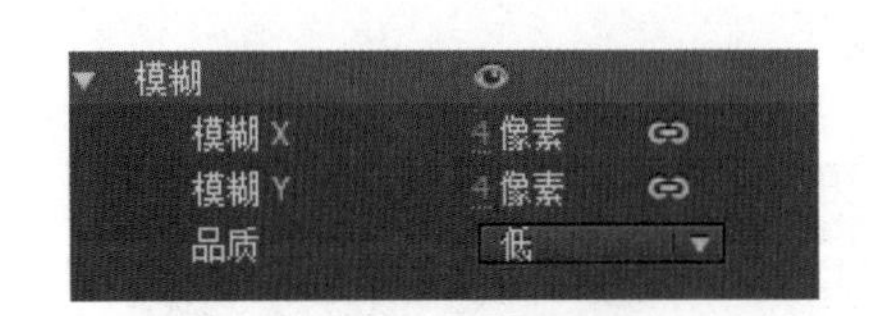


图4-70　“模糊”滤镜参数

发光
模糊 X　4 像素
模糊 Y　4 像素
强度　100 %
品质　低
颜色
挖空
内发光

图4-71　“发光”滤镜参数

图4-71中部分选项的解释如下：

① 强度：用于设置发光的清晰程度，数值越高，效果越清晰。

② 品质：用于设定发光效果的品质，分为“低”“中”“高”3个档次。

③ 颜色：设置光的颜色。

④ 内发光：勾选该复选框将在对象内部产生发光效果。

（4）斜角、可以为对象添加基本的光影关系，产生立体的效果，其属性面板如图4-72所示。

图4-72中部分选项的解释如下：

① 阴影：设置投影的颜色。

② 加亮显示：设置高光的颜色。

③ 类型：用于设置“斜角”效果的位置，分为“内侧”“外侧”和“全部”3个选项。

（5）渐变发光。“渐变发光”是在“发光”的基础上添加渐变的滤镜效果，其属性面板如图4-73所示。

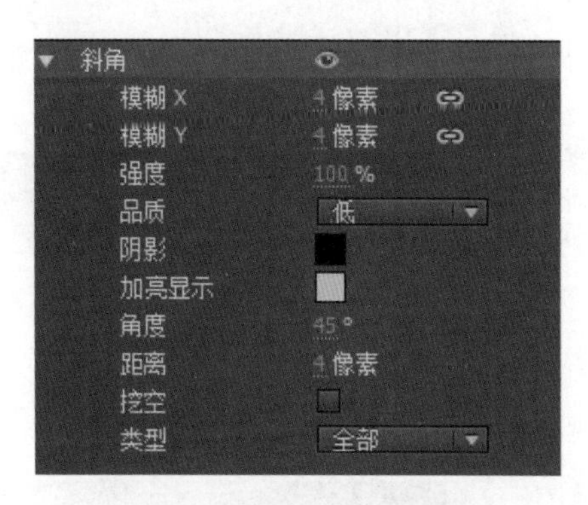


图4-72　“斜角”滤镜参数

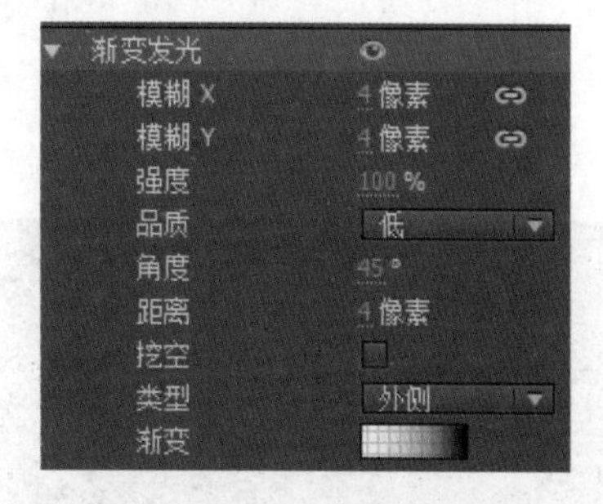


图4-73　“渐变发光”滤镜效果

“渐变发光”滤镜效果最显著的特点是可以设置渐变颜色，单击按钮，弹出图4-74所示的“滑动色带”。可以按照在“颜色”面板中设置渐变的方式设置渐变颜色。

（6）渐变斜角。“渐变斜角”是在“斜角”的基础上添加渐变的滤镜效果，其参数选项和设置方法与“渐变发光”基本相同，这里不再赘述。

（7）调整颜色。用于改变对象的亮度、对比度、饱和度、色相等颜色参数。

4）循环

“循环”是图形元件的特有属性，用于设置该元件的播放方式。其属性面板如图4-75所示。

图4-74　滑动色带

图4-75　“循环”属性面板

在图4-75所示的属性面板中，“选项”用于设定循环的方式；“第一帧”旁边的输入框指第一次从哪一帧开始播放，可以输入相应参数。

**注意**

当图形元件内部是一个多帧的动画，并且舞台上实例的帧数多于元件的动画帧数时，选择不同的循环选项才能看到循环效果。

2. 分离实例

在制作传统补间动画时，想要单独控制某一个实例，则需要将该实例进行分离，断开它与元件之间的链接。分离实例的方法十分简单，选中要分离的实例，执行“修改”→“分离”命令（或按【Ctrl+B】组合键），即可将实例分离为图形或图形群组（再次执行分离命令，可打散图形群组），如图4-76所示，分离最大的星形实例。

将图4-76所示的星形分离后，即可对其单独进行编辑修改。值得一提的是，分离实例仅仅是分离实例自身，不会影响其关联元件的变化。

3. 导入到库

“导入到库”与“导入到舞台”的功能基本相同，二者都是将相应的素材文件导入到Flash中，不同的是“导入到库”不会在舞台中保留导入的素材实例，而“导入到舞台”除了将相应的素材保存在库面板中，还会在舞台生成相应的实例。

执行“文件”→“导入”→“导入到库”命令，通过弹出的“导入到库”对话框，即可将素材导入。图4-77所示为导入到库的位图素材。

图4-76 分离实例

图4-77 导入到库

在Flash中既可以导入位图或矢量图，例如AI、PSD、GIF、JPEG、PNG等文件格式，还可以导入音频、视频，关于音频、视频的相关知识将会在后面的章节中详细讲解，这里了解即可。

4. 设置位图属性

对于导入到库中的位图，用户可以根据需要对位图进行消除锯齿、压缩以及格式化文件等操作，以满足不同的制作需求。在库面板中双击位图图标（或右击位图，在弹出的快捷菜单中选择“属性”命令），弹出图4-78所示的“位图属性”对话框。

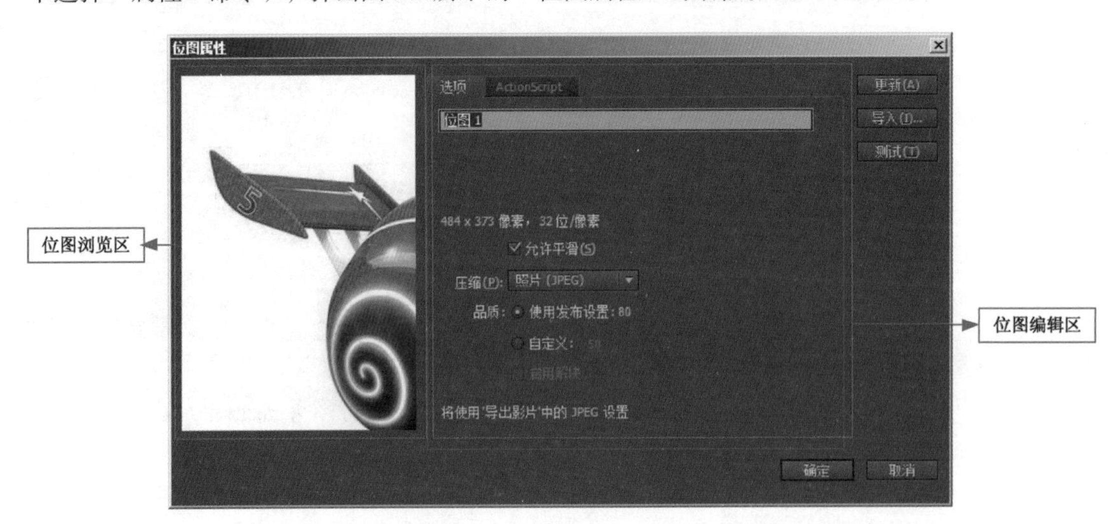


图4-78 “位图属性”对话框

（1）位图浏览区：用于浏览位图，将光标放置在此区域，光标将变为形状，拖动光标可移动区域中的位图。

（2）位图编辑区：用于对位图更改名称，进行消除锯齿、压缩、格式、品质等的参数设置。

（3）“更新”按钮：如果该位图图片在其他文件中被更改，单击此按钮进行刷新。

（4）“导入”按钮：可以导入新位图，替换原有位图。

当位图属性设置完成后，单击“确定”按钮，即可完成参数的修改。

5. 位图的转换

在Flash中导入的位图是没办法将某一部分进行单独编辑的，这时就需要要将位图转换为图形或矢量图，以便更好地进行编辑处理。

1）转换为图形

选中需要转换的位图，执行“修改”→“分离”命令（或按【Ctrl+B】组合键），即可将位图转换为图形。转换为图形后，位图仍保留其原有的细节，并可以运用绘图工具、魔棒工具等对其进行编辑和修改，如图4-79和图4-80所示。

图4-79　转换为图形

图4-80　编辑位图

2）转换为矢量图

选中需要转换的位图，执行“修改”→“位图”→“转换位图为矢量图”命令，弹出图4-81所示的对话框。

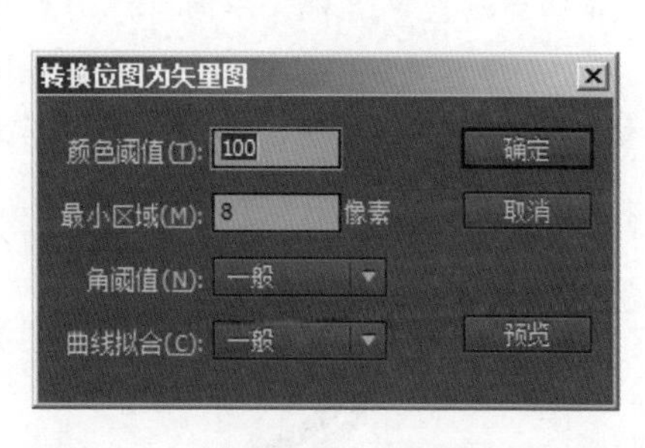


图4-81　“转换位图为矢量图”对话框

图4-81中各参数的解释如下：

① 颜色阈值：用于设置位图转换成矢量图时的色彩细节，数值越大，图像越细腻。

② 最小区域：用于设置将位图转换成矢量图时色块大小，数值越大，色块越大。

③ 角阈值：定义角转换的精细度。

④ 曲线拟合：用于设置在转换过程中曲线轮廓的平滑方式。

值得一提的是，将位图转换为矢量图后，图形将被分成一块一块的区域，可以直接选择某一区域进行操作，图4-82所示为更换填充颜色。但应用“分离”后的位图还是一个整体图形，对其应用填充颜色时，将会应用在整张图片上。

图4-82　更换颜色

## 多学一招　图形、元件、实例、编组对象的区别

在Flash中，图形、元件和实例有着各自的功能和特征，它们的具体区别如下：

（1）形状：在Flash中，利用工具箱中的工具直接绘制的对象以及将素材、实例打散后得到的对象，显著特征是单击选中图形时，会显示许多点，如图4-83和图4-84所示。

图4-83　圆形状

图4-84　位图打散后的形状

（2）元件：以反复应用为目的的对象，只能存储在库中，图形和素材都可以转换为元件。

（3）实例：是元件在舞台的表现形式，把元件拖到舞台就会形成一个实例。显著特征是四周围蓝色边框，中间有注册点和变形点，如图4-85所示。

（4）编组对象：是指绘制的图形或打散的对象，通过编组命令组合为一块整体对象。编组对象不会存储在库中，复制后文档内存会增大。显著特征是四周有绿色边框，无注册点和变形点，如图4-86所示。

图4-85　实例

图4-86　编组对象

## 4.4.2　任务分析

针对该任务，可以从背景效果和闪电动画两部分进行分析。

1. 背景效果

可以导入相关位图素材，并转换为影片剪辑元件后，调整明度，使其变暗。

2. 闪电动画

（1）闪电：可以导入相关位图素材，利用影片剪辑元件的特有属性，调整其混合模式，得到闪电效果。

（2）动画效果：可以运用传统补间动画制作渐隐的闪电闪烁效果。

## 4.4.3　任务实现

1. 制作背景

Step 01 打开Flash CC软件，按【Ctrl+N】组合键打开“新建文档”对话框。在其左侧选择ActionScript 3.0类型，在右侧的参数面板中设置宽度为476像素，高度为554像素，帧频为24 fps，背景颜色为白色，单击“确定”按钮创建一个空白的Flash动画文档。

Step 02 将图片素材“城市.jpg”（见图4-87）导入到库中。按【Ctrl+L】组合键打开“库”面板，将里面的城市素材拖动到舞台中。

Step 03 选中图片素材，按【F8】键，将其转换为名称为“城市”的影片剪辑元件。

Step 04 在属性面板中找到色彩效果选项，将其亮度调整为-30%，具体参数如图4-88所示。

图4-87　城市素材

图4-88　亮度

Step 05 选择第60帧，按【F5】键创建普通帧。

2. 闪电动画

Step 01 新建“图层2”，选择第10帧，按【F7】键创建空白关键帧。

Step 02 运用“椭圆工具”绘制一个蓝色（RGB：1、140、248）填充的圆，大小和位置如图4-89所示。

Step 03 将圆转换为名称为“正圆”的影片剪辑元件，为其添加“模糊”滤镜效果，具体参数设置如图4-90所示，模糊效果如图4-91所示。

图4-89　绘制圆

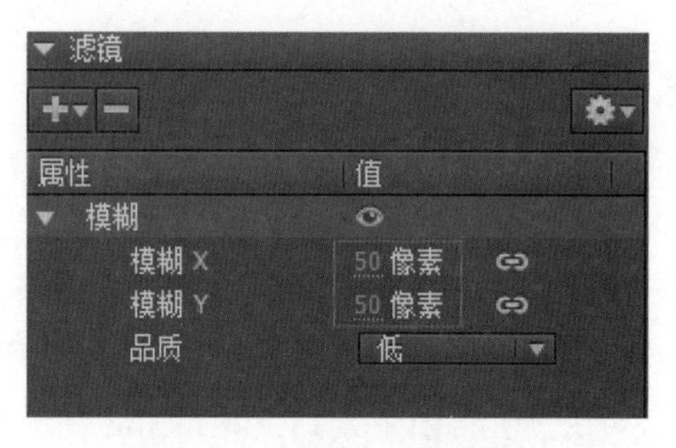


图4-90　“模糊”滤镜参数

Step 04 在右侧属性面板的色彩效果中，设置Alpha值（不透明度）为25%，效果如图4-92所示。

图4-91　模糊效果

图4-92　Alpha值

Step 05 复制几个圆形元件，制作出图4-93所示的排列样式。

Step 06 按【Ctrl+R】组合键，将“闪电.jpg”导入到舞台，如图4-94所示。

图4-93　复制圆形

图4-94　闪电素材

Step 07 将闪电素材转换为影片剪辑元件，在右侧属性面板中设置其混合模式为“滤色”，效果如图4-95所示。运用“任意变形工具”将闪电调整到一定的角度，如图4-96所示。

图4-95　滤色

图4-96　旋转

Step 08 将绘制的所有闪电效果对象选中，如图4-97所示，转换为名称为“闪电效果”的影片剪辑元件。

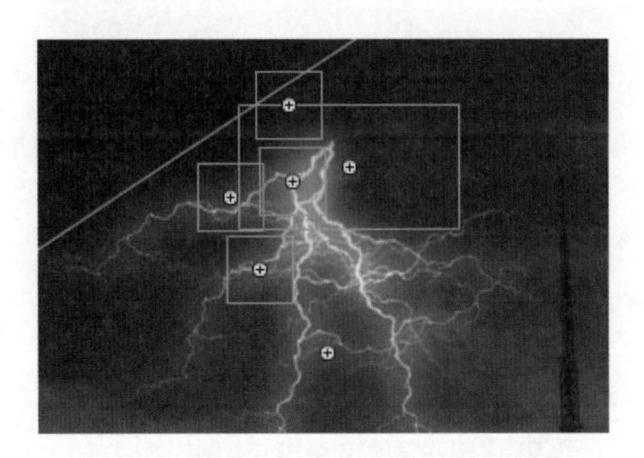
图4-97　影片剪辑元件

Step 09 选择第15帧，按【F6】键创建关键帧。在右侧的属性面板中设置Alpha值为0，使其完全透明。

Step 10 在第10帧和第15帧之间创建传统补间动画。此时时间轴面板上图层和帧的分布如图4-98所示。

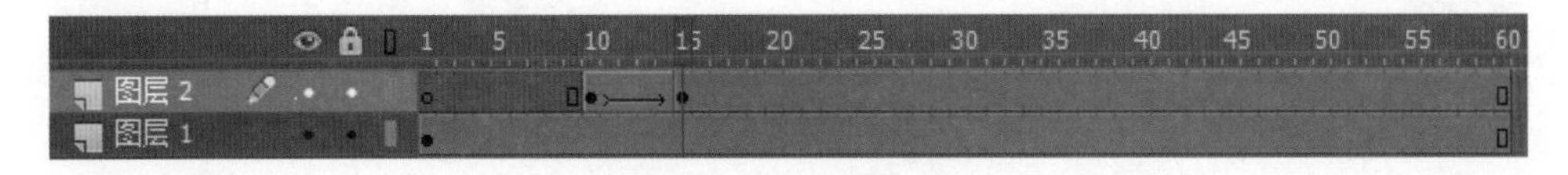

图4-98　时间轴面板

Step 11 复制第10~15帧，分别粘贴到第30~35帧和第50~55帧，删除溢出的帧，调整总帧数为60帧。

Step 12 按【Ctrl+Enter】组合键测试影片。

Step 13 按【Ctrl+S】组合键，将文件命名后保存在指定位置。

Step 14 执行“文件”→“导出”→“导出影片”命令（或按【Ctrl+Shift+Alt+S】组合键）导出SWF格式的文件。

# 巩固与练习

一、判断题

1. 在创作传统补间动画时，参与对象必须为元件。 ( )
2. 在Flash中，一个元件可以创建一个实例。 ( )
3. 在Flash中，实例的类型不可转换。 ( )
4. 在Flash中，滤镜功能只能运用于影片剪辑元件和按钮元件中。 ( )
5. 选中需要转换的位图，执行“修改”→“分离”命令，即可将位图转换为图形。 ( )

二、选择题

1. 下列选项中，属于元件类型的是（ ）。
   A. 图形元件　B. 影片剪辑元件　C. 按钮元件　D. 图片元件
2. 下列选项中，用于创建新元件的是（ ）。
   A. Shift+B　B. Ctrl+F8　C. Ctrl+B　D. F8
3. 下列选项中，属于实例的属性的是（ ）。
   A. 色彩效果　B. 混合模式　C. 滤镜　D. 循环
4. 下列选项中，可导入到Flash中的是（ ）。
   A. 位图　B. 矢量图　C. 音频　D. 视频
5. 在Flash中，下列（ ）组合键用于打开“库”面板。
   A. Ctrl+I　B. Shift+L　C. Ctrl+L　D. Shift+I

# 第 5 章

# 遮罩动画

| 知识学习目标 | ☑ 掌握遮罩动画的创建方法，能够制作出流畅的动画效果。<br>☑ 掌握文本的创建方法，能够快速地为动画添加文本内容。<br>☑ 掌握文字属性的设置方法，能够准确熟练地修改文字的各项属性。<br>☑ 理解3D动画的使用方法，能够制作出多样的动画效果。 |
| --- | --- |

在Flash作品中，常看到很多眩目神奇的效果，而其中部分作品就是利用遮罩动画的原理来制作的，如水波、百叶窗、放大镜、望远镜等。那么，什么是遮罩动画？该动画如何创建呢？本章将通过“促销广告动画”“动感水墨画”两个任务，详细讲解遮罩动画的特点和制作技巧。

# 5.1 遮罩动画概述

在进行遮罩动画制作之前，首先需要了解遮罩动画的相关基础知识，以便高效率地完成动画制作。本节将针对遮罩动画的基本原理、遮罩动画的创建方法以及动画制作中的注意事项进行详细讲解。

## 5.1.1 遮罩动画的基本原理

“遮罩”顾名思义就是遮挡住下面的对象。在Flash的图层中有遮罩图层，遮罩图层中的对象称为“遮罩物”（几乎一切具有可见面积的东西都可以被用作遮罩层中的遮罩物），对于那些处于遮罩层下方的对象（被遮罩层中的对象）而言，只有那些被遮罩物遮盖的部分才能被看到，没有被遮罩的区域反而看不到。

例如图5-1所示的遮罩效果，文字位于遮罩层，图片位于被遮罩层，其中，只有文字所覆盖的区域才会被显示。

图5-1　遮罩效果

## 5.1.2 遮罩动画的创建方法

要创建遮罩动画，需要有两个图层，即遮罩层和被遮罩层。若要创建动态效果，可通过让遮罩层动起来来实现。

首先创建一个空白的Flash动画文档。然后在舞台中导入一张素材图片，调整图片的位置使其与舞台重合，如图5-2所示。

新建一个图层，选择“椭圆工具”绘制一个圆形，如图5-3所示。

图5-2　素材图片

图5-3　绘制圆形

选中该圆形，按【F8】键，弹出“转换为元件”对话框，参数设置如图5-4所示，单击“确定”按钮。在该层的第20帧创建关键帧，将图形放大到图5-5所示的效果，在第1帧和第20

帧间创建传统补间。

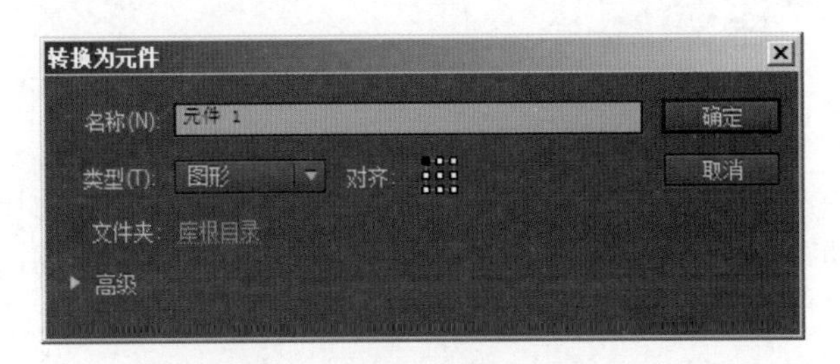


图5-4　“转换为元件”对话框

图5-5　调整图形大小

选中“图层1”，在第20帧插入帧，此时在第20帧的位置将显示素材图片。右击“图层2”，在弹出的快捷菜单中选择“遮罩层”命令，如图5-6所示。此时图形所在的图层被转换为“遮罩层”，在该层下方的图层被转换为“被遮罩层”，同时遮罩层和被遮罩层会自动锁定，如图5-7所示。若要修改遮罩效果时需将遮罩层和被遮罩层的锁定解除。

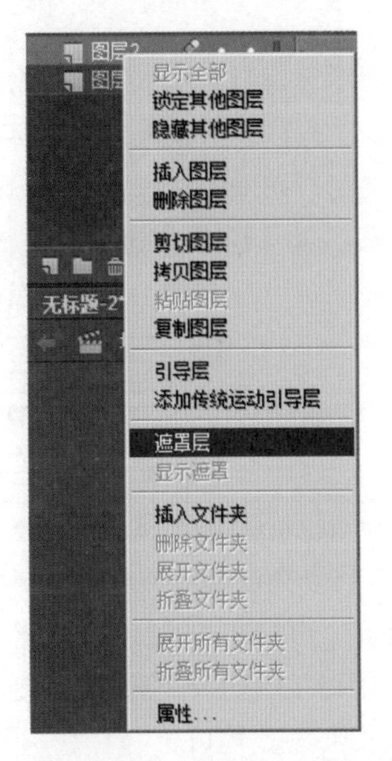


图5-6　选择“遮罩层”命令

图5-7　转换后图层显示效果

## 5.1.3　创建遮罩动画的注意事项

在制作遮罩动画的过程中有许多值得设计人员注意的地方，具体包含以下几点。

（1）遮罩层中的对象可以是按钮、影片剪辑、图形、位图、文字等，但不能是线条，如果一定要用线条，可通过执行“修改”→“形状”→“将线条转换为填充”命令实现。

（2）一个遮罩层中只能包含一个遮罩物。

（3）一个遮罩层可以同时遮罩几个图层，从而产生各种特殊的效果。

（4）在被遮罩层中不能放置动态文本。

（5）遮罩层对象中的许多属性如渐变色、透明度、颜色等对遮罩的最终效果不起作用。

# 5.2 【任务10】促销广告动画

通常在节日临近时打开某电商购物类网站，会迎面弹出一个个促销类广告动画，提醒用户积极购买。本任务是制作一个促销广告动画效果。通过本任务的学习，读者可以掌握文本的创建、字符属性的设置以及打散文本的操作方法。

## 5.2.1 知识储备

1．创建文本

文字是人们表达意图最为直接的一种方式，在Flash动画中使用文字加以说明，可以达到图文并茂的效果，能够更好地去引导观众理解动画影片的含义。通常情况下可采用两种方式创建文本。

1）标签输入式

选择“文本工具”T，然后移动光标到舞台中，光标会变为十字光标并出现字母T，如图5-8所示。单击鼠标出现图5-9所示的连续输入文本框，用户可直接在其中输入文本，如图5-10所示。随着用户输入文本的增多，文本框自动横向延长，按【Enter】键则会换行输入。

图5-8　光标　　图5-9　连续输入文本框　　图5-10　输入文字

2）文本块输入式

选择“文本工具”T，在舞台中按下鼠标左键不放，向右方拖动如图5-11所示。松开鼠标左键，出现图5-12所示的固定宽度文本框，在用户输入文本时，文本框的宽度是固定不变的，不会因输入文字的增多而横向延长，但文本会自动换行，如图5-13所示。若要改变文本框的宽度，可通过拖动文本框的任意一个角点来完成（空心角点或实心角点均可）。

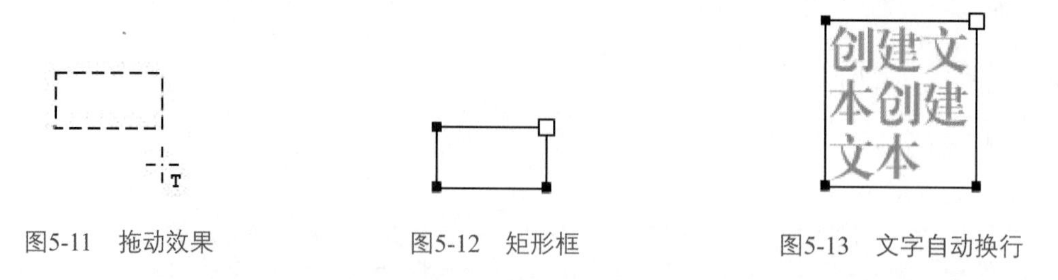


图5-11　拖动效果　　图5-12　矩形框　　图5-13　文字自动换行

**注意**

采用“标签输入式”创建文本时，通过拖动任意一个角点可切换为“文本块输入式”。通过“文本块输入式” 创建文本时，双击右上角的方形空心角点会切换为“标签输入式”。

2. 设置文本类型

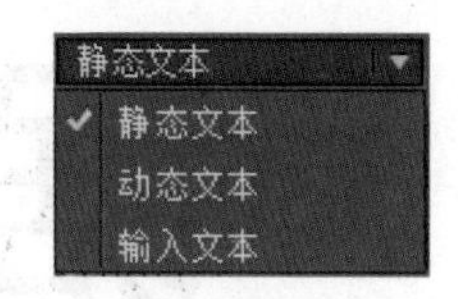

图5-14　设置文本类型

在Flash中，文本的类型主要分为“静态文本”“动态文本”和“输入文本”。选中输入的文本后，单击“属性”面板中的“文本类型”下拉按钮，如图5-14所示（默认为静态文本），从中可选择文本的类型。

（1）静态文本：在动画运行期间不可编辑修改，它是一种普通文本。

（2）动态文本：在影片制作过程中文本内容可有可无，主要通过脚本在影片播放过程中对其中的内容进行修改，不依靠人工通过键盘输入来改变。

（3）输入文本：同样是在影片制作过程中文本内容可有可无，与动态文本不同的是，其内容的改变主要是人工通过键盘输入。一般在含有申请表的影片中会含有此类文本。

3. 设置文本方向

图5-15　设置文本方向

选中输入的文本后，单击“属性”面板中的“改变文本方向”按钮，如图5-15所示（默认为水平方向），从中可设置文字的排列方向。

（1）水平：沿水平方向排列。

（2）垂直：沿垂直方向，从右向左排列。

（3）垂直，从左向右：沿垂直方向，从左向右排列。

4. 设置文本字符属性

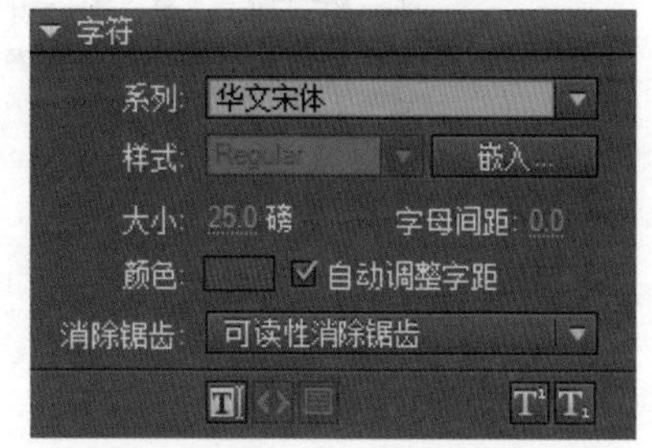

图5-16　字符属性

在Flash中，文本的字符属性包括文本的系列（字体）、样式、大小、颜色等。字符“属性”面板如图5-16所示，下面针对这些属性进行详细讲解。

（1）系列：单击下拉按钮，可在弹出的下拉列表中选择不同的字体。

（2）样式：在选择不同的字体时，可以在此下拉列表中选择如Regular（正常）、Italic（斜体）、Bold（加粗）、Bold Italic（加粗并倾斜）等不同的字体样式。值得一提的是，此处的选项是取决于字体支持的，即字体支持斜体则可以进行设置，若不支持，则无法设置。

（3）大小：单击此处的数值后，会出现一个文本框，可在其中输入具体的数值，或将光标移至数值上，单击后左右滑动鼠标同样可设置字体大小。

（4）颜色：单击此处的颜色块，在弹出的颜色面板中可以选择不同的文字颜色。

（5）字母间距：通过设置具体的数值控制字符之间的相对位置。

（6）消除锯齿：可以对文本粗糙边缘进行平滑处理以改进它们的外观，使文字阅读起来更舒适。在Flash CC中，消除锯齿有5个选项，如图5-17所示，具体介绍如下。

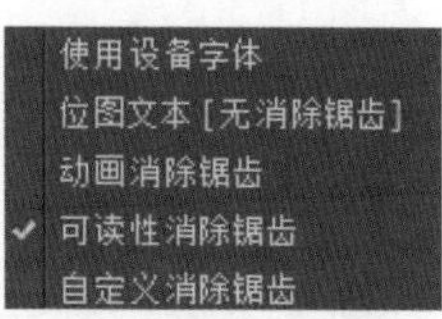

图5-17　消除锯齿

① 使用设备字体。选择该选项，指定SWF文件会使用本地计算机上安装的字体来显示文字内容。例如将字体指定为“微软雅黑”，则播放SWF文件的计算机上必须安装“微软雅黑”字体，才能正常显示。因此选择该选项时，通常都选择一些大众化的字体。如图5-18所示即为“黑体”字体显示样式。

② 位图文本[无消除锯齿]。该选项将关闭消除锯齿功能，不对文字进行平滑处理，如图5-19所示。

图5-18 使用设备字体

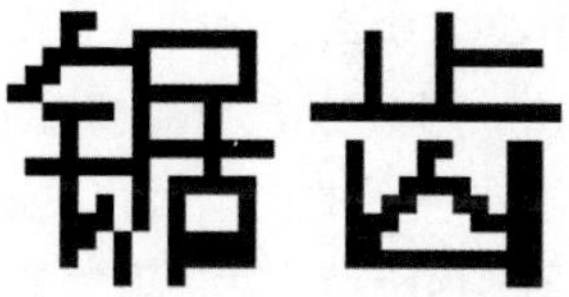

图5-19 位图文本[无消除锯齿]

③ 动画消除锯齿。该选项将生成可以进行顺畅动画播放的消除锯齿文本。由于该选项主要用于动画播放时文本消除锯齿，因此对一些带有字母的大字体或缩放字体效果不明显。

④ 可读性消除锯齿。该选项为Flash默认的消除锯齿方式，可以产生高品质的消除锯齿效果，并且不受字体缩放的影响。和其他消除锯齿方式相比，该方式消除锯齿效果最好，但生成的SWF文件也最大。消除锯齿效果如图5-20所示

⑤ 自定义消除锯齿。该选项允许操作者按照需求修改字体的属性。当选择该选项时，弹出“自定义消除锯齿”对话框，如图5-21所示。在对话框中可以设置字体的粗细（参数范围：-200～200）和清晰度（参数范围：-400～400）。

图5-20 可读性消除锯齿

图5-21 “自定义消除锯齿”对话框

5. 打散文本

在Flash动画制作中，有时需要对文字进行变形处理，在使用“任意变形工具”对文本进行变形处理时，只可以进行旋转、倾斜和缩放操作。要想进行复杂的变形操作（如扭曲、封套）或要单独改变文字的某个笔画时必须先对文本进行打散处理（分离操作）。

在Flash中，打散后的文本被作为矢量图进行编辑，除了可进行复杂变形外还可制作出很多文字效果，例如水波纹效果、金属质感效果等。如果是多个字组成的文本块，要对其进行两次分离才能完成，如果是只执行了一次分离操作，则只是将文本块分离为多个以独立的字为单位的文本块，如图5-22所示，此时并不能对文字的外形进行编辑，但用户可选中这些文字执行“修改”→“时间轴”→“分散到图层”命令，将这些文本分散到不同的图层中，如图5-23所示。

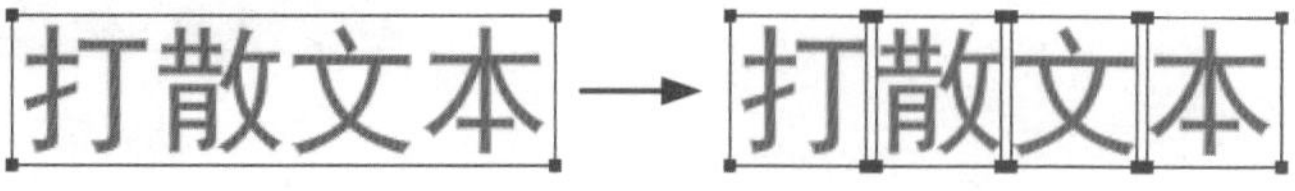

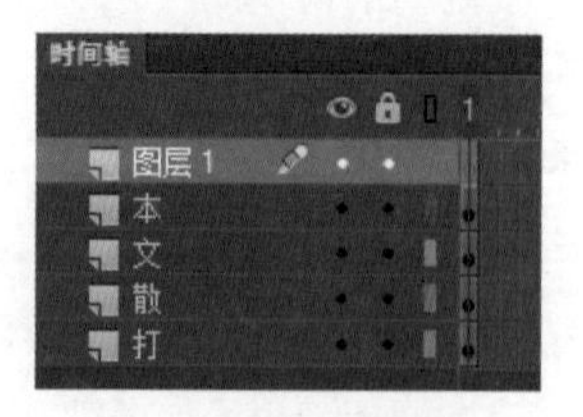


图5-22 打散文本

图5-23 分散到图层

再次执行“修改”→“分离”命令（或按【Ctrl+B】组合键），可将文本分离为矢量图形，如图5-24所示。选择“任意变形工具”单击工具箱底部的“扭曲”按钮，拖动手柄变形文本图

形，如图5-25所示。还可选择“颜料桶工具”，设置好颜色后，为文本图形填色，如图5-25所示。

打散文本

图5-24　再次分离

图5-25　变形文本图形

**注意**

在Flash中，文字支持滤镜操作，具体的添加方法与影片剪辑元件和按钮相同，在第4章中已进行过详细讲解，如图5-26所示，是为文字添加“发光”和“渐变发光”滤镜后的效果。

图5-26　滤镜效果

## 5.2.2　任务分析

在制作促销广告动画时，一定要突出文字的显示效果，因此可以从动画的背景、文字两方面进行分析。

1. 背景

本任务计划制作欢庆圣诞和元旦的促销广告动画，因此可选用包含圣诞和元旦节日题材的图片充当背景素材。

2. 文字

（1）文字内容：需体现出欢庆的节日和促销活动的简要内容，吸引顾客眼球。

（2）文字动画：为了使文字内容更突出，可从文字色彩方向入手与背景颜色形成反差，还可通过创建遮罩动画制作文字渐变效果，提升整体质感。

## 5.2.3　任务实现

**Step 01** 打开Flash CC软件，按【Ctrl+N】组合键打开“新建文档”对话框。在其左侧选择ActionScript 3.0类型，在右侧的参数面板中设置宽度为400像素，高度为520像素，帧频为24 fps，背景颜色为白色，单击“确定”按钮，创建一个空白的Flash动画文档。

**Step 02** 将图层1命名为“背景”，执行“文件”→“导入”→“导入到舞台”命令，将背景图导入到舞台中，如图5-27所示。

**Step 03** 新建图层，并将图层命名为“被遮罩层1”，将“背景”图层中的圣诞素材复制到当前图层中，位置如图5-28所示。

**Step 04** 新建图层，并将图层命名为“大字”，选择“文本工具”，字符属性设置如图5-29所示，输入文字内容后效果如图5-30所示。

**Step 05** 选择“选择工具”，选中文字后执行两次分离操作，即按下两次【Ctrl+B】组合键，将文字转换为矢量图，如图5-31所示。

图5-27　圣诞素材

图5-28　位置效果

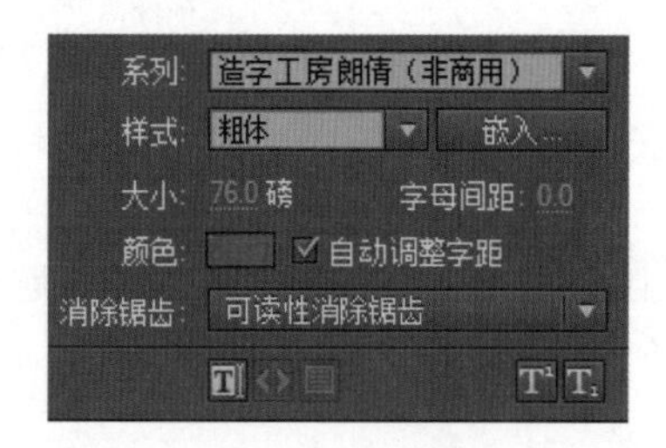


图5-29　参数设置

图5-30　文字效果

Step 06 在时间轴中的“大字”图层上右击，在弹出的快捷菜单中选择“遮罩层”命令，生成的效果如图5-32所示。

图5-31　分离后效果

图5-32　遮罩效果展示

Step 07 新建图层，并将图层命名为“小字”，选择“文本工具”T，字符属性设置如图5-33所示，输入文字内容后效果如图5-34所示。

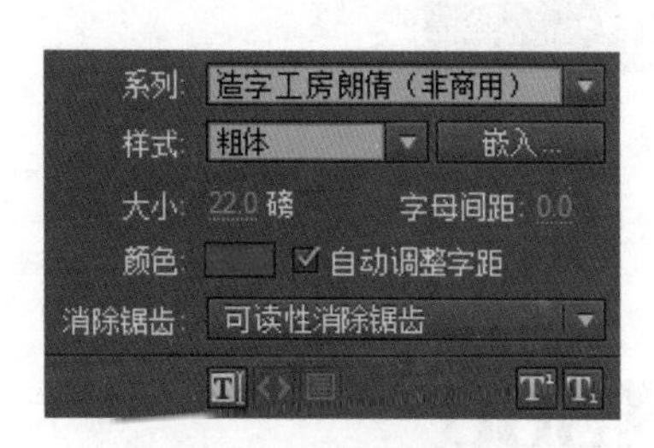


图5-33　参数设置

图5-34　文字效果

Step 08 新建图层，将图层命名为“被遮罩层2”，并将其移动到图层“小字”的下方。选择“矩形工具”绘制一个矩形，填充绿色（RGB：26、64、5）到黄色（RGB：209、212、126）再到绿色（RGB：26、64、5）的线性渐变，滑动色带上控制点的位置如图5-35所示，填充效果及位置如图5-36所示。

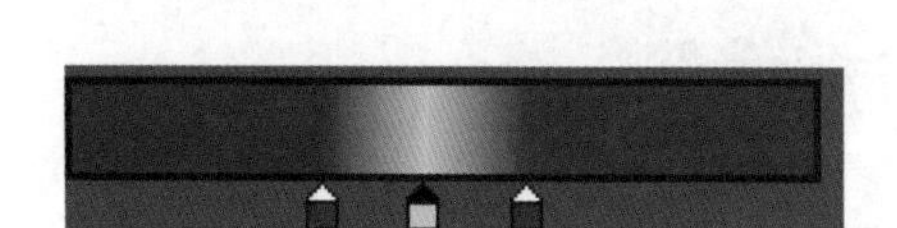

图5-35　控制点位置

图5-36　矩形

Step 09 在所有图层的第35帧位置插入帧。在图层“被遮罩层2”的第30帧插入关键帧，移动矩形至图5-37所示的位置。并在该图层的第1帧和第30帧间创建形状补间动画。

图5-37　移动矩形位置

Step 10 选择“选择工具”，选中图层“小字”中的文字后，执行两次分离操作，即按下两次【Ctrl+B】组合键，将文字转换为矢量图，如图5-38所示。

图5-38 分离后效果

Step 11 在时间轴中的“小字”图层上右击，在弹出的快捷菜单中选择“遮罩层”命令，生成的效果如图5-39所示。

图5-39 遮罩效果

Step 12 按【Ctrl+Enter】组合键测试影片。

Step 13 按【Ctrl+S】组合键，将文件命名后保存在指定位置。

Step 14 执行“文件”→“导出”→“导出影片”命令（或按【Ctrl+Shift+Alt+S】组合键）导出SWF格式的文件。

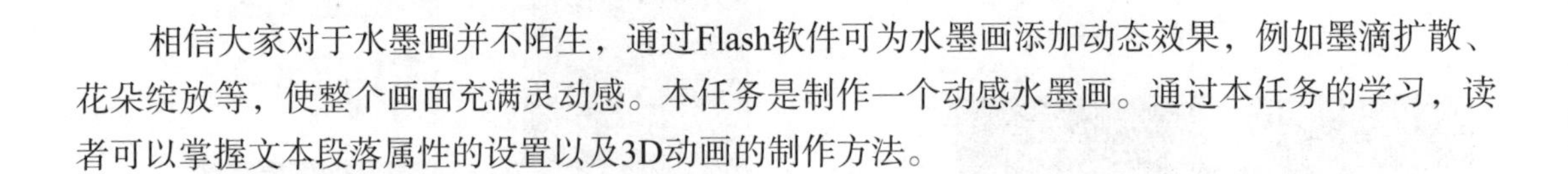

## 5.3 【任务11】动感水墨画

相信大家对于水墨画并不陌生，通过Flash软件可为水墨画添加动态效果，例如墨滴扩散、花朵绽放等，使整个画面充满灵动感。本任务是制作一个动感水墨画。通过本任务的学习，读者可以掌握文本段落属性的设置以及3D动画的制作方法。

### 5.3.1 知识储备

1. 设置文本段落属性

在Flash动画中，文字的编排是否整齐、美观是衡量动画作品质量的一个重要标准。在右侧的属性面板中Flash提供了一些设置段落属性的参数，如图5-40所示。

图5-40 段落属性面板

图5-40中各参数的解释如下：

（1）格式：用于设置段落的对齐方式。在Flash中，可以设置4种对齐方式，由左至右依次为左对齐、居中对齐、右对齐、两端对齐。用光标单击对应的按钮即可完成格式设置。图5-41和图5-42所示为左对齐和居中对齐的文字。

（2）间距：用于控制文字之间的距离，包含两个参数，第1个参数用于控制段落等首行的缩进，第2个参数用于控制其他行的间距。

（3）边距：用于设置文字和定界框之间的距离，同样包含两个参数。第1个参数用于设置左边距，第2个参数用于设置右边距。

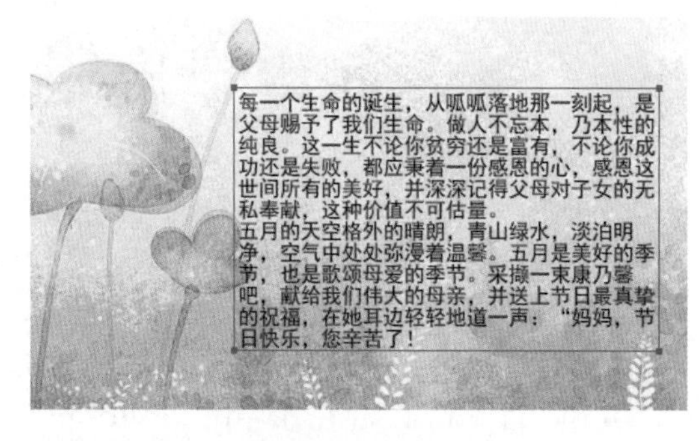


图5-41　左对齐

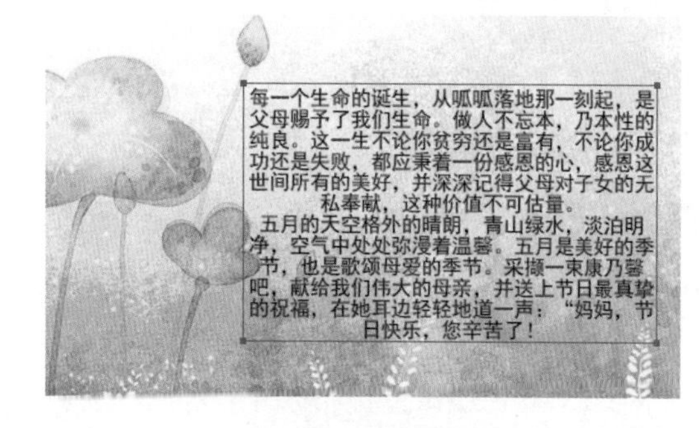


图5-42　居中对齐

（4）行为：当文本类型为“动态文本”类型或“输入文本”类型时，可以激活“行为”下拉列表框。通过“行为”选项可以设置行为方式。行为方式包括单行、多行、多行不换行3种，分别表示在浏览器下文本的显示样式，具体介绍如下。

① 单行：选择该选项，在浏览器中只显示单行文本。

② 多行：选择该选项，在浏览器中可以显示多行文本。

③ 多行不换行：选择该选项，在浏览器中只有使用【Enter】键换行的段落被显示，其他自动换行的段落不被显示。

2. URL链接

在Flash中，可以为文字添加超链接，实现一些简单的页面跳转交互效果。为文字添加超链接的方法十分简单。在右侧属性面板打开“选项”下拉面板，如图5-43所示。在“链接”文本框中输入链接地址即可。当输入链接地址后会激活“目标”选项，可以指定跳转页面在浏览器中的打开方式，包含_blank、_parent、_self、_top 4个选项，如图5-44所示，其中_blank、_self较为常用，具体介绍如下。

图5-43　设置超链接

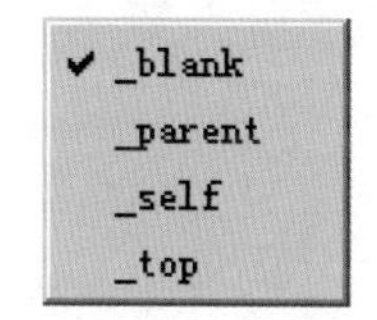


图5-44　目标选项

（1）_blank：在新窗口中打开链接页面。

（2）_self：在当前浏览器窗口中打开链接页面。

3. 3D旋转

“3D旋转”是“影片剪辑元件”的专有属性，但在动画制作时也经常用于设置文字旋转。将文字转化为“影片剪辑元件”后，使用“3D旋转工具”（快捷键【W】）单击将其选中，会出现图5-45所示的3D轴坐标，用于沿$X$、$Y$、$Z$ 3个轴旋转。3D轴坐标由4条不同颜色的线条组成，具体介绍如下。

（1）红色线条：将光标置于红色线条上拖动光标，可以在$X$轴上旋转当前图像，如图5-46所示。

（2）绿色线条：将光标置于绿色线条上拖动光标，可以在$Y$轴上旋转当前图像，如图5-47所示。

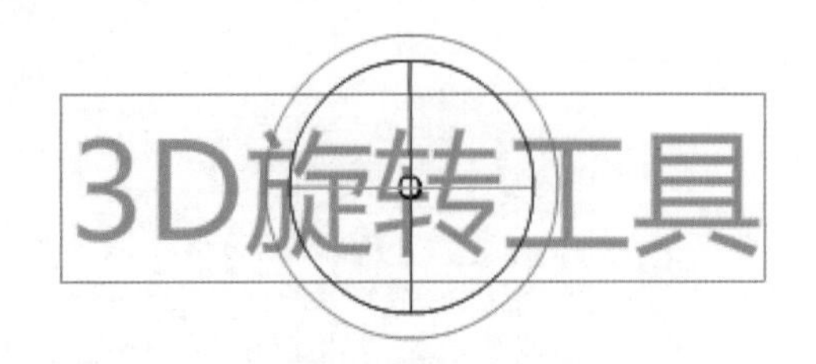


图5-45　3D旋转工具

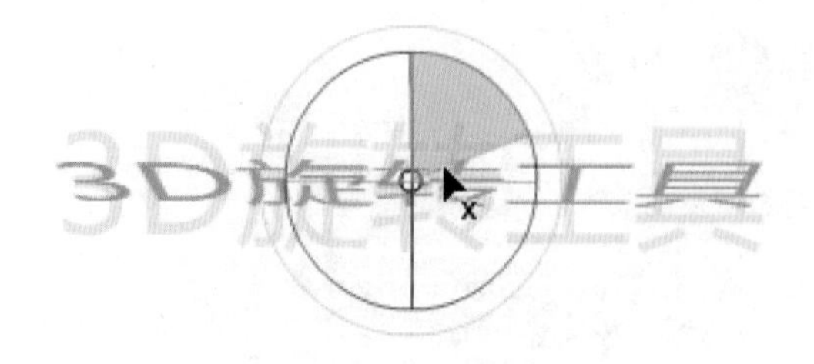


图5-46　沿*X*轴旋转

（3）蓝色线条：将光标置于蓝色线条上拖动光标，可以在*Z*轴上旋转当前图像，如图5-48所示。

图5-47　沿*Y*轴旋转

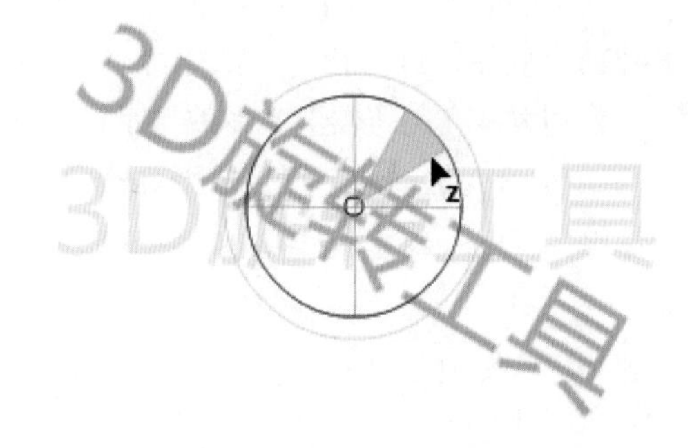


图5-48　沿*Z*轴旋转

（4）橙色线条：将光标置于橙色线条上拖动光标，可以沿任意角度旋转当前图像，如图5-49所示。

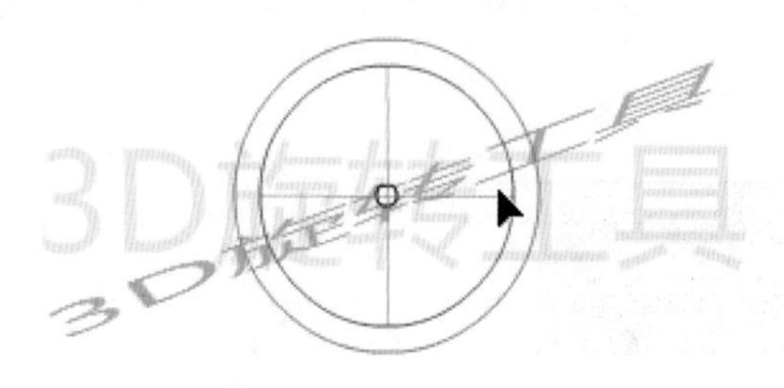


图5-49　沿任意角度旋转

### 多学一招　制作文字3D旋转动画

在实际制作中，无法使用“传统补间”为3D对象创建动画效果。这时就需要用到Flash CC中的“补间动画”功能。“补间动画”是 Flash CS4版本开始出现的动画功能，其操作对象必须是元件，主要用于制作关键帧的过渡，能够很好地支持3D对象的动画效果。具体制作方法如下：

（1）输入文字“3D旋转动画”，如图5-50所示。

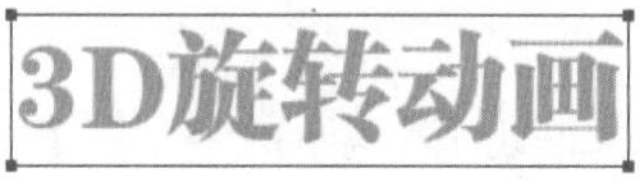

**3D旋转动画**

图5-50　输入文字

**多学一招**

（2）将文字转换为“影片剪辑元件”。

（3）将光标悬浮于“时间轴面板”的第1帧并右击，在弹出的快捷菜单中（见图5-51）选择“创建补间动画”命令。此时时间轴面板会变成蓝色，如图5-52所示。

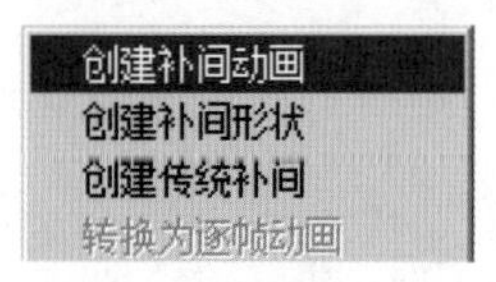


图5-51　快捷菜单

图5-52　时间轴面板

（4）按【F6】键，在第45帧创建关键帧。

（5）用“选择工具”拖动文字实例至舞台下方，会在舞台中出现运动轨迹，如图5-53所示。

（6）运用“转换锚点工具”拖动运动轨迹顶点调整出弧度，如图5-54所示。

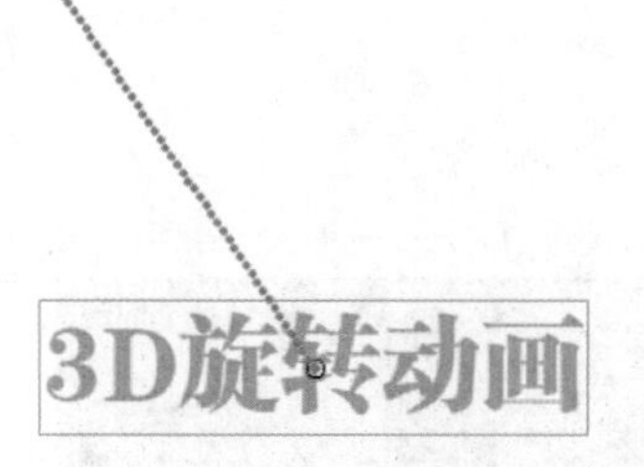


图5-53　运动轨迹

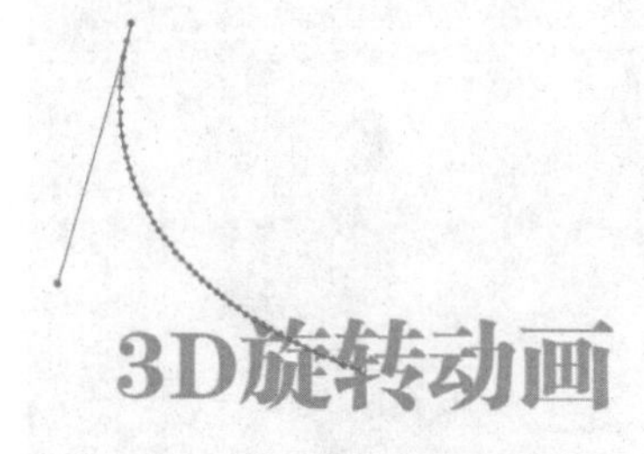


图5-54　调整运动轨迹

（7）运用“3D旋转工具”将文字实例旋转至图5-55所示样式。

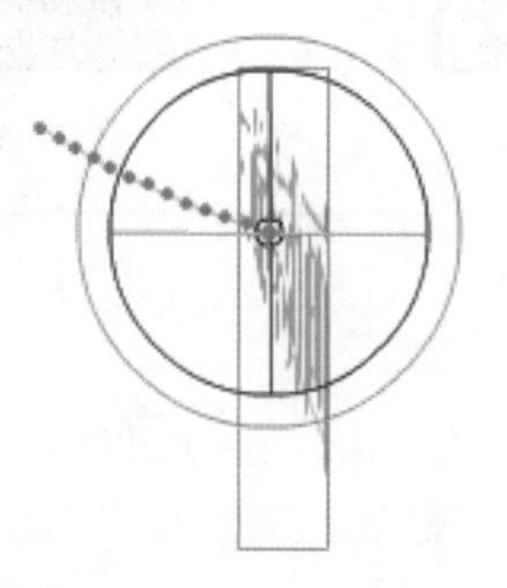

图5-55　旋转文字

按【Ctrl+Enter】组合键测试影片，实现文字3D旋转动画。

4．3D平移

“3D平移工具”和“3D旋转工具”位于同一工具组中，作为“影片剪辑元件”的另一个专有属性，其基本操作和属性与“3D旋转工具”类似，不同的是“3D平移工具”主要用于在不同的轴上移动对象。

单击选中需要进行3D平移的实例后，会出现图5-56所示的3D轴坐标，拖动对应的线条，即可沿相应的轴移动。

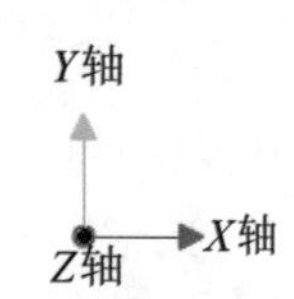


图5-56　3D平移坐标轴

## 多学一招 精确调整3D旋转移动位置

通过拖动鼠标调节对象的3D属性，往往结果上并不十分精确，如果需要精确控制对象的3D属性参数，可以通过“变形”面板和“属性”面板进行综合调整，具体调整方法如下。

1. 调整“变形”面板

按【Ctrl+T】组合键调出“变形”面板，如图5-57所示。在“变形”面板中可以设置实例的3D旋转角度和中心点位置。

2. 调整3D定位和视图

当选择3D相关工具后，在右侧的属性面板中会出现“3D定位和视图”选项，如图5-58所示，用于控制3D位移。

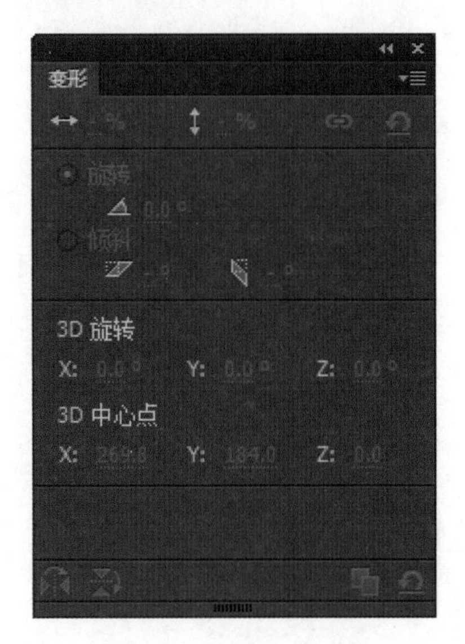


图5-57 “变形”面板

图5-58 3D定位和视图

## 5.3.2 任务分析

在制作动感水墨画时，需突出水墨的动态变化效果，还可添加文字内容并设置动画效果，因此可以从动画的背景、水墨和文字等方面进行分析。

1. 背景

根据任务题材，可选择具有水墨色彩的图片作为背景素材。

2. 水墨

（1）素材：为了制作效果逼真的水墨动画，需具备墨滴、墨滴背景以及风景画素材。

（2）水墨动画：将墨滴作为遮罩层（墨滴由小变大），墨滴背景作为被遮罩层，创建遮罩动画实现墨滴扩散效果，风景画则位于遮罩动画上层，通过设置透明度从无变有。

3. 文字

（1）题目：题目文字设置3D动画效果。

（2）内容：内容文字通过创建遮罩动画，实现从上至下依次出现的动画效果。

## 5.3.3　任务实现

Step 01 打开Flash CC软件，按【Ctrl+N】组合键打开“新建文档”对话框。在其左侧选择ActionScript 3.0类型，在右侧的参数面板中设置宽度为1000像素，高度为500像素，帧频为24 fps，背景颜色为白色，单击“确定”按钮，创建一个空白的Flash动画文档。

Step 02 将图层1命名为“背景”，执行“文件”→“导入”→“导入到舞台”命令，将背景图导入到舞台中，如图5-59所示。

Step 03 新建图层，并将图层命名为“墨滴背景”，执行“文件”→“导入”→“导入到舞台”命令，将墨滴背景素材导入到舞台中，位置如图5-60所示。

图5-59　背景

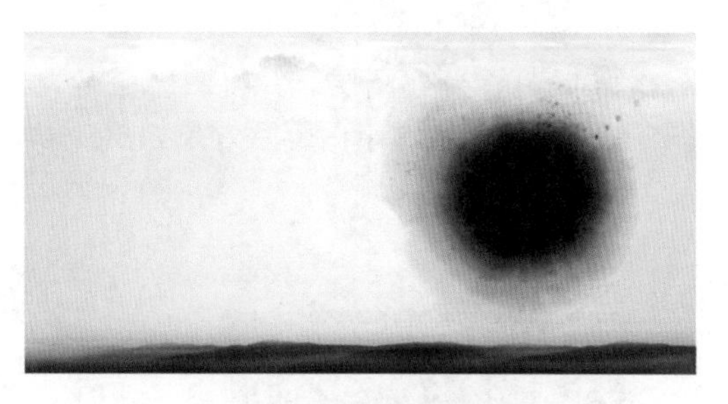

图5-60　墨滴背景

Step 04 新建图层，并将图层命名为“墨滴”，同样执行“文件”→“导入”→“导入到舞台”命令，将墨滴素材导入到舞台中，通过“任意变形工具”调整大小后，执行“修改”→“位图”→“转换位图为矢量图”命令，位置如图5-61所示。

Step 05 在所有图层的第85帧插入帧，选择“墨滴”图层，在该图层的第60帧插入关键帧，调整图形的大小，如图5-62所示，并在第1帧与第60帧间创建形状补间动画。

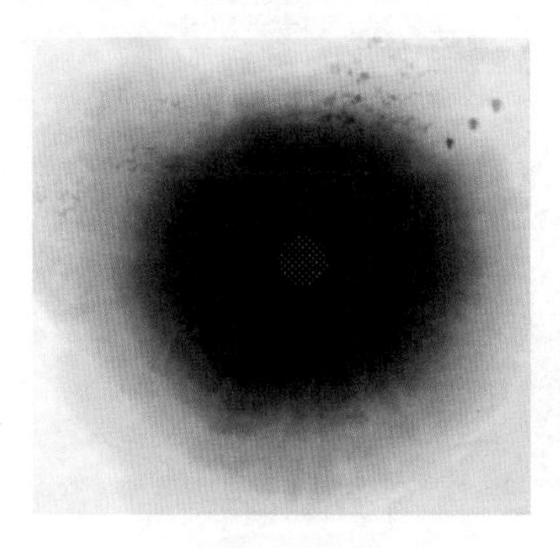

图5-61　墨滴

图5-62　插入关键帧

Step 06 在时间轴中的“墨滴”图层上右击，在弹出的快捷菜单中选择“遮罩层”命令，此时将会以“墨滴背景”图层作为被遮罩层创建遮罩动画。

Step 07 新建图层，并将图层命名为“山水”，在该图层的第30帧创建空白关键帧，执行“文件”→“导入”→“导入到舞台”命令，将山水素材导入到舞台中，并调整大小，如图5-63所示。

Step 08 选中上一步中导入的图片素材，按【F8】键，弹出“转换为元件”对话框，参数设置如图5-64所示，单击“确定”按钮。然后在该图层的第60帧插入关键帧，并通过“属性”面板将第30帧图形的不透明度调整为0%，在第30帧与60帧间创建传统补间动画。

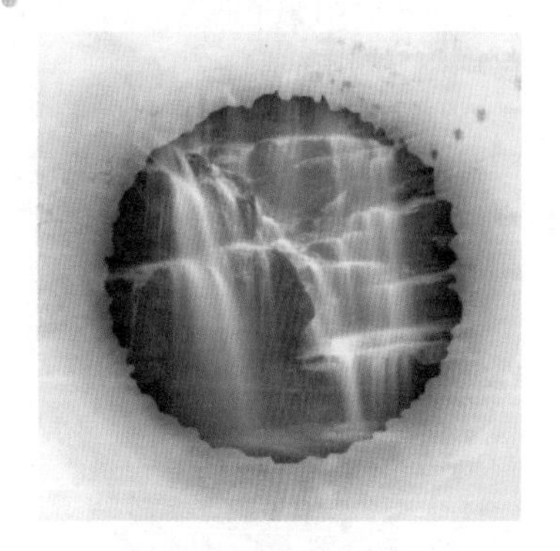
图5-63 山水

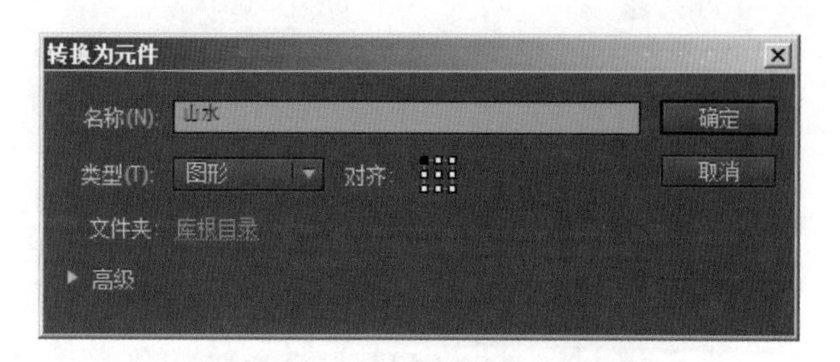

图5-64 “转换为元件”对话框

Step 09 新建图层，并将图层命名为“题目”，选择“文本工具”，字符属性设置如图5-65所示，输入文字内容后效果如图5-66所示。

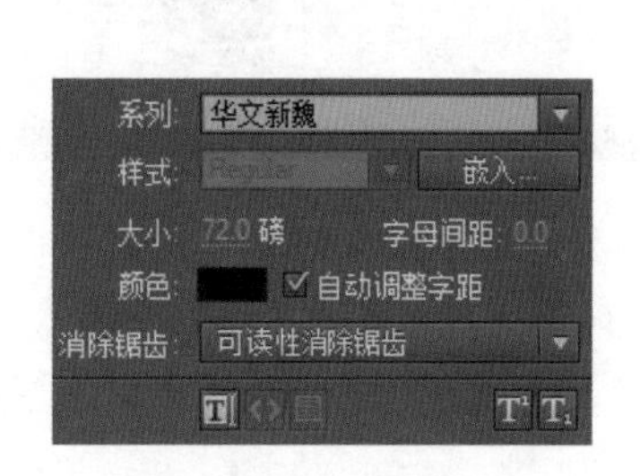

图5-65 字符属性设置

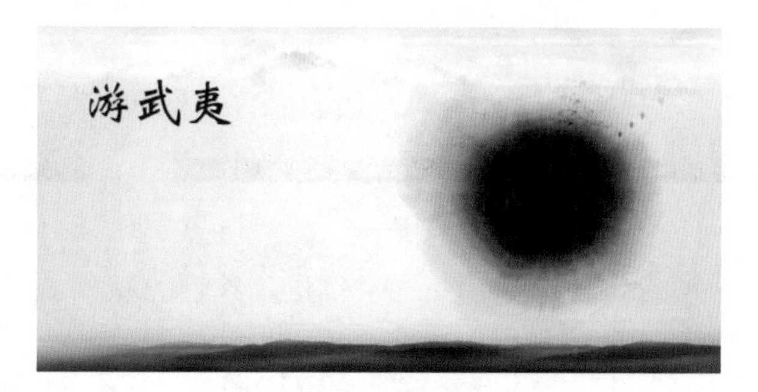

图5-66 题目

Step 10 选中上一步中绘制的文字，按【F8】键，弹出“转换为元件”对话框，参数设置如图5-67所示。选择第1帧并右击，在弹出的快捷菜单中选择“创建补间动画”命令，此时时间轴效果如图5-68所示。

图5-67 参数设置

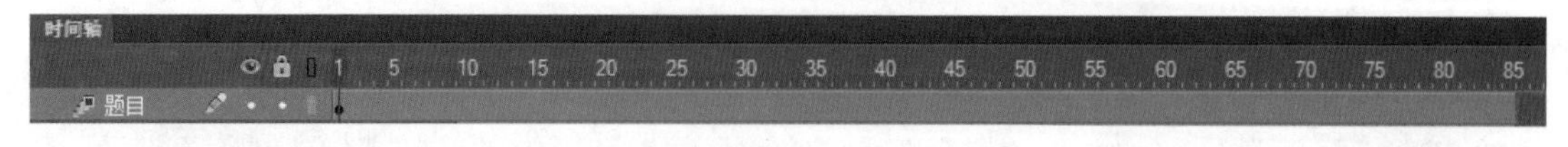

图5-68 时间轴

Step 11 在时间轴上选中“题目”图层中的第15帧，然后选择“3D旋转工具”，使图形沿*Y*轴旋转约180°，如图5-69所示。

Step 12 采用与上一步同样的方法，选中该图层中的第30帧，使图形沿*Y*轴旋转约180°，如图5-70所示。此时，时间轴效果如图5-71所示。

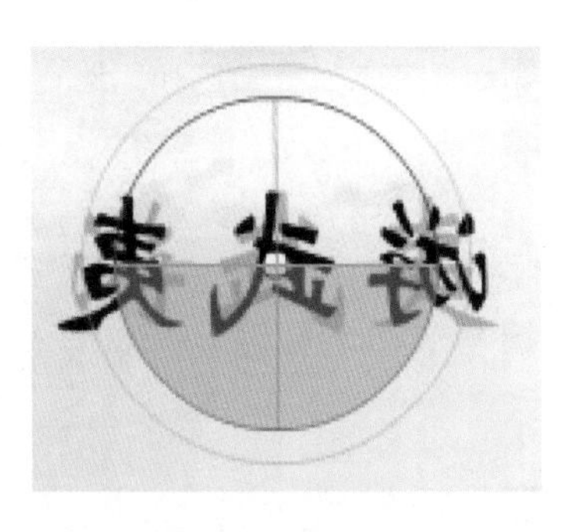

图5-69　第15帧

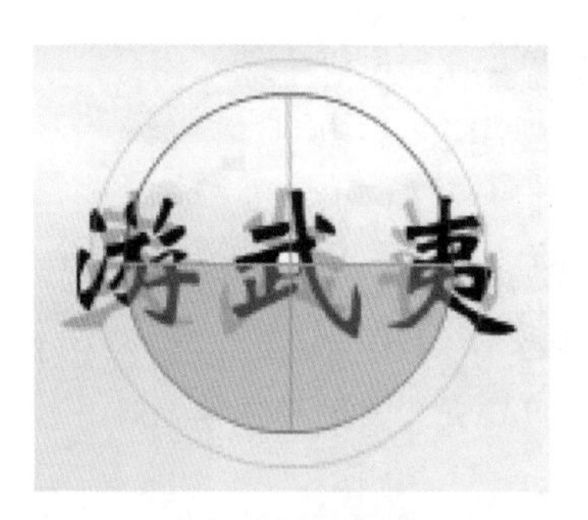


图5-70　第30帧

图5-71　时间轴

Step 13 新建图层，并将图层命名为“内容”，在该图层的第10帧插入空白关键帧，选择“文本工具”T，字符和段落属性设置如图5-72所示，输入文字内容后效果如图5-73所示。

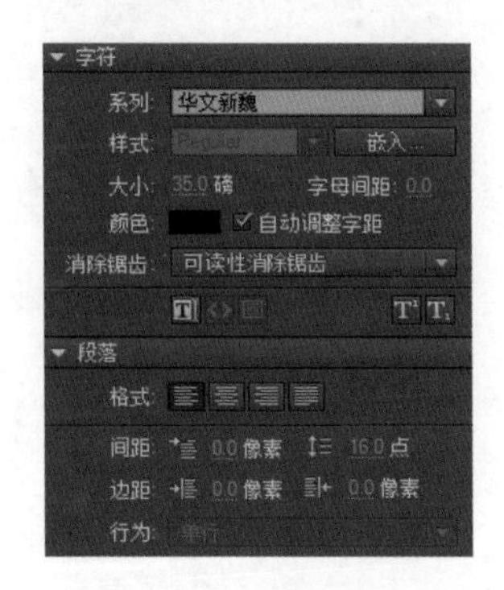


图5-72　参数设置

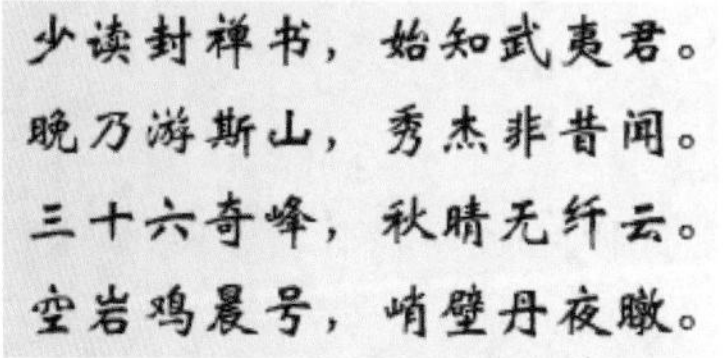

少读封禅书，始知武夷君。
晚乃游斯山，秀杰非昔闻。
三十六奇峰，秋晴无纤云。
空岩鸡晨号，峭壁丹夜曒。

图5-73　文字效果

Step 14 选择“选择工具”，选中上一步绘制的文字后，执行两次分离操作，即按下两次【Ctrl+B】组合键，将文字转换为矢量图。

Step 15 新建图层，并将图层命名为“矩形”，将该图层移动到“内容”图层的下方。在该图层的第10帧插入空白关键帧，选择“矩形工具”，设置填充色为黑色，笔触色为无，绘制图5-74所示的矩形。在第65帧插入关键帧，将矩形移动到图5-75所示的位置。在第10帧和第65帧间创建形状补间动画。

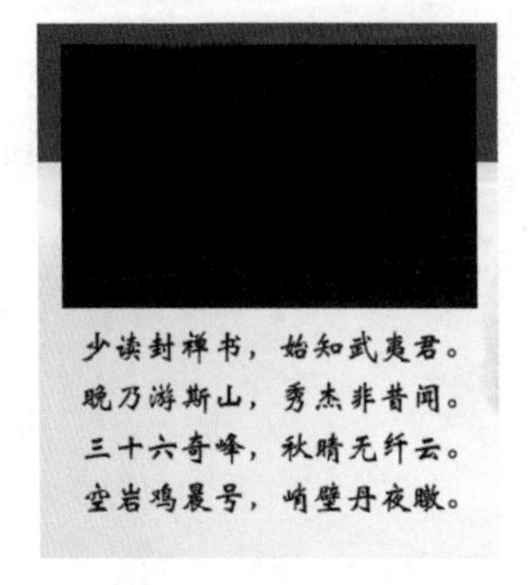


图5-74　绘制矩形

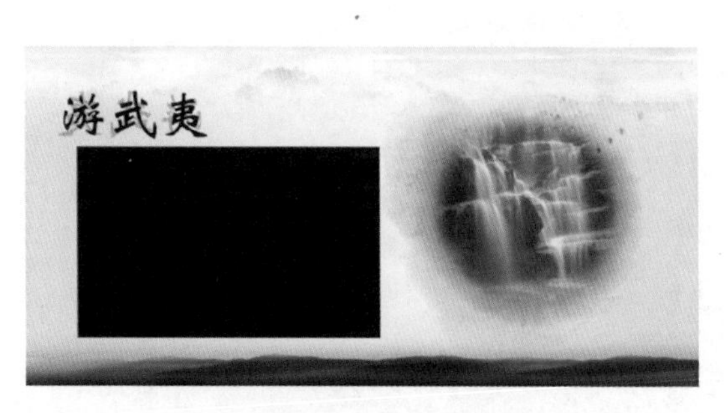


图5-75　移动矩形

Step 16 在时间轴中的“内容”图层上右击，在弹出的快捷菜单中选择“遮罩层”命令，此时将会以“矩形”图层作为被遮罩层创建遮罩动画。

Step 17 按【Ctrl+Enter】组合键测试影片。

Step 18 按【Ctrl+S】组合键，将文件命名后保存在指定位置。

Step 19 执行“文件”→“导出”→“导出影片”命令（或按【Ctrl+Shift+Alt+S】组合键）导出SWF格式的文件。

## 巩固与练习

一、判断题

1. 在创建遮罩动画时，需要有两个图层，即遮罩层和被遮罩层。（　　）
2. 遮罩动画中，被遮罩物遮盖的部分看不到，没有被遮罩的区域才可以看到。（　　）
3. 在Flash中，一个遮罩层中可以包含多个遮罩物。（　　）
4. 在Flash中，文本的字符属性包括文本的系列（字体）、样式、大小、颜色等。（　　）
5. 在Flash中，打散后的文本被作为位图进行编辑。（　　）

二、选择题

1. 下列选项中，属于Flash文本类型的是（　　）。

   A. 输出文本　　B. 输入文本　　C. 动态文本　　D. 静态文本

2. 下列选项中，属于文本方向设置选项的是（　　）。

   A. 水平　　B. 垂直

   C. 垂直，从右向左　　D. 垂直，从左向右

3. 执行3D旋转操作时，3D轴坐标由（　　）不同颜色的线条组成。

   A. 4　　B. 3　　C. 5　　D. 6

4. 下列选项中，属于“影片剪辑元件”专有属性的是（　　）。

   A. 3D旋转　　B. 3D平移　　C. 变形　　D. 移动

5. 在Flash中，段落的对齐方式包含（　　）。

   A. 左对齐　　B. 居中对齐　　C. 右对齐　　D. 两端对齐

# 第6章

# 引导层动画

| 知识学习目标 | ☑ 掌握音频的基本操作，能够将音频文件应用到Flash动画中。<br>☑ 掌握视频的基本操作，能够将视频文件应用到Flash动画中。<br>☑ 掌握引导层动画的创建方法，能够制作出动画效果流畅的引导层动画。 |
| --- | --- |

在制作Flash动画时，应用引导层动画配合音频和视频素材可以制作一些效果复杂、声画合一的动画效果。然而什么是引导层动画？如何将音视频文件应用到Flash动画中。本章将通过“MV动画”“Banner动画”两个任务，详细讲解引导层动画的操作技巧和音视频文件的应用方法。

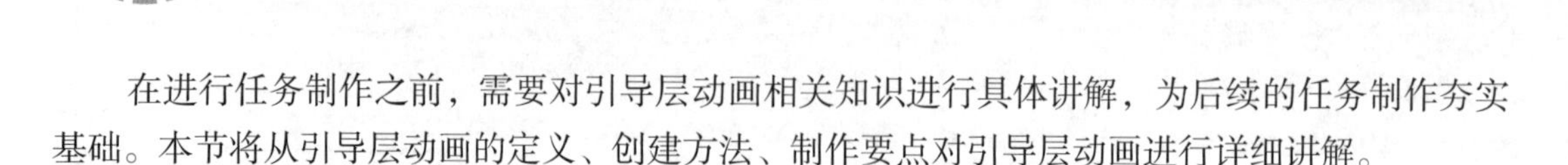

# 6.1 引导层动画概述

在进行任务制作之前，需要对引导层动画相关知识进行具体讲解，为后续的任务制作夯实基础。本节将从引导层动画的定义、创建方法、制作要点对引导层动画进行详细讲解。

## 6.1.1 引导层动画的定义

在制作Flash动画时。有时单纯依靠设置关键帧，仍然无法实现一些弧线运动或不规则轨迹运动的动画效果，例如树叶飘落、蝴蝶飞舞等，如图6-1所示，这时就需要使用引导动画。

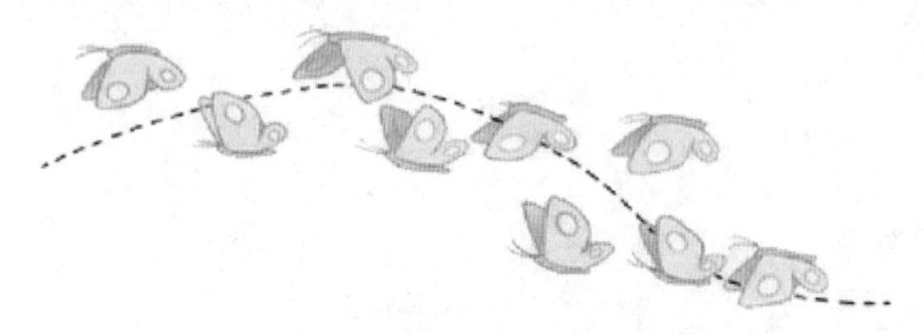

图6-1 蝴蝶飞舞

引导层动画是指将一个或多个被引导层链接到一个运动引导层，使被引导层里的元件沿路径运动的动画形式。这种动画形式，可以使一个或多个元件完成曲线或不规则运动。

## 6.1.2 引导层动画的原理和组成

引导层动画的原理就是把画出的线条作为运动补间元件的运动轨迹，并会在播放动画时隐藏该运动轨迹。在Flash动画中，一个最简单的引导层动画由两个图层组成，上面一层是引导层，下面一层是被引导层，如图6-2所示。

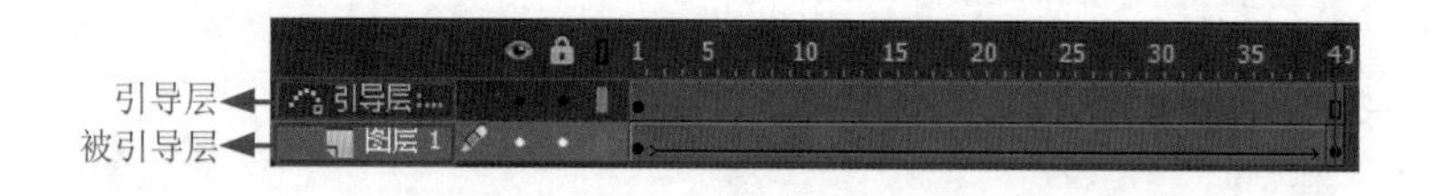


图6-2 引导层动画的组成

（1）引导层：用来作为元件的运行路径的图层，图层前标示图标。其内部对象通常为钢笔、铅笔、线条、椭圆工具、矩形工具或画笔工具等绘制出的线条图形。通常把在引导层里面绘制的线条称为“引导线”。

（2）被引导层：用来存放以引导线为运动路径的对象。对象可以使用影片剪辑、图形元件、按钮元件、文字，但不能为图形。

**注意**

（1）在制作引导动画时，一个引导层可以同时引导多个被引导层中的对象。

（2）在制作引导动画时，引导线不能是闭合的路径轨迹。

## 6.1.3 引导层动画创建方法

引导层动画的创建方法十分简单，通常可以分为以下几个步骤。

1. 创建引导层和被引导层

右击普通图层，弹出图6-3所示的快捷菜单，选择“添加传统运动引导层”命令，该图层上面就会添加一个引导层，同时该普通层向右缩进成为“被引导层”。

2. 在引导层添加引导线

可以运用“钢笔工具”或“铅笔工具”绘制一条引导线，作为实例的运动轨迹，如图6-4所示。

图6-3 添加引导层

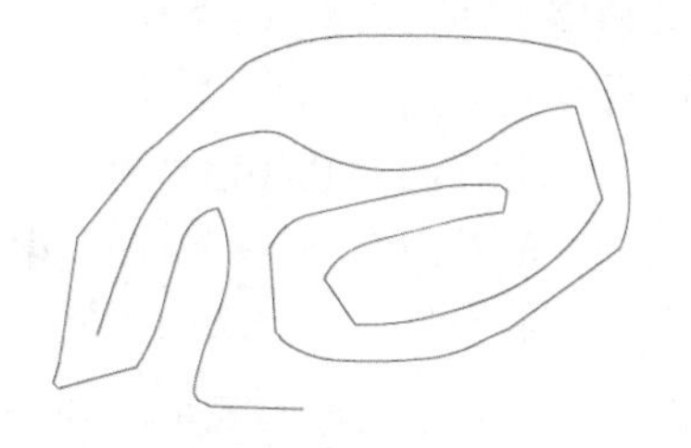

图6-4 引导线

3. 在被引导层添加元件，并附着到引导线上

引导层动画最基本的操作就是使一个运动动画“附着”在“引导线”上。因此在开始帧要将对象的注册点与引导线的一端重合，如图6-5所示。在结束帧要将对象的注册点与引导线的另一端重合，如图6-6所示。

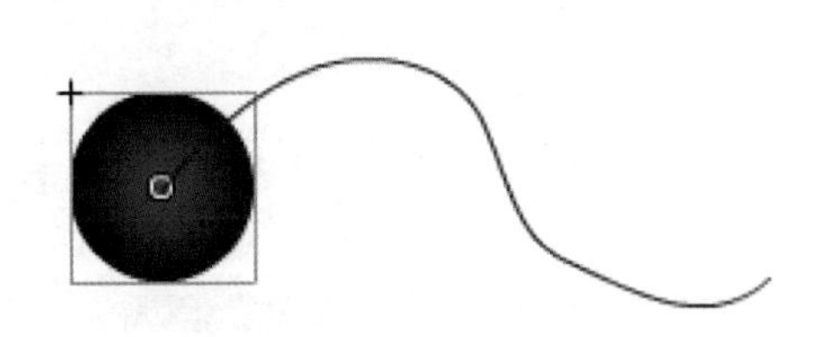

图6-5 开始帧附着注册点

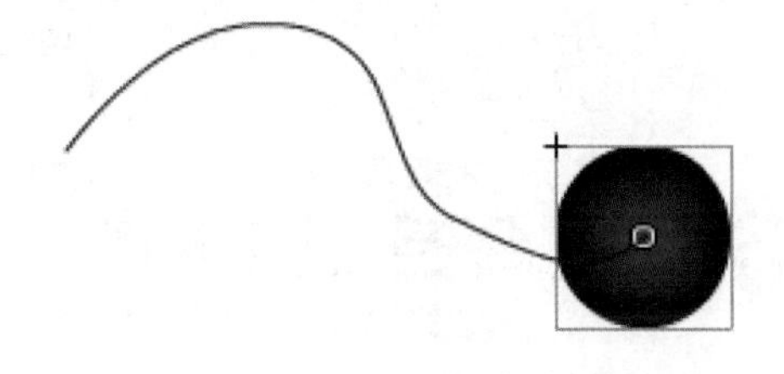

图6-6 结束帧附着注册点

4. 创建传统补间动画

当确定好位置关系后，即可在开始帧和结束帧之间创建传统补间动画，完成引导层动画的制作。

### 多学一招 认识普通引导层

在图6-3所示“添加传统运动引导层”命令上方还有一个“引导层”命令，该命令用于创建普通引导层。普通引导层同样具有隐藏其内部包含图形的功能，在制作动画时，主要用于为其他图层提供辅助绘图和定位，其标示为图标。选择“引导层”命令，即可创建一个普通引导层，如图6-7所示

值得一提的是，在制作动画时，可以在引导层和普通图层之间进行相互转换。右击引导层，在弹出的快捷菜单中选择“引导层”命令，即可取消勾选状态，将引导层恢复为普通图层。

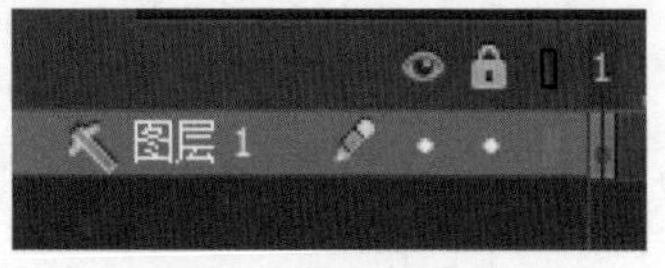


图6-7 普通引导层

### 6.1.4 引导层动画制作要点

相对于逐帧动画、形状补间动画、传统补间动画而言，引导层动画有着自己的特点，这些特点主要表现在以下几个方面。

1. 包含图层

引导层动画必须是两个图层，并且引导层必须在被引导对象层上方。

2. 层内对象

在引导层动画中，引导层内部对象必须是线条图形，不能是元件或位图。被引导层内部对象必须是元件，做传统补间动画。

3. 属性面板设置

被引导层中的对象沿路径轨迹运动时，可以通过“属性”面板做精细设置。当创建完成引导动画后，单击中间的补间动画，属性面板中会出现补间动画的对应属性。其中勾选“贴紧”复选框可以根据其注册点将补间元素附着到运动路径。勾选“调整到路径”复选框可以使动画的运动方向与引导路径方向一致。例如，图6-8所示为小鱼游动。

未勾选“调整到路径”复选框　　勾选“调整到路径”复选框

图6-8　“调整到路径”选项效果对比

## 6.2 【任务12】MV动画

伴随Flash技术的发展，由Flash制作的MV动画已经成为炙手可热的一种MV表现形式。Flash MV和传统MV比较，其成本更低廉，浏览更方便，制作更简单，只要有一定动画基础的人，都可以根据对生活的理解，制作出精彩的MV动画。本任务是制作一个简单的MV动画。通过本任务的学习，读者能够掌握音频文件的基本操作技巧。

### 6.2.1 知识储备

1. 音频基本格式

声音作为一门独特的艺术形式，在影视动画作品中占有重要的地位。Flash支持多种音频文件格式，例如WAV格式、MP3格式、AIFF格式以及AU格式等，其中MP3格式和WAV格式较为常用，具体介绍如下。

1）WAV格式

WAV格式可以直接保存声音波形的数据取样，因为没有进行过压缩，所以音质较好。但WAV格式的音频文件体积通常较大，会占用较多的空间。

2）MP3格式

MP3是经过压缩后的音频文件格式，其大小只有WMV的1/10，并且仍能保持较好的音质，被广泛应用到计算机音乐的制作中。

2. 声音的导入和引用

想要将声音应用在Flash动画中，首先应该导入音频文件，然后再将导入的声音引用到舞台上。导入和引用声音的方式十分简单，具体介绍如下。

（1）导入声音：执行“文件”→“导入”→“导入到库”命令，弹出“导入到库”对话框，即可将音频文件导入。图6-9所示为导入到库的音频文件，库面板右上角的■ ▸按钮用于对音频文件进行暂停（左边按钮）/播放（右边按钮）控制。

（2）引用声音：引用声音的方法和创建实例的方法类似。选中需要加入声音的帧，将库中的音频文件拖动到舞台，图层上就会出现声音对象的波形，如图6-10所示。这表明声音已经引入到图层中。

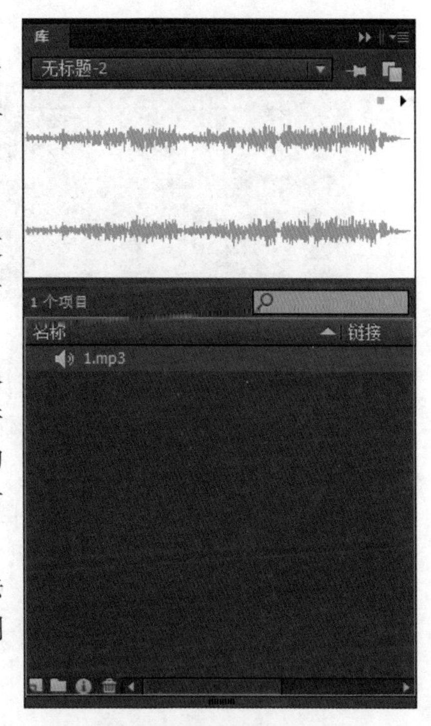

图6-9　导入音频文件

图6-10　引用声音

**注意**

一个图层中可以放置多个声音文件，也可以将声音与其他对象放置在同一个图层中，但为了便于管理，在制作Flash动画时，建议将声音对象放置在一个单独的图层中。

3. 声音效果和同步

选择声音所在图层的某一帧，其右侧的属性面板会切换出声音的相关属性，可以对声音进行参数设置和编辑，如图6-11所示。

图6-11所示声音属性面板中各选项的含义解释如下：

（1）名称：从“名称”下拉列表中可以选择库中的声音文件，当选择“无”时可以取消现有的声音文件。

（2）效果：单击右侧的▾按钮，弹出图6-12所示的下拉列表，可以选择要应用的声音效果。

① 无：不应用声音效果，选中此选项将删除声音效果。

② 左声道/右声道：只在设置为左声道/右声道时，播放声音。

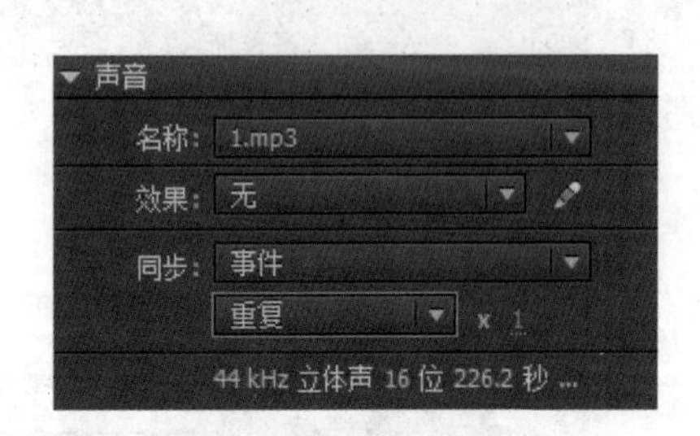


图6-11　声音属性

图6-12　效果

③ 向右淡出/向左淡出：将声音从一个声道切换到另一个声道。

④ 淡入：随着声音的播放，逐渐增加音量。

⑤ 淡出：随着声音的播放，逐渐减小音量。

⑥ 自定义：选择该选项后，会自动打开“编辑封套”对话框（关于“编辑封套”，将会在下面的知识点讲解）。在“封套编辑”对话框中可以创建声音的淡入点和淡出点。

（3）同步：用于设置声音的同步类型和循环方式。同步类型包括事件、开始、停止、数据流4个选项，如图6-13所示。循环方式包括重复和循环两个选项，如图6-14所示，具体介绍如下。

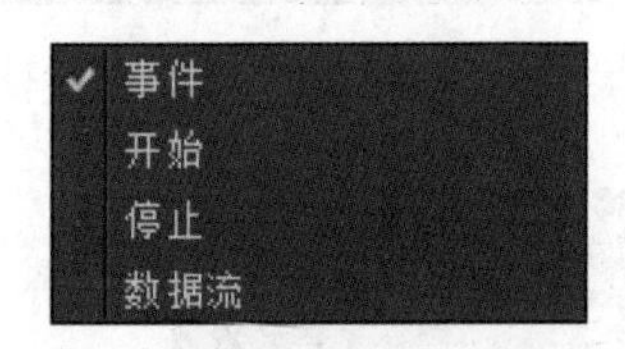


图6-13　同步类型

图6-14　循环方式

同步类型：

① 事件：事件同步类型的声音会从它的开始关键帧播放，并独立于时间轴中帧的播放状态，即使帧播放完成，声音仍会继续播放，直至整段声音结束。该类型的声音往往用于设置简单的按钮声音或循环的背景音乐。

② 开始：如果所选择的声音已经在时间轴上的其他位置播放过，Flash则不会再播放这个声音。

③ 停止：在时间轴上同时播放多个声音时，可以指定其中的一个为静音。通常在设置有播放跳转的互动影片中才使用。

④ 数据流：选择该同步方式后，Flash将强制动画与声音的播放同步，如果动画停止，声音也将停止。

循环方式：

① 重复：用于设置声音重复播放的次数，右侧可以输入相应的参数值。

② 循环：用于设置声音循环播放。

4. 声音编辑封套

在制作Flash动画时，为了达到制作需要，还经常需要自定义编辑声音，这时就会用到“编辑封套”。选中声音中的任意一帧，在右侧的声音属性中单击图标（或在效果处选择“自定义”选项），弹出“编辑封套”对话框，如图6-15所示。

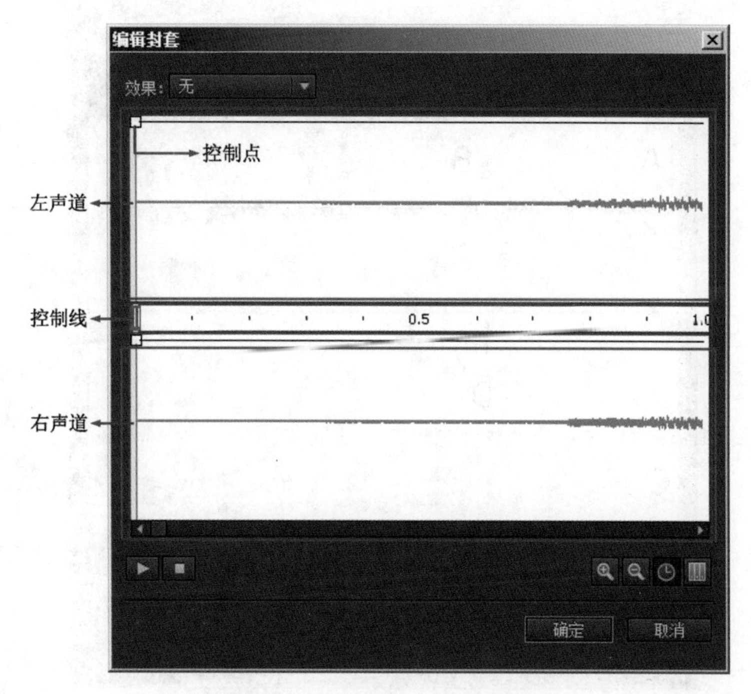


图6-15　“编辑封套”对话框

在图6-15所示的对话框中，中间的空白声波区域为声道窗口，上层为左声道，下层为右声道。中间是时间轴区域，用于显示声音持续的秒数或帧数。

（1）效果：用于设置声音的效果。

（2）控制线和控制点：左声道和右声道的水平和垂直方向各有一条控制线，单击控制线会产生控制点，最多为8个。将控制点拖动出声道窗口，即可将其删除。在声道窗口中，拖动控制线或控制点，越高音量越大，越低音量越小。

（3）播放按钮：用于播放编辑后的声音。

（4）暂停按钮：暂停声音。

（5）放大按钮：放大声音波形。

（6）缩小按钮：缩小声音波形。

（7）秒按钮：以秒数作为当前时间轴的基本单位。

（8）帧按钮：以帧作为当前时间轴的基本单位。

例如，设置左声道音量为原始音量的一半，右声道在20 s时淡入后按照原始音量播放。此时可以按照图6-16所示的设置方式，添加并拖动控制点进行设置。

**注意**

“编辑封套”调整的是声音的实例，不会影响库中声音元件。

5. 声音的优化

在制作Flash动画时，经常需要对声音的输出质量和大小进行优化调整，以满足不同的制作需求。双击库面板中的图标，弹出图6-17所示的“声音属性”对话框

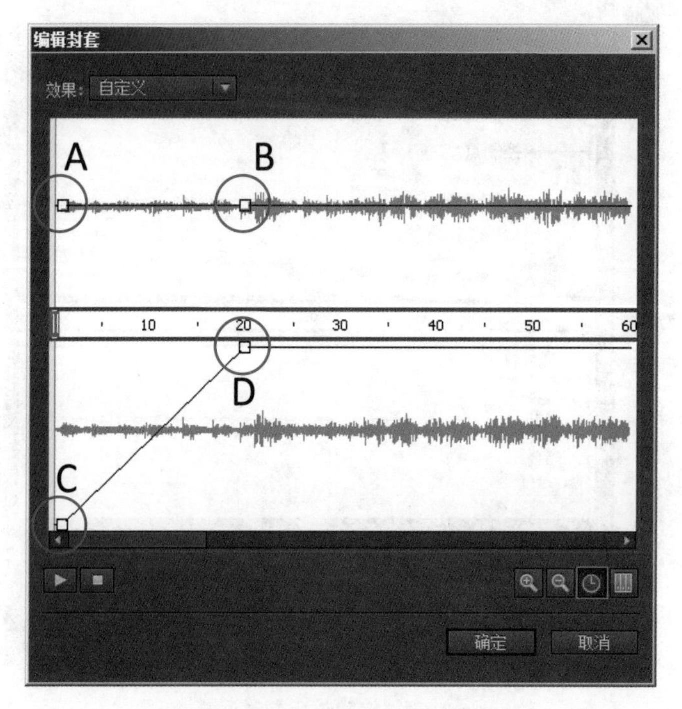


图6-16 调整声音

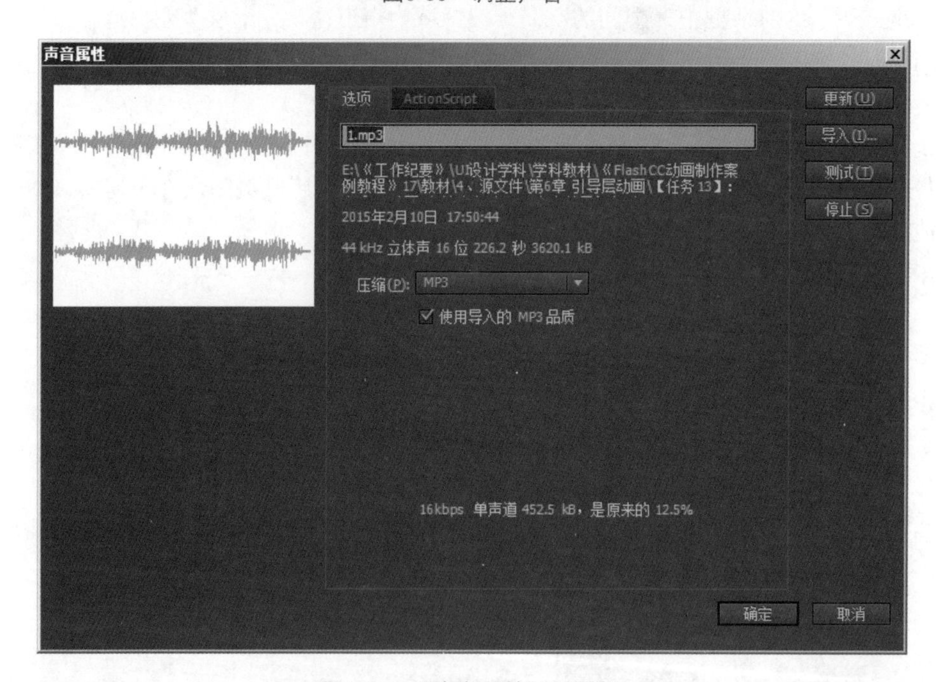


图6-17 “声音属性”对话框

在图6-17所示的对话框中，单击“压缩”右侧的▼按钮，弹出图6-18所示的下拉菜单。在该菜单中，Flash提供了5种压缩模式用于优化声音，分别为默认、ADPCM、MP3、Raw和语音，对它们的具体介绍如下。

图6-18 压缩选项

（1）默认：用同一个压缩比，压缩影片中的所有声音，这样就可以不必对不同的声音进行分别设定，极大地节省了动画制作时间。

（2）ADPCM：通常用于压缩较短的声音效果。例如，单击按钮的声音、汽车鸣笛声音等。

（3）MP3：在需要导出较长的声音时，可以选择该压缩方式。运用MP3压缩方式的音频文件体积较小，并能保持较好的音质。

（4）Raw：选择该压缩方式，在导出声音的过程中将不进行任何处理。

（5）语音：选择该压缩方式，可以在其下方的“采样率”列表中选择一种特别适合语音输出的压缩标准。对于动画而言，通常使用11 kHz的压缩标准。

## 6.2.2　任务分析

一般由Flash制作的MV主要由两部分组成，即动画和音频文件。针对MV动画的这一特点，可以从音乐层的制作和动画效果两方面进行分析。

1. 音乐层制作

为了便于管理，最好将音频文件单独放置在一个图层中，本次任务可以将下载好的音乐素材文件“面朝大海春暖花开.mp3”导入Flash，作为MV的音乐。

2. 动画效果

结合音乐内容，可以构思绘制其中的动画效果。大海上海鸥飞翔，画面中出现歌曲的主题文字。

（1）背景：可以选取一张大海背景的图片作为MV动画的背景素材。

（2）海鸥：可以运用“钢笔工具”绘制，并用引导层动画做出海鸥翱翔的效果。

（3）歌曲主题文字：运用“文本工具”输入主题文字，并采用传统补间动画，制作一个文字淡入的效果。

## 6.2.3　任务实现

1. 音乐层制作

Step 01 打开Flash CC软件，按【Ctrl+N】组合键打开“新建文档”对话框。在其左侧选择ActionScript 3.0类型，在右侧的参数面板中设置宽度为715像素，高度为310像素，帧频为24 fps，背景颜色为白色，单击“确定”按钮创建一个空白的Flash动画文档。

Step 02 执行“文件”→“导入”→“导入到库”命令，弹出“导入到库”对话框，将音频文件“面朝大海春暖花开.mp3”导入到库中，如图6-19所示。

图6-19　导入音频文件

Step 03 将库中的音频文件拖动到舞台，在“图层1”的第1帧中间出现一条红色的细线，如图6-20所示，表明音频文件已经引入到舞台。

Step 04 此时，舞台中看不到任何东西，在第50帧处按【F5】键插入普通帧，此时在第1~50帧之间出现红色音乐波形。

图6-20　引用音频文件

Step 05 继续向后插入帧，将音乐波形被逐渐释放出来，直到“红色音乐波形”出现一条平等的细线才算结束，将普通帧延长到第4980帧，音乐波形结束，如图6-21所示。

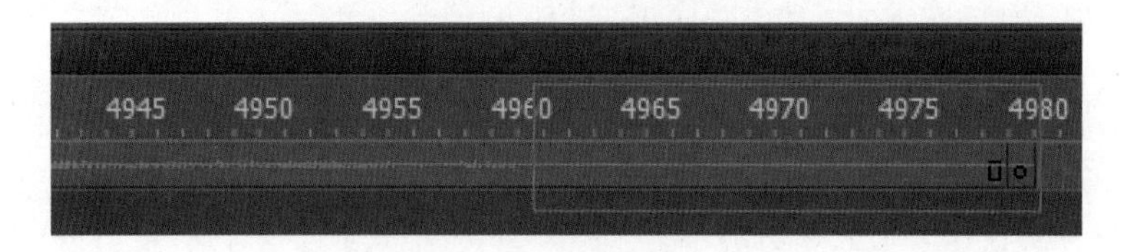


图6-21　音乐波形

Step 06 选中第1帧，在右侧的“声音”属性中设置同步为“数据流”，其他参数设置如图6-22所示。完成音乐层的制作。

图6-22　“声音”属性

2. 动画效果制作

Step 01 新建图层，并将图层命名为“背景”，按【Ctrl+R】组合键，将“背景.jpg”导入到舞台，如图6-23所示。

图6-23　背景图片素材

Step 02 再次新建图层，并将图层命名为“海鸥”，运用“钢笔工具”绘制出海鸥的翅膀，设置笔触颜色为无，填充颜色为黑色到白色线性渐变，如图6-24所示。

Step 03 按【F8】键，通过“转换为元件”面板，将翅膀图形转换为元件。

Step 04 按【Ctrl+F8】组合键，创建名称为“挥动翅膀”的影片剪辑元件。舞台场景的颜色为浅蓝色（RGB：51、204、255）。

Step 05 将库中的“翅膀”元件拖动到影片剪辑元件编辑区中。将“翅膀”元件“变形点”的位置调整到与“注册点”重合，如图6-25所示。

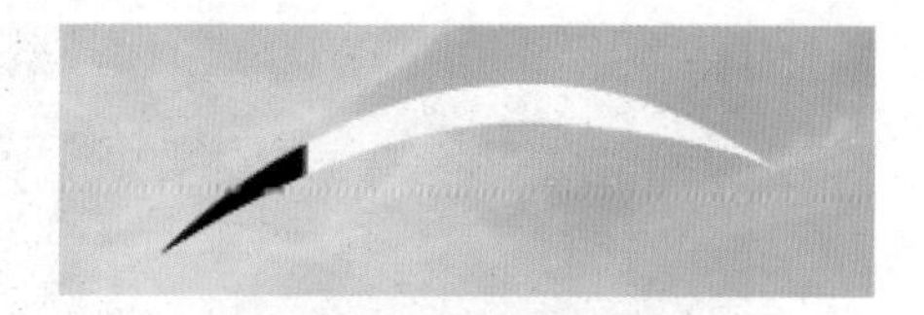

图6-24　绘制翅膀

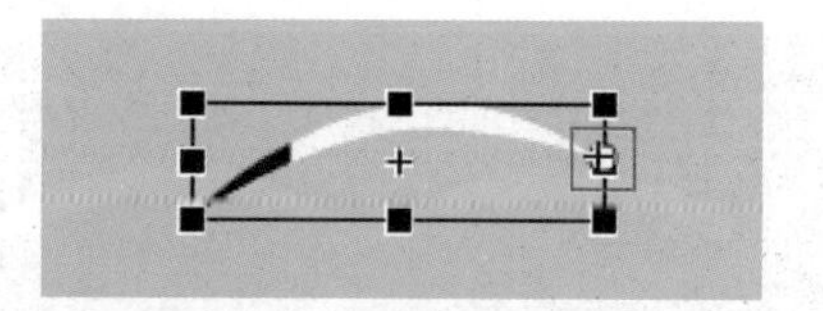

图6-25　改变“变形点”位置

Step 06 在第30帧处创建关键帧，旋转海鸥翅膀的位置至图6-26所示样式。并在第1~30帧之间创建传统补间，使翅膀挥动。

Step 07 复制第1帧并粘贴到第60帧，在第30~60帧之间创建传统补间，完成翅膀的挥动动画。

Step 08 再次按【Ctrl+F8】组合键，创建名称为“飞”的影片剪辑元件，将“挥动翅膀”影片剪辑元件组合成图6-27所示形状。

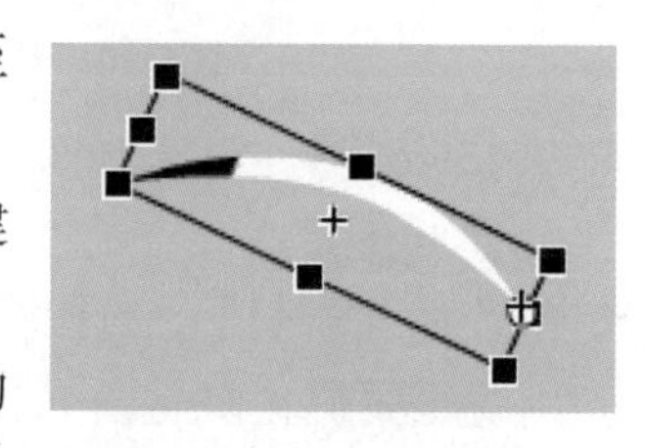

图6-26　旋转图形元件

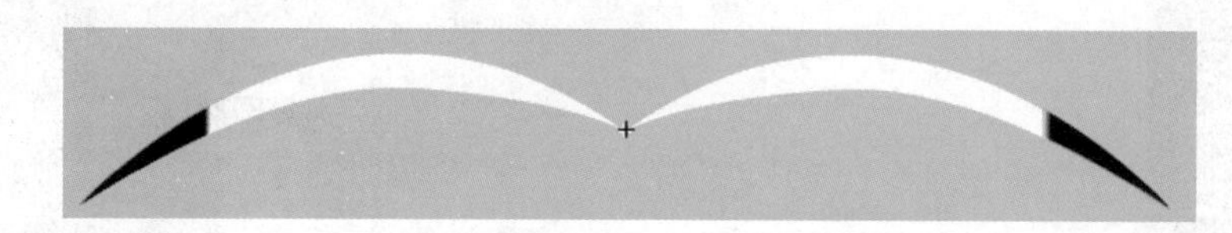

图6-27　组合元件

Step 09 回到舞台中，将库中“飞”的影片剪辑元件拖动到舞台外的场景中，如图6-28所示。

Step 10 将光标移动到“海鸥”图层并右击，在弹出的快捷菜单中选择“添加传统运动引导层”命令，该图层上面就会添加一个引导层，同时“海鸥”层向右缩进成为“被引导层”。

Step 11 运用“铅笔工具”，在“引导层”上绘制图6-29所示的路径。

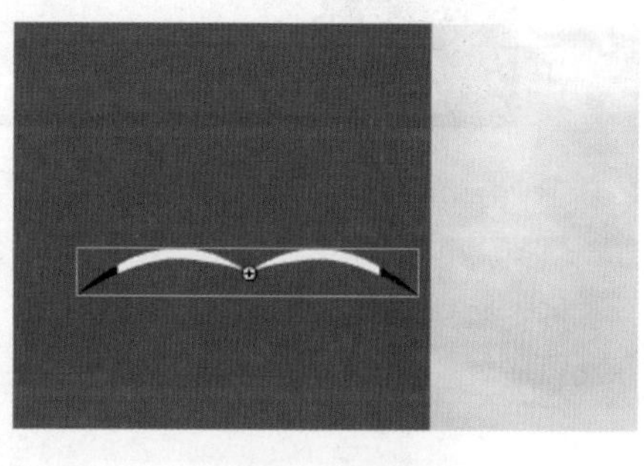

图6-28　应用元件

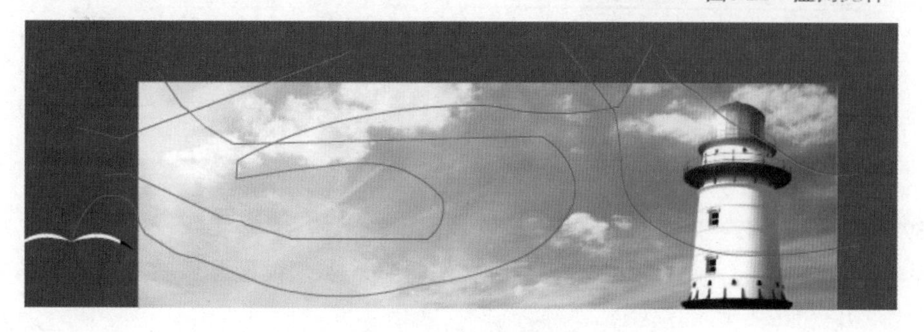

图6-29　绘制引导路径

Step 12 选中“飞”元件，在开始帧要将实例的注册点与引导线的一端重合，如图6-30所示。

Step 13 在第950帧按【F6】创建关键帧，将实例的注册点与引导线的另一端重合，如图6-31所示。

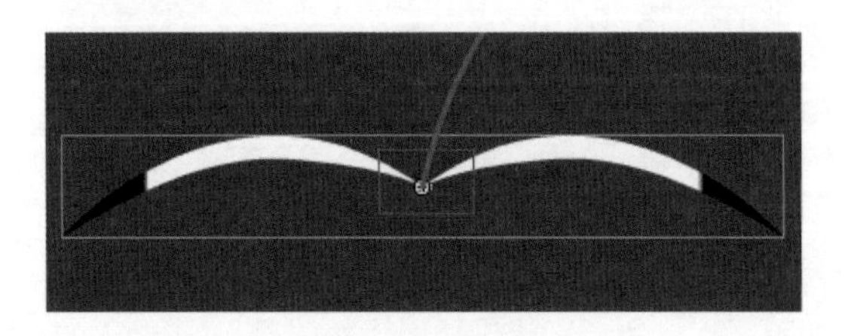

图6-30 开始帧

图6-31 结束帧

Step 14 在第1~950帧之间创建传统补间动画。

Step 15 选中“海鸥”图层，单击“新建图层”按钮，新建一个被引导图层，将新建图层命名为“海鸥1”，按照Step12~Step14的方法，选择一条路径，创建被引导对象。

Step 16 按照Step15的方法，为其他路径创建被引导对象，如图6-32所示

图6-32 创建被引导对象

Step 17 选中“引导图层”，在其上新建图层，将图层命名为“歌曲名字”，选中第1帧。

Step 18 选择“文本工具”T，设置系列为“创艺简隶书”，大小为80磅，颜色为深蓝色RGB（0、51、102），输入图6-33所示的文字。

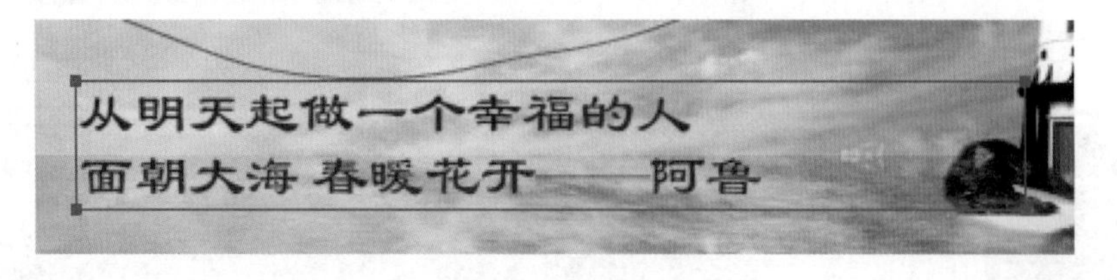


图6-33 输入文字

Step 19 将文字转换为图形元件，在第70帧创建关键帧。

Step 20 在右侧的属性面板中，将第1帧实例的Alpha数值设置为0。在第1帧和第70帧之间创建传统补间，制作文字淡入效果。

Step 21 按【Ctrl+Enter】组合键测试影片。

Step 22 按【Ctrl+S】组合键，将文件命名后保存在指定位置。

Step 23 执行“文件”→“导出”→“导出影片”命令（或按【Ctrl+Shift+Alt+S】组合键）导出SWF格式的文件。

## 6.3【任务13】动态广告

当用户访问网站时，动态广告优先于静态的图文信息，在第一时间吸引用户，从而影响用户在网站停留时间和访问深度。本次任务是制作一个以音乐旅行为主题的动态广告。通过本任务的学习，读者能够掌握视频文件的操作技巧，进一步熟悉引导层动画的制作方法。

### 6.3.1　知识储备

1. 视频素材格式

Flash不仅支持音频文件的导入，还支持视频文件的导入。在Flash CC中可以导入大部分主流格式的视频文件，例如FLV、AVI、MP4、WMV等格式。常用的视频文件格式介绍如下。

1）FLV格式

FLV 是Flash Video的简称，FLV流媒体格式是一种新的视频格式。由于它形成的文件极小、加载速度极快，使得网络观看视频文件成为可能，它的出现有效地解决了视频文件导入Flash后，使导出的SWF文件体积庞大，不能在网络上很好地使用这一缺点，是Flash中较为常用的视频格式。

2）AVI格式

AVI是一种专门为微软环境设计的数字媒体视频文件格式。该格式的视频文件具有画质质量高的特点，但是文件的容量较大。

3）MPEG格式

MPEG（又称MPG），在计算机领域应用比较广泛，包括MPEG-1、MPEG-2、MPEG-4（MP4）、MPEG-7、MPEG21五个标准。MPEG-1主要应用于VCD的制作中；MPEG-2主要应用于DVD制作、HDTY和一些高要求的视频剪辑、处理方面；MPEG-4的高压缩率和高的图像还原质量可以把DVD里面的MPEG-2视频文件转换为体积更小的视频文件。

4）WMV格式

WMV是微软推出的一种流媒体格式，WMV格式的特点是体积非常小，因此比较适合在网上传播及传输。

2. 导入视频文件

在Flash中，导入视频文件和导入音频文件略有差异，需要按照Flash视频导入助手的提示，遵循一定的视频导入流程。下面讲解导入视频的基本流程。

（1）在菜单栏中执行“文件”→“导入”→“导入视频”命令，弹出“导入视频”对话框，如图6-34所示。

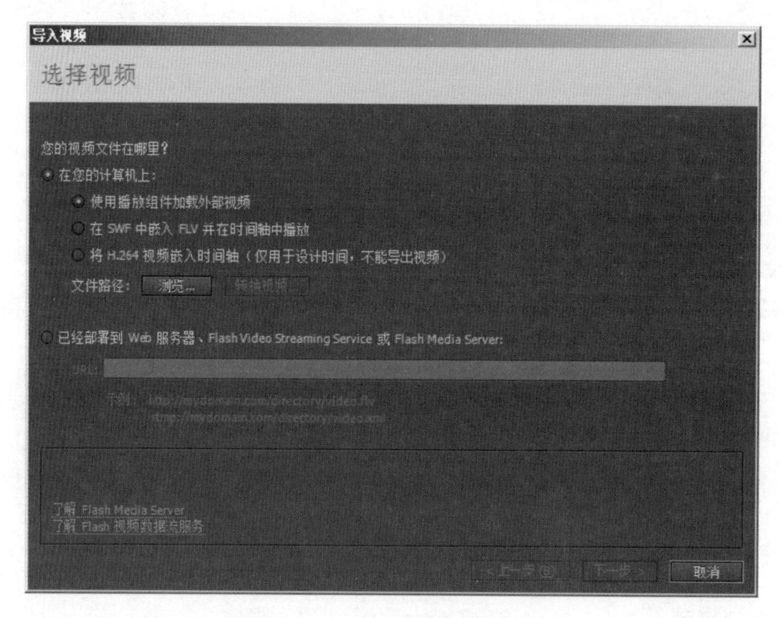


图6-34　“导入视频”对话框

图6-34所示“导入视频”对话框中的常用选项解释如下：

①“使用播放组件加载外部视频”：可以为导入的视频添加一个播放控件，为Flash导入视频的常用方式。

②“在SWF中嵌入FLV并在时间轴中播放”：该选项会将所选视频嵌入到当前文档中，但仅支持FLV等少数几种视频格式，并且该方式会增加最终输出的SWF文件的大小。因此该方式常用于嵌入体积较小的视频文件。

③“浏览”：单击“浏览”按钮，在弹出的对话框中可以选择要导入的视频。

此处以“使用播放组件加载外部视频”选项为例，进行下一步讲解。

（2）选好要导入的视频后，单击“下一步”按钮，进入到“设定外观”对话框，如图6-35所示。

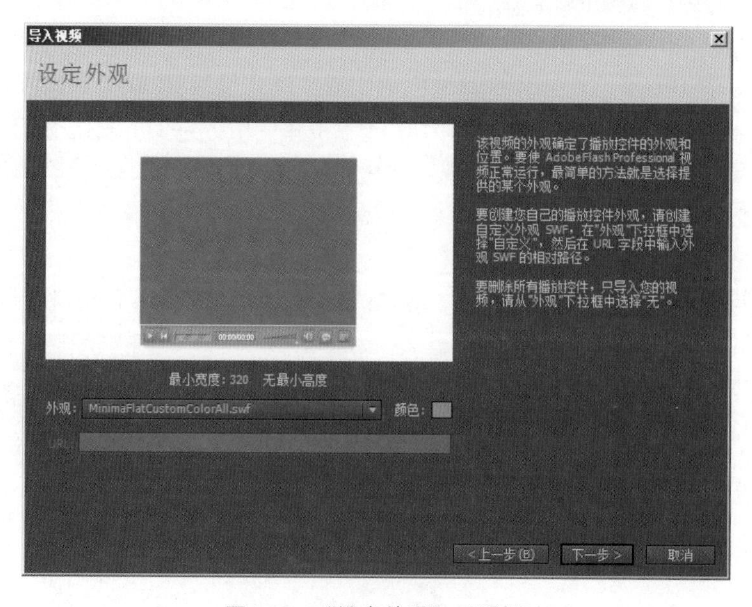


图6-35　“设定外观”对话框

① 外观：用于设置视频播放组件的外观

② 颜色：用于设置视频播放器的背景颜色

③ URL：如果选择“外观”中的“自定义外观URL”选项，则可以激活下面的URL文本框，在其中输入视频组件外观的地址即可。

（3）设置好视频组件的外观后，单击“下一步”按钮，将显示图6-36所示的“完成视频导入”对话框。单击“完成”按钮，即可将视频文件导入到库和舞台中。

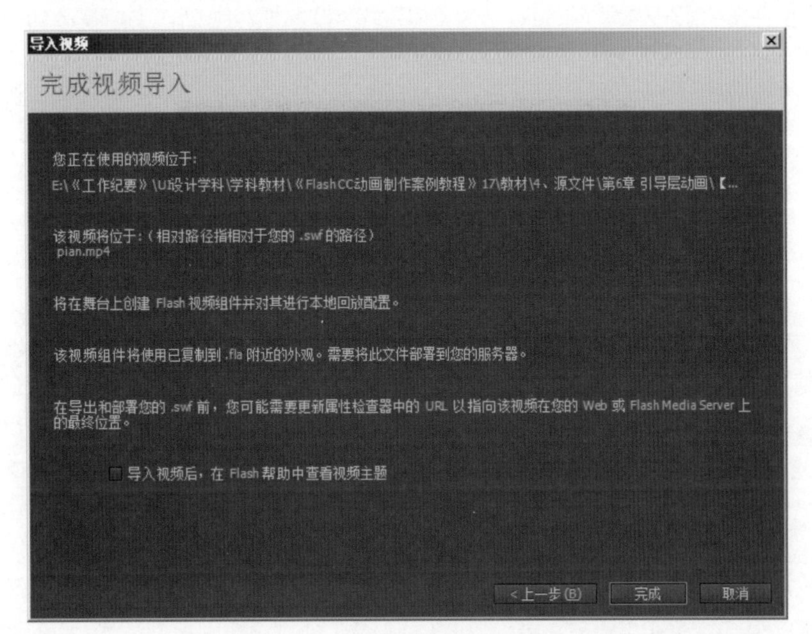


图6-36　“完成视频导入”对话框

需要注意的是，导入的视频文件不会在舞台中播放，需要按【Ctrl+Enter】组合键预览动画，才会看到视频播放的效果，并通过组件进行相应的控制。对于舞台中的视频文件，可以运用“任意变形工具”调整形状，使其符合舞台大小或其他动画制作要求。

## 6.3.2　任务分析

在制作动态广告时，可以从广告背景、主题元素和动画效果3方面进行分析。

1. 广告背景

选择一个自然美景视频作为广告的背景，突出“旅行音乐”这一主题。

2. 主题元素

通过文字和几何图形搭配排版，突出主题。其中“旅行”和“音乐”需要加大字号，用特殊颜色标注，其他辅助元素可以通过不透明度加以弱化。

（1）文字：运用“文本工具”制作，并填充不同的颜色，改变不透明度。

（2）几何图形：运用“多角星形工具”制作正反相交的三角形，并改变填充颜色、笔触颜色和不透明度。

3. 动画效果

可以运用引动层动画，制作一个发光的小球，沿着三角形轮廓做运动。

## 6.3.3 任务实现

1. 广告背景

Step 01 打开Flash CC软件，按【Ctrl+N】组合键打开“新建文档”对话框。在其左侧选择ActionScript 3.0类型，在右侧的参数面板中设置宽度为640像素，高度为264像素，帧频为24 fps，背景颜色为白色，单击“确定”按钮创建一个空白的Flash动画文档。

Step 02 将视频素材“海鸟.mp4”导入到库中，设置外观为无，去掉视频的播放组件，此时舞台中会显示一个黑色的矩形，如图6-37所示。

图6-37 导入视频到舞台

2. 绘制主题元素

Step 01 新建“图层2”，运用“多角星形工具”绘制一个尖向上的三角形，只设置白色描边，再绘制一个尖角向下的三角形，只设置45%的填充，并分割图形至图6-38所示样式。

Step 02 新建“图层3”，选择“文本工具”，输入图6-39所示的文字。其中大号文字为“创艺繁标宋”，填充为白色，“旅行”需要着重显示，填充为深红色（RGB：112、55、96）。小号文字为“方正大标宋简体”，填充不透明度为70%，如图6-39所示。

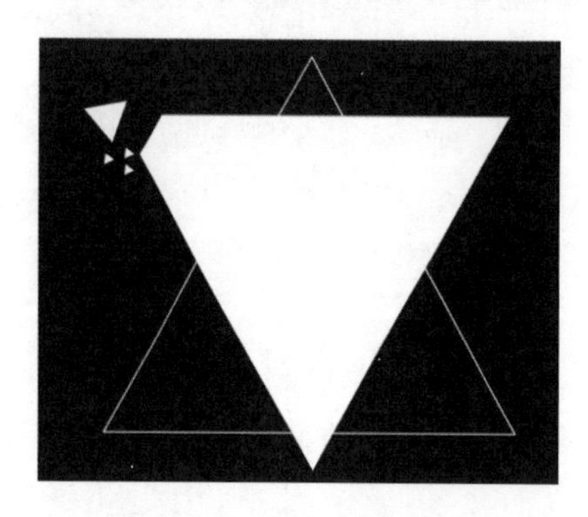

图6-38 绘制三角组合图形

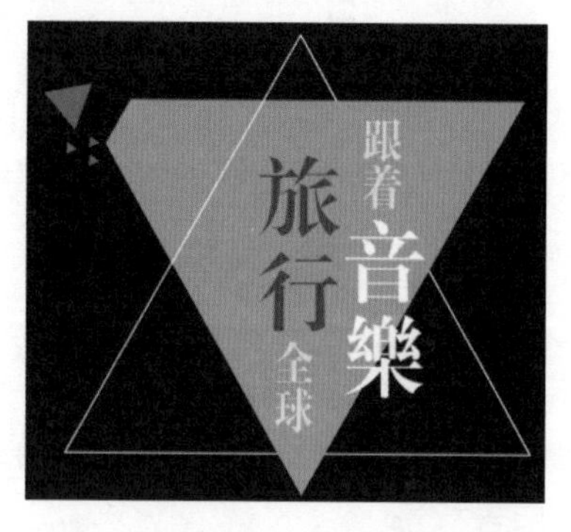


图6-39 添加文字

3. 动画效果

为了便于重复使用引导层动画，我们将在影片剪辑元件中建立引导层动画，具体步骤如下。

Step 01 按【Ctrl+F8】组合键，创建名称为“光”的影片剪辑元件，设置影片剪辑元件舞台背景为黑色。

Step 02 选中“图层1”并右击，在弹出的快捷菜单中选择“引导层”命令。将“图层1”转换为引导层。

Step 03 将场景中的两个三角形复制到“光”影片剪辑元件编辑区，如图6-40所示。锁定引导层。

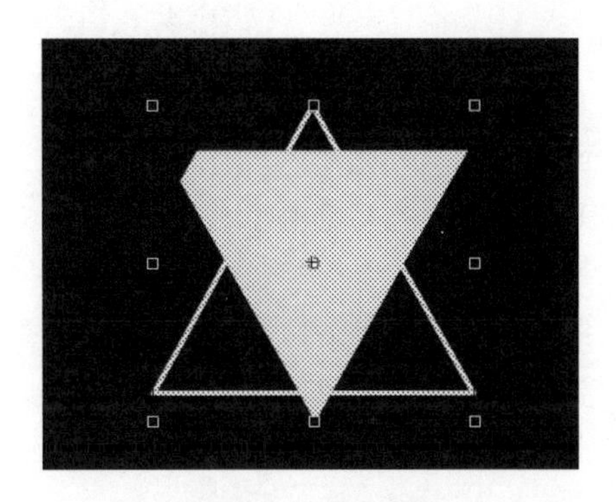

图6-40　创建引导层

Step 04 新建“图层2”，运用“椭圆工具”绘制一个白色填充的圆。并将其转换为名称为“正圆”的影片剪辑元件。

Step 05 为小球添加“模糊”滤镜，具体参数设置如图6-41所示，效果如图6-42所示。

图6-41　“模糊”滤镜

图6-42　模糊效果

Step 06 为圆所在的“图层2”添加“引导层”。在“引导层”中绘制一个如图6-43所示的断开椭圆形路径，大小和引导层中的三角形一致。

Step 07 为圆创建一个以轨迹为引导路径的引导层动画，动画时长为60帧。此时圆将沿着三角形轨迹运动。

Step 08 回到场景中，从库面板将“光”影片剪辑元件拖动到舞台，位置如图6-44所示。

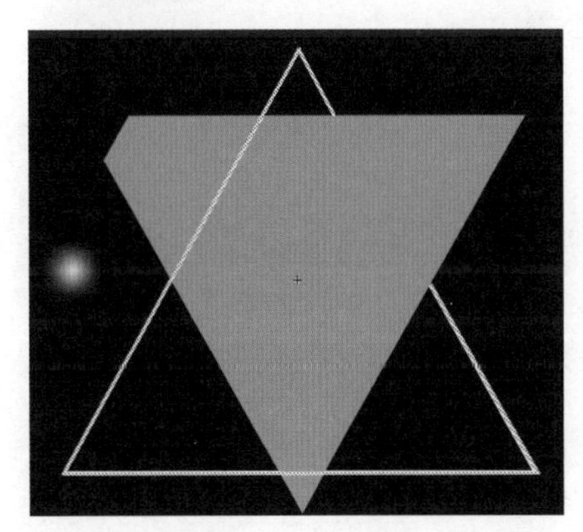

图6-43　引导路径

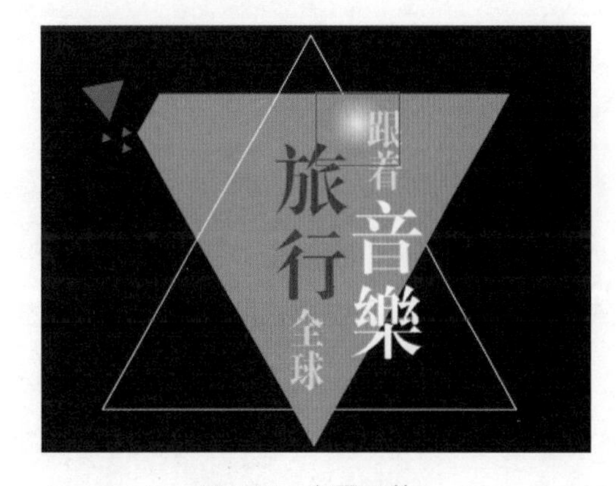


图6-44　应用元件

Step 09 按【Ctrl+Enter】组合键测试影片。

Step 10 按【Ctrl+S】组合键，将文件命名后保存在指定位置。

Step 11 执行“文件”→“导出”→“导出影片”命令（或按【Ctrl+Shift+Alt+S】组合键）导出SWF格式的文件。

# 巩固与练习

一、判断题

1. 在引导层动画中，引导层位于被引导层下方。（  ）

2. 在制作引导动画时，一个引导层可以同时引导多个被引导层中的对象。（  ）

3. 在制作引导动画时，引导线可以是闭合的路径轨迹。（  ）

4. 在引导层动画中，引导层内部对象必须是线条图形，不能是元件或位图。（  ）

5. MP3格式的音频文件可以直接保存声音波形的数据取样，没有进行过压缩，音质较好。（  ）

二、选择题

1. 下列视频格式，可以导入到Flash中的是（  ）。
   A. FLV　B. AVI　C. MP4　D. WMV

2. 在引导层动画中，被引导层内部对象只可添加（  ）动画类型。
   A. 传统补间动画　B. 形状补间动画　C. 逐帧动画　D. 补间动画

3. 在引导层动画中，下列选项不可作为被引导层对象类型的是（  ）。
   A. 影片剪辑　B. 图形元件　C. 按钮　D. 图形

4. 在引动层动画中，下列选项可作为引导层内部对象的是（  ）。
   A. 线条图形　B. 元件　C. 位图　D. 按钮

5. 下列选项中，属于声音的同步类型的是（  ）。
   A. 事件　B. 开始　C. 停止　D. 数据流

# 第 7 章

# ActionScript特效

| 知识学习目标 | ☑ 掌握ActionScript特效的添加方法，能够为动画添加特效。<br>☑ 掌握ActionScript 3.0的基本语法，确保代码能够正确编译和运行。<br>☑ 掌握事件的添加方法，能够通过相应事件控制动画。 |
| --- | --- |

ActionScript作为Flash的内置编程语言，在动画特效制作、影片控制、人机交互等方面具有不可替代的作用，使动画设计师们在动画制作过程中更加得心应手。那么应该如何添加ActionScript特效？ActionScript的基本语言又有哪些呢？本章将通过“天气预报动画”“按钮控制动画播放”两个任务，详细讲解ActionScript特效的添加和代码的编写方法。

# 7.1 ActionScript基础知识

作为一门语言，在学习之前需要先了解ActionScript的基础知识，为后面动画的制作打下坚实的基础。本节将针对语言的由来及特性、特效的添加以及ActionScript基本语法等进行详细讲解。

## 7.1.1 ActionScript概述

ActionScript是由Macromedia公司（2005年被Adobe公司收购）为其Flash产品开发的，最初是一种简单的脚本语言，经过ActionScript 1.0和2.0的演变，现在版本是ActionScript 3.0（简称AS 3.0）。ActionScript 3.0是一种完全面向对象的编程语言，功能强大，基于国际化编程语言ECMAScript基础之上做了进一步改进，其脚本编写功能超越了ActionScript 的早期版本。

ActionScript 3.0 中的新增功能如下：

（1）一个新增的ActionScript 虚拟机，称为AVM2，它使用全新的字节代码指令集，可使性能显著提高。

（2）一个更为先进的编译器代码库，可执行比早期编译器版本更深入的优化。

（3）一个扩展并改进的应用程序编口（API），拥有对对象的低级控制和真正意义上的面向对象的模型。

（4）一个基于 ECMAScript for XML（E4X）规范（ECMA-357 第 2 版）的 XML API。E4X 是 ECMAScript 的一种语言扩展，它将 XML 添加为语言的本机数据类型。

（5）一个基于文档对象模型（DOM）第3级事件规范的事件模型。

## 7.1.2 “动作”面板

在Flash中，“动作”面板是专门用来编写程序的窗口。执行“窗口”→“动作”命令（或按【F9】键），打开“动作”面板。该面板主要分为脚本列表区、工具栏、代码编辑区、状态栏4部分，如图7-1所示。

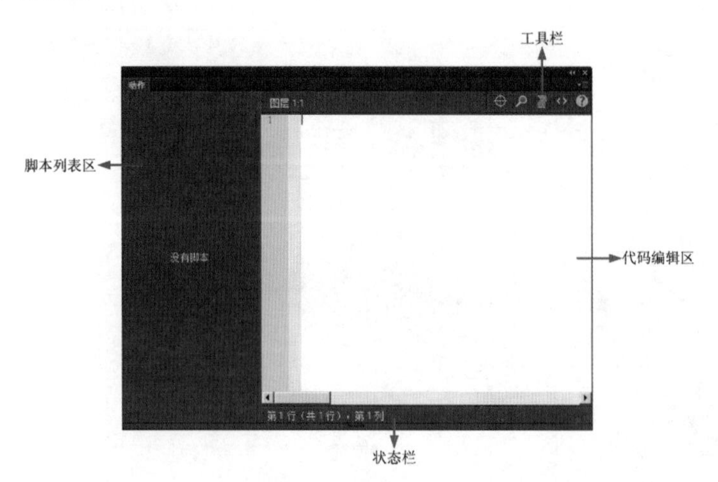


图7-1 “动作”面板

图7-1所示“动作”面板中各部分的详细介绍如下：

1）脚本列表区

该区域用于显示当前已添加动作帧的项目列表，以及帧所在的场景。当单击某个项目时，代码编辑区会显示相应的代码，当未添加任何代码时，该区域为空。

2）代码编辑区

在此区域可直接输入ActionScript代码，或在此区域右击，在弹出的快捷菜单中选择“复制”“粘贴”“剪切”“撤销”“删除”等命令执行相应操作。

3）状态栏

此区域用于显示光标所在位置的行数和列数，以及代码的总行数。

4）工具栏

工具栏中包含了创建代码时常用的一些工具按钮，下面分别讲解各工具的使用方法。

①“插入实例路径和名称”按钮：单击此按钮，弹出“插入目标路径”对话框，如图7-2所示，在该对话框中可以选择需要添加动作脚本的对象。

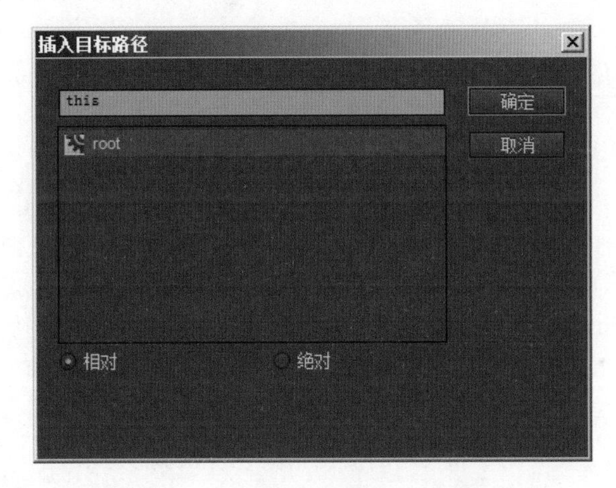


图7-2　“插入目标路径”对话框

②“查找”按钮：单击此按钮，可对代码编辑区的动作脚本代码进行查找和替换，如图7-3所示。

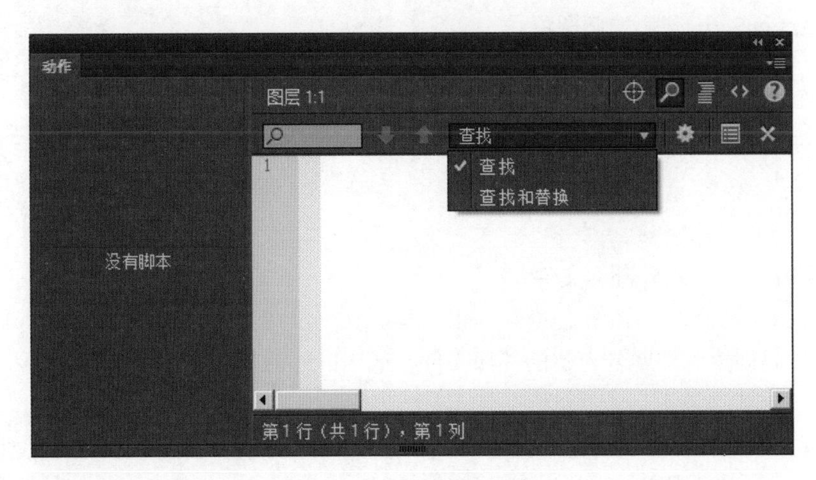


图7-3　查找和替换

③“设置代码格式”按钮：用来调整代码的格式，增强代码的可读性。

④“代码片段”按钮：单击此按钮，弹出“代码片段”面板，如图7-4所示，若想通过该面板添加代码，可展开左侧的代码文件夹，双击其中的某个项目，即可将代码添加到代码编辑区域。

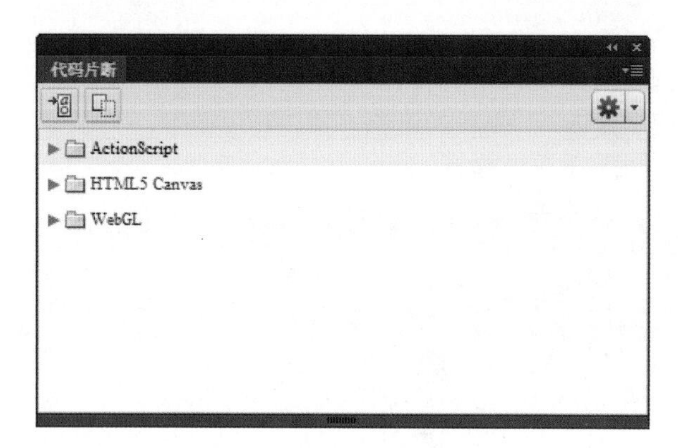


图7-4　“代码片段”面板

⑤“帮助”按钮：单击此按钮，可在浏览器中访问ActionScript的在线帮助内容。

### 7.1.3　添加ActionScript特效

ActionScript特效的添加方法主要有两种，一种是在帧上添加ActionScript特效，另一种是写入类文件中，然后调用该类文件中的代码。

1. 在帧上添加ActionScript特效

在 Flash CC中，ActionScript 3.0代码可以添加到时间轴中的任何帧上，通常分为以下几个步骤。

（1）选中需要添加ActionScript代码的影片剪辑元件实例或按钮元件实例。

（2）为实例命名，实例的名称必须为英文且不能和元件名称相同（具体可参照下面小节“变量”的命名原则）。

（3）打开“动作”面板添加需要的脚本代码即可。添加完成后会在时间轴面板最上方生成一个存储ActionScript代码的新图层。

**注意**

> 若要在另一个Flash项目中使用相同的特效代码时，必须将代码复制并粘贴到新项目文件中。

2. 采用include引入外部as文件

在制作Flash动画时，经常会碰到一段ActionScript特效多次运用的情况，这时可以将ActionScript代码创建成扩展名为.as的外部文件，运用include引入。使用include引入as文件的步骤如下：

（1）执行“文件”→“新建”命令（或按【Ctrl+N】组合键），在“新建文档”对话框中选择“ActionScript文件”类型，如图7-5所示。

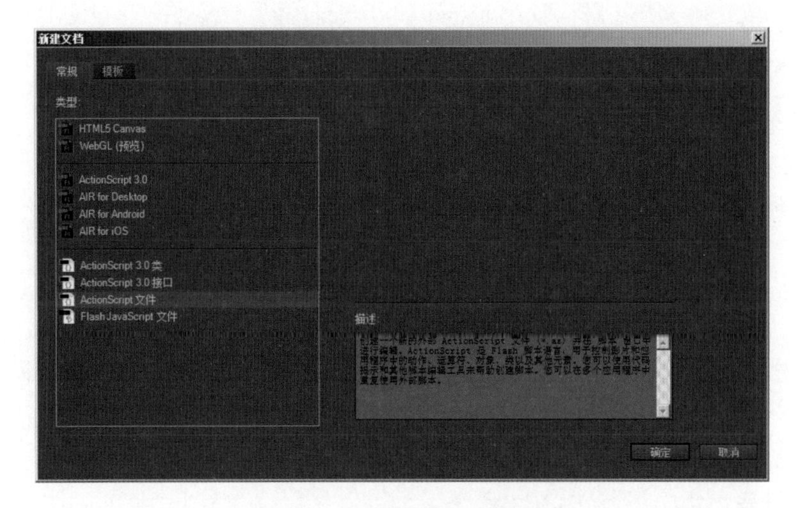


图7-5　“新建文档”对话框

（2）单击“确定”按钮，即可创建并打开新的脚本文件，如图7-6所示。在脚本文件中编写代码。

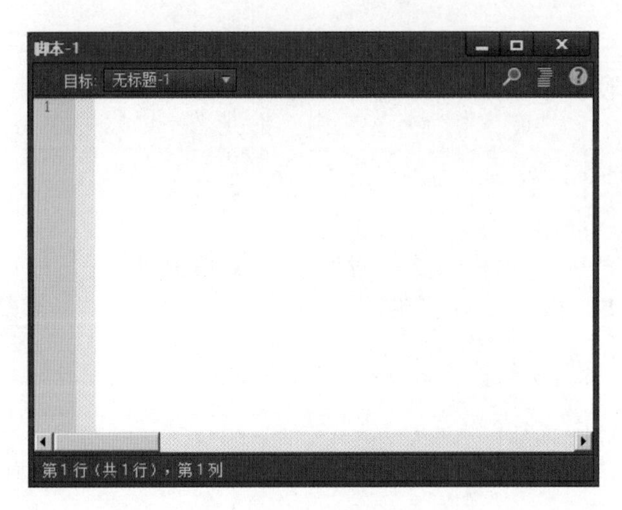


图7-6　类文件

（3）保存该文件时会以XXXX.as为扩展名进行命名。

（4）返回到扩展名为.fla的文件中，在第1帧中输入如下代码。即可将ActionScript特效添加到当前动画中。

```
include"XXXX.as"
```

在上面的代码中，XXXX.as为之前命名的源文件，该文件要和动画的.fla文件在同一层级目录下。

## 7.1.4　ActionScript 3.0基本语法

任何一门编程语言在编写代码时都要遵循一定的规则，这个规则就是语法。只有使用正确的语法来创建语句，才能使代码正确地编译和运行。下面针对ActionScript 3.0的基本语法进行具体讲解。

1．点语法

在ActionScript 3.0中，“.”运算符提供了对对象的属性和方法的访问。“.”运算符表达式以影片或对象的名称开始，中间为“.”运算符，结尾为要访问的属性或方法。

具体语法格式如下：

```
对象 . 属性
对象 . 方法 ()
```

例如，要定义影片剪辑元件实例my_mc在舞台上的*X*轴位置，就可以写为my_mc.X，其中“X”表示影片剪辑元件在舞台上的*X*轴位置。

“.”运算符的另一个作用是相当于路径。例如，submit是名称为form的影片剪辑中设置的变量，该影片剪辑实例又嵌套在名称为shoppingCart的影片中，则表达式shoppingCart.form.submit=true意为将form中的submit变量设置为true。

2．标点符号

1）分号

“;”通常用来终止语句，ActionScript 3.0的语句以分号字符结束。例如：

```
var a:int = 2;
var b:int = 3;
```

值得一提的是，使用分号终止语句可使单个行中放置多条语句，但这样会使代码难以阅读。

2）逗号

“,”主要用于分隔参数，如函数的参数和方法的参数等。例如：

```
trace(1,2,3);
```

在上面的示例代码中，“trace”意为“输出”，按【Ctrl+Enter】组合键即可将脚本代码的运行结果展示到“输出”面板上，如图7-7所示。

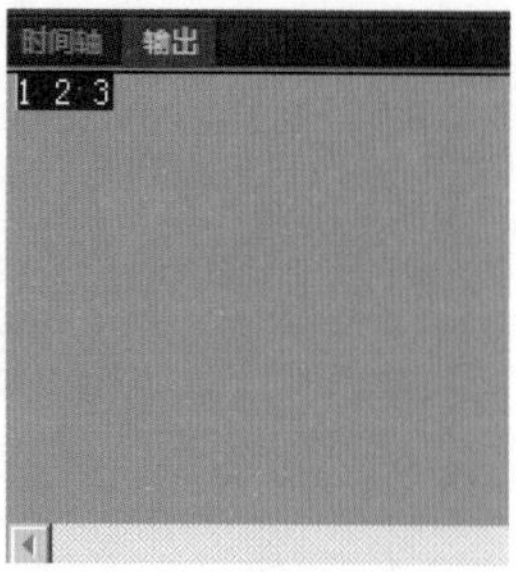

3）冒号

“:”主要用于为变量指定数据类型。要为一个变量指定数据类型需要使用var关键字和后面加冒号的方法为其指定。例如：

```
var a:int;
```

在上面的示例代码中，表示将变量a指定为整数（int）类型。

图7-7 “输出”面板

4）小括号

在 ActionScript 3.0 中，可以通过3种方式来使用小括号“( )”。

（1）在数学运算方面，可以使用小括号更改表达式中的运算顺序，组合到小括号中的运算总是最先执行。例如：

```
trace(2 + 3 * 4);
trace((2 + 3) * 4);
```

在上述代码中，第一行输出的结果为14，第二行输出的结果为20。

（2）在表达式运算方面，可以结合使用小括号和逗号运算符“,”，优先计算一系列表达式的结果，并返回最后一个表达式的结果。例如：

```
var c:int = 2;
var d:int = 3;
trace((c+d)*c,c*d);
```

在上述代码中，输出结果为10和6

（3）可以使用小括号向函数或方法传递一个或多个参数。例如：

```
trace("hello");
```

5）中括号

中括号“[]”主要用于数组的定义和访问。例如：

```
var arr:Array = [1,2,3];
```

6）大括号

大括号“{}”又称“花括号”，主要用于编程语言的程序控制、函数和类中，在构成控制结构的每个语句前后添加大括号，对代码进行分块处理。例如：

```
var i:int;
if(i==1){
  trace(i);
}
```

在上面的示例代码中，用于指定满足条件后需要执行的语句。

3. 注释

注释是使用一些简单易懂的语言对代码进行解释，在ActionScript 3.0中可添加两种类型的注释，分别为单行注释和多行注释。

（1）单行注释：以两个正斜杠字符“//”开头，后面的都为注释文本。例如：

```
trace("123");// 输出：123
```

（2）多行注释：以一个正斜杠和一个星号“/*”开头，以一个星号和一个正斜杠“*/”结尾。例如：

```
/* 这是一个可以跨
行的多行注释 */
```

4. 字母大小写

ActionScript 3.0是一种区分大小写的脚本语言，大小写不同的标识符会被视为不同。例如，下面的代码用于创建两个不同的变量。

```
var num1:int;
var Num1:int;
```

5. 保留字与关键字

“保留字”是一些单词，只能由ActionScript 3.0使用，不能在代码中将它们用作标识符，否则编译器会报错，关键字属于保留字。在ActionScript 3.0中，保留字分为三类，分别为词汇关键字、句法关键字和供将来使用的保留字。

1）词汇关键字

词汇关键字是ActionScript 3.0编程语言中作为关键字使用的，具体如表7-1所示。

表7-1　词汇关键字

| as | break | case | catch | class | const |
|---|---|---|---|---|---|
| continue | default | delete | do | else | extends |
| false | finally | for | function | if | implements |

续表

| import | in | instanceof | interface | internal | is |
|---|---|---|---|---|---|
| native | new | null | package | private | protected |
| public | return | super | switch | this | throw |
| to | true | try | typeof | use | var |
| void | while | with | | | |

2）句法关键字

句法关键字可用作标识符，但是在某些上下文中具有特殊的含义，具体如表7-2所示。

表7-2　句法关键字

| each | get | set | namespace | include | dynamic |
|---|---|---|---|---|---|
| final | native | override | static | | |

3）供将来使用的保留字

这些标识符不是为ActionScript 3.0保留的，但是其中的一些可能会被采用ActionScript 3.0的软件视为关键字。可以在代码中使用其中的标识符，但是建议不要使用这些标识符，因为它们可能在未来版本的语言中作为关键字，具体如表7-3所示。

表7-3　供将来使用的保留字

| abstract | boolean | byte | cast | char | debugger |
|---|---|---|---|---|---|
| double | enum | export | float | goto | intrinsic |
| long | prototype | short | synchronized | throws | to |
| transient | type | virtual | volatile | | |

6. 变量

变量是程序编辑中重要的组成部分，用于对所需的数据资料进行暂时存储。当对变量进行操作时，变量的值会发生改变，下面针对变量的相关知识进行详细讲解。

1）变量名

变量名通常是一个单词或几个单词构成的字符串，也可以是一个字母。为变量命名时要尽可能地为其指定一个有意义的名称，变量命名规则如下。

（1）必须以字母或下画线开头，中间可以是数字、字母或下画线。

（2）变量名不能包含空格。

（3）不能使用ActionScript 3.0中的关键字作为变量名。

（4）在它的作用范围内必须是唯一的。

2）变量的数据类型

ActionScript 3.0中的数据类型分为两类，分别为简单数据类型（Boolean、Int、Null、Number、String、Uint）和复杂数据类型（Void、Object、Array、MovieClip）。

（1）Boolean：Boolean 代表布尔型，是一个用来表示真假的数据类型，包含两个值：true 和 false。对于 Boolean 类型的变量，其他任何值都是无效的。如果声明一个Boolean型的变量但是没有给它赋值那么这个变量的默认值为false。

（2）Int、Number和Uint：这3个变量均是针对数字进行取值的，其中Int代表32位有符号整数，Number代表整数、无符号整数、浮点数，Uint代表32位无符号整数，虽然这三个变量均是针对数字进行取值，但在取值范围上会有所差异，在使用时需注意以下几点。

① 如果定义的变量不使用小数，那么使用Int数据类型代替Number数据类型会更快更高效。

② 若只处理正整数或与颜色相关的数值时，应优先使用Uint。

③ 若处理整数值时，可使用Int和Uint，若整数值有正、负之分，则使用Int。

④ 若处理涉及小数点的数值，应使用Number。

（3）Null：Null 数据类型为空型，仅包含一个值：null。这意味着没有值，即缺少数据。在很多情况下，null可以指定某个属性或变量尚未赋值。

（4）String：String 代表字符串型，该数据类型表示一个16 位字符的序列，可以由字母、数字和符号组成。用 String 数据类型声明的变量的默认值是 null。为该变量类型赋值时，应在值的前后增加英文双引号或单引号。

（5）Void：Void 数据类型仅包含一个值：undefined。它主要用来在函数定义中指示函数不返回值。

（6）Object：Object数据类型是一系列属性或方法的集合，并将该属性或方法应用于指定的对象。ActionScript 3.0 中的 Object 数据类型与早期版本中的 Object 数据类型存在以下3方面的区别。

① Object 数据类型不再是指定给没有类型注释的变量的默认数据类型。

② Object 数据类型不再包括 undefined 这一值。

③ 在 ActionScript 3.0 中，Object 类实例的默认值是 null。

定义Object类型对象的具体方法如下。

```
var obj1: Object=new Object();// 新建一个空对象
var obj2: Object={};        // 新建一个空对象，大括号内可直接写入自定义的属性或方法
```

（7）Array：Array是ActionScript中常用的变量类型，称为数组变量类型。在编程的过程中，为了存储具有共同特性的变量，可使用数组进行存储。声明数组的方式如下。

```
var aa: Array=new Array();
```

或：

```
var aa: Array= Array[];
```

（8）MovieClip：MovieClip即影片剪辑，它是Flash中可以播放动画的元件，并且也是一个数据类型，被认为是构成Flash应用的最核心元素。

3）声明变量

变量必须先声明后使用，否则编译器就会报错。在 ActionScript 3.0中，使用 var 关键字声明变量，语法格式如下：

```
var 变量名：数据类型；
```

变量名加冒号加数据类型就是声明变量的基本格式。若要声明初始值，需要加上一个等号并在其后输入相应的值，语法格式如下：

```
var 变量名：数据类型 = 值；
```

需要注意的是，值的类型必须和前面的数据类型一致。

4）变量的作用域

变量的作用域是指可以使用或引用该变量的范围。通常按照其作用域的不同可分为全局变

量和局部变量。

（1）全局变量：指在函数或者对象之外定义的变量，可以在整个代码的任何位置产生作用。

（2）局部变量：指在特定过程或函数中可以访问的变量。如果用于局部变量的变量名已经被声明为全局变量，那么当局部变量在作用域内时，局部定义会隐藏（或遮蔽）全局定义，全局变量在该函数外部仍然存在。

7. 常量

常量是指固定不变的量，是一种特殊的变量。ActionScript 3.0 中增加了const关键字，用来创建常量，在创建常量的同时，需为常量进行赋值，常量的创建格式如下：

```
const 常量名：数据类型 = 常量值；
```

定义常量时只能为常量赋值一次。

## 7.2 【任务14】天气预报动画

通过Flash软件可制作出各种有关天气的动画效果，例如下雨、下雪、刮风、阳光明媚等动态效果。本任务是制作下雨天的动画效果。通过本任务的学习，读者可以掌握运算符、表达式、流程控制以及影片播放控制等语句的使用方法。

### 7.2.1 知识储备

1. 运算符

运算符是程序执行特定算术或逻辑操作的符号，用于执行程序代码运算。ActionScript 3.0 中的运算符主要包括算术运算符、逻辑运算符、关系运算符、位运算符、赋值运算符和条件运算符等，具体介绍如下。

1）算术运算符

算术运算符用于连接运算表达式，主要包括加“+”、减“-”、乘“*”、除“/”、取模“%”、自增“++”、自减“--”等运算符，常用的算术运算符及其描述如表7-4所示。

表7-4 算术运算符

| 算术运算符 | 描　述 |
|---|---|
| + | 加运算符 |
| - | 减运算符 |
| * | 乘运算符 |
| / | 除运算符 |
| % | 取余数 |
| ++ | 自增运算符。该运算符有i++（在使用i之后，使i的值加1）和++i（在使用i之前，先使i的值加1）两种 |
| -- | 自减运算符。该运算符有i--（在使用i之后，使i的值减1）和--i（在使用i之前，先使i的值减1）两种 |

例如：

```
var a:Number=2;
var b:Number=3;
trace(a+b);
trace(a-b);
trace(a*b);
trace(a/b);
trace(a%b);
a--;
trace(a);
b++;
trace(b);
```

按【Ctrl+Enter】组合键测试影片后，“输出”面板的结果如图7-8所示。

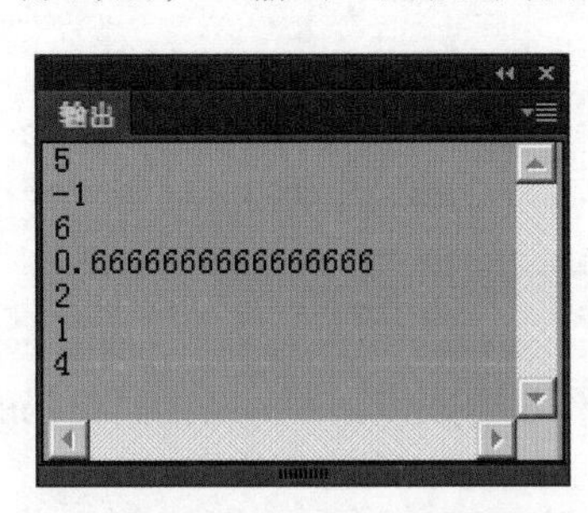


图7-8　“输出”面板

2）逻辑运算符

逻辑运算符是根据表达式的值来返回真值或者假值。常用的逻辑运算符及其描述如表7-5所示。

表7-5　逻辑运算符

<table>
<tr><th>逻辑运算符</th><th>描　　述</th></tr>
<tr><td>&&</td><td>逻辑与，只有当两个操作数a、b的值都为true时，a&&b的值才为true；否则为false</td></tr>
<tr><td>||</td><td>逻辑或，只有当两个操作数a、b的值都为false时，a||b的值才为false；否则为true</td></tr>
<tr><td>!</td><td>逻辑非，!true的值为false，而!false的值为true</td></tr>
</table>

3）关系运算符

关系运算符在逻辑语句中使用，用于判断变量或值是否相等。其运算过程需要首先对操作数进行比较，然后返回一个布尔值true或false。常用的关系运算符及其描述如表7-6所示。

表7-6　关系运算符

| 关系运算符 | 描　　述 |
|---|---|
| < | 小于 |
| > | 大于 |
| <= | 小于或等于 |
| >= | 大于或等于 |
| = = | 等于。只根据表面值进行判断，不涉及数据类型。例如："27"= =27的值为true |

续表

| 关系运算符 | 描　　述 |
| --- | --- |
| === | 绝对等于。同时根据表面值和数据类型进行判断。例如："27"===27的值为false |
| != | 不等于。只根据表面值进行判断，不涉及数据类型。例如："27"!=27的值为false |
| !== | 不绝对等于。同时根据表面值和数据类型进行判断。例如："27"!==27的值为true |

4）位运算符

位运算符是供数字进行快速、低阶运算的字符，ActionScript 3.0中的位运算符及其描述如表7-7所示。

表7-7　位运算符

| 位运算符 | 描　　述 | 位运算符 | 描　　述 |
| --- | --- | --- | --- |
| & | 按位与 | << | 位左移 |
| \| | 按位或 | >> | 位右移 |
| ^ | 按位异或 | >>> | 位无符号右移 |

5）赋值运算符

赋值运算符用于对变量或常量进行赋值，以此来提高代码的执行效率。常用的赋值运算符及其描述如表7-8所示。

表7-8　赋值运算符

| 赋值运算符 | 描　　述 |
| --- | --- |
| = | 将右边表达式的值赋给左边的变量。例如：username="name" |
| += | 将运算符左边的变量加上右边表达式的值赋给左边的变量。例如：a+=b，相当于a=a+b |
| -= | 将运算符左边的变量减去右边表达式的值赋给左边的变量。例如：a-=b，相当于a=a-b |
| *= | 将运算符左边的变量乘以右边表达式的值赋给左边的变量。例如：a*=b，相当于a=a*b |
| /= | 将运算符左边的变量除以右边表达式的值赋给左边的变量。例如：a/=b，相当于a=a/b |
| %= | 将运算符左边的变量用右边表达式的值求模，并将结果赋给左边的变量。例如：a%=b，相当于a=a%b |

6）条件运算符

条件运算符是一个三元运算符，其语法格式如下：

```
条件表达式？表达式1：表达式2
```

若条件表达式的值为true，则执行“表达式1”，否则执行“表达式2”。

2．表达式

运算符与运算对象的组合称为表达式。表达式的值可以是任何有效的ActionScript数据类型，如boolean、number、string或object等。一个表达式本身可以很简单，如一个数字或者变量。另外，它还可以包含许多连接在一起的变量关键字以及运算符。

3．流程控制语句

语句是在运行时执行或指定动作的语言基础，在ActionScript 3.0中常用的流程控制语句有条件语句和循环语句。

1）if条件判断语句

if条件语句是最基本、最常用的条件控制语句。通过判断条件表达式的值为true或者false，来确定是否执行某一条语句。主要包括单向判断语句、双向判断语句和多向判断语句，具体讲解如下：

（1）单向判断语句。单向判断语句是结构最简单的条件语句，如果程序中存在绝对不执行某些指令的情况，就可以使用单向判断语句，其语法格式如下：

```
if(执行条件){
    执行语句
}
```

在上面的语法结构中，if可以理解为“如果”，小括号“()”内用于指定if语句中的执行条件，大括号“{}”内用于指定满足执行条件后需要执行的语句。单向判断语句的执行流程如图7-9所示。

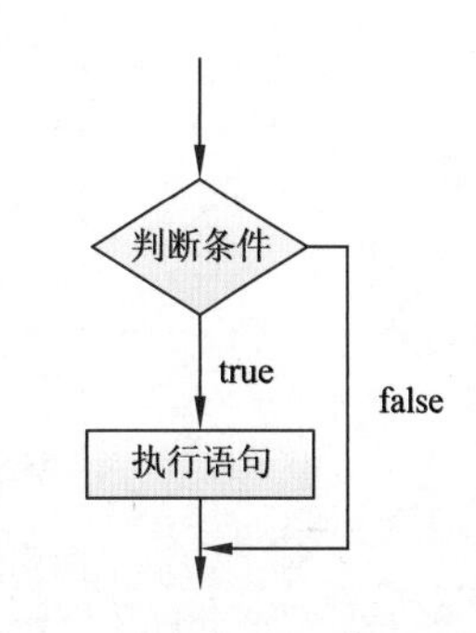

图7-9　单向判断语句执行流程

（2）双向判断语句。双向判断语句是if条件语句的基础形式，只是在单向判断语句基础上增加了一个从句，其基本语法格式如下：

```
if(执行条件){
  执行语句 1
}else{
  执行语句 2
}
```

双向判断语句的语法格式和单向判断语句类似，只是在其基础上增加了一个else从句。表示如果条件成立则执行“语句1”，否则，则执行“语句2”。

双向判断语句的执行流程如图7-10所示。

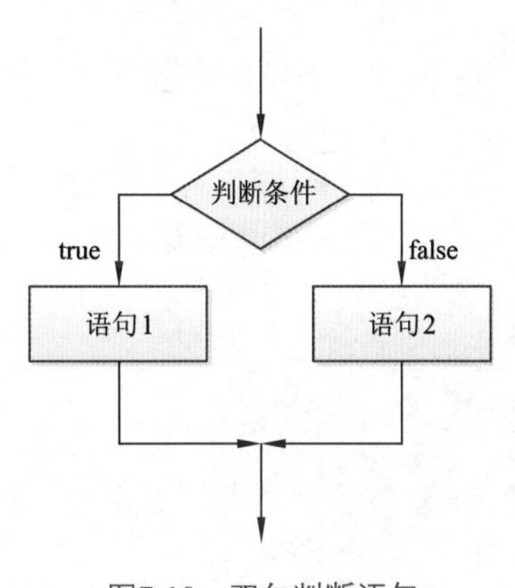

图7-10　双向判断语句

（3）多向判断语句。多向判断语句是根据表达式的结果判断一个条件，然后根据返回值做进一步的判断，其基本语法格式如下：

```
if(执行条件 1){
  执行语句 1
}
else if(执行条件 2){
  执行语句 2
}
else if(执行条件 3){
  执行语句 3
}
…
```

在多向判断语句的语法中，通过else if语句可以对多个条件进行判断，并且根据判断的结果执行相关的语句。多向判断语句的执行流程如图7-11所示。

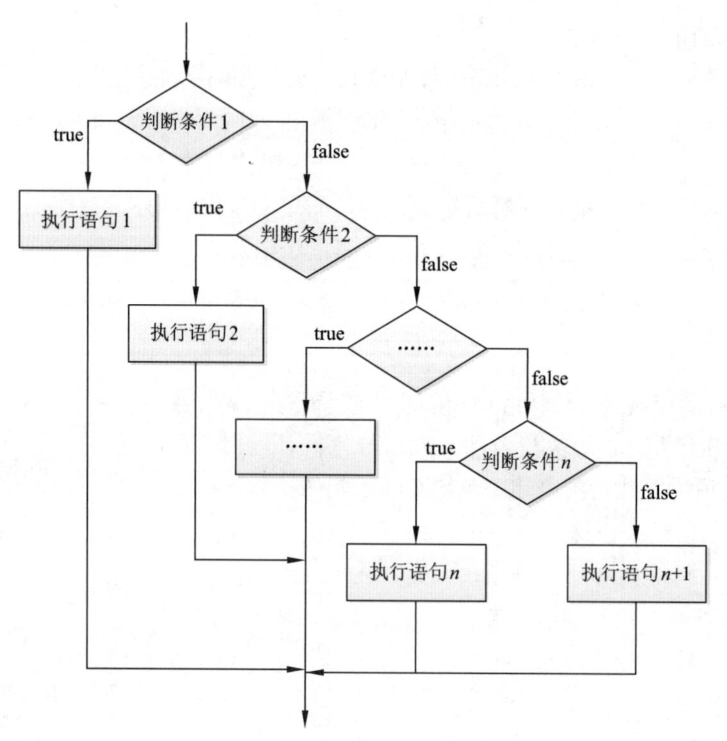


图7-11 多向判断语句执行流程

2）switch语句

switch语句是典型的多路分支语句，其作用与if语句类似，但比if语句更具有可读性和灵活性。另外，switch语句允许在找不到匹配条件的情况下执行默认的一组语句。其基本语法格式如下：

```
switch(表达式){
    case 目标值1:
        执行语句 1
        break;
    case 目标值2:
        执行语句 2
        break;
    …
    case 目标值n:
        执行语句 n
        break;
    default:
        执行语句 n+1
        break;
}
```

在上面的语法结构中，switch语句将表达式的值与每个case中的目标值进行匹配，如果找到了匹配的值，就执行case后对应的执行语句，如果没找到任何匹配的值，就执行default后的执行语句。关于break关键字，初学者只需要知道break的作用是跳出switch语句即可。

3）for循环

for 循环用于循环访问某个变量以获得特定范围的值。必须在 for 语句中提供3个表达式：一个设置了初始值的变量，一个用于确定循环何时结束的条件语句，以及一个在每次循环中都更改变量值的表达式。

for循环语句又称计次循环语句，一般用于循环次数已知的情况，其基本语法格式如下：

```
for(初始化表达式; 循环条件; 操作表达式){
    循环体语句;
}
```

在上面的语法结构中，for关键字后面()中包括了三部分内容：初始化表达式、循环条件和操作表达式，它们之间用“;”分隔，{}中的执行语句为循环体。

接下来分别用①表示初始化表达式、②表示循环条件、③表示操作表达式、④表示循环体，通过序号来具体分析for循环的执行流程。具体如下：

```
for(① ; ② ; ③){
    ④
}
```

第一步：执行①；

第二步：执行②，如果判断结果为true，执行第三步，如果判断结果为false，执行第五步；

第三步：执行④；

第四步：执行③，然后重复执行第二步；

第五步：退出循环。

4）while 循环

while语句是最基本的循环语句，其基本语法格式如下：

```
while(循环条件){
    循环体语句;
}
```

在上面的语法结构中，{}中的执行语句称为循环体，循环体是否执行取决于循环条件。当循环条件为true时，就会执行循环体。循环体执行完毕时会继续判断循环条件，如条件仍为true则会继续执行，直到循环条件为false时，整个循环过程才会结束。while循环语句的执行流程如图7-12所示。

5）do…while循环

do…while循环语句又称后测试循环语句，它也是利用一个条件来控制是否要继续执行该语句，其基本语法格式如下：

```
do {
    循环体语句;
} while(循环条件);
```

在上面的语法结构中，关键字do后面{}中的执行语句是循环体。do…while循环语句将循环条件放在了循环体的后面。这也就意味着，循环体会无条件执行一次，然后再根据循环条件来决定是否继续执行。do…while循环的执行流程如图7-13所示。

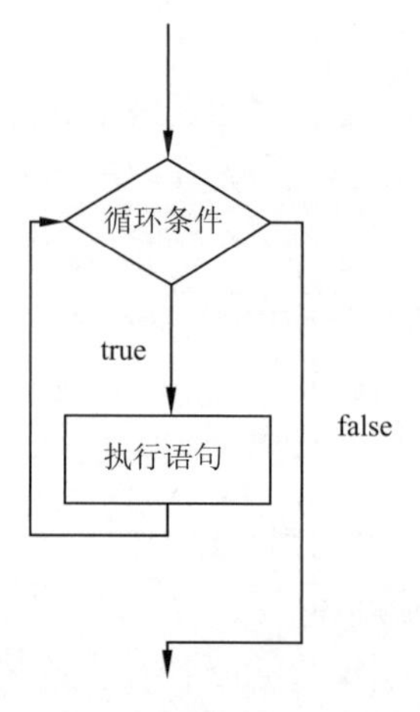


图7-12　while循环执行流程

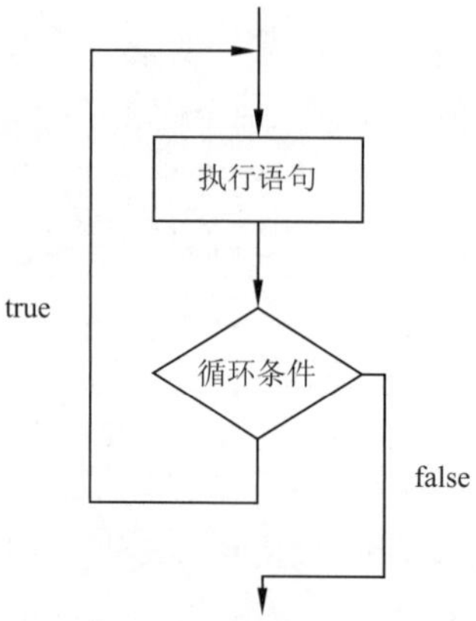

图7-13　do…while循环的执行流程

4. 影片播放控制命令

在播放Flash动画时，通过影片播放控制命令可以对Flash动画进行简单的播放和控制。常用命令如下所示：

（1）stop：使影片停止在当前时间轴的当前帧中。

（2）play：使影片从当前帧开始继续播放。

（3）gotoAndStop：跳转到用帧标签或帧编号指定的某一特定帧并停止。

（4）gotoAndPlay：跳转到用帧标签或帧编号指定的某一特定帧并继续播放。

（5）nextFrame：使影片转到下一帧并停止。

5. 对象的基本属性

在舞台上显示的对象都有各自的属性，如位置、大小、透明度等。在ActionScript脚本语言中，会通过标记对这些对象属性进行匹配，并通过脚本代码设置对象属性。其中常用的对象属性如表7-9所示。

表7-9　常用对象属性

| 属　　性 | 含　　义 |
|---|---|
| x | 横坐标 |
| y | 纵坐标 |
| width | 宽度 |
| height | 高度 |
| scaleX | 横向缩放比例 |
| scaleY | 纵向缩放比例 |
| mouseX | 鼠标相对于当前显示对象注册点之间的水平距离 |
| mouseY | 鼠标相对于当前显示对象注册点之间的垂直距离 |
| rotation | 旋转角度 |
| alpha | 不透明度 |
| mask | 遮罩 |
| stage | 舞台 |

6．添加和删除显示对象

对象只有放置在舞台上才能表现出要实现的效果，这里的舞台可以称作容器，主要用来存储和显示要显示的对象。在ActionScript中，运用addChild()和removeChild()添加或删除现实对象，具体解释如表7-10所示。

表7-10　添加和删除显示对象的方法

| 方　法 | 含　义 | 方　法 | 含　义 |
|---|---|---|---|
| addChild() | 添加显示对象 | removeChild() | 删除显示对象 |

7．随机数

随机数在Flash中的应用非常广泛。在ActionScript 3.0中，使用Math对象的random方法，即Math.random()产生随机数。该方法用于返回一个大于或等于0并且小于1的随机浮点数。例如：

```
trace(Math.random()*10+1)                /* 输出一个 1~11 之间的随机数 */
```

## 7.2.2　任务分析

在制作天气预报动画时，可以从动画的背景、动画效果和文字内容等方面进行分析。

1．动画背景

本动画的主题为天气预报，可选用一张风景素材图片充当背景。

2．动画效果

由于本任务为制作下雨效果动画，因此需展现出单个雨滴的动画效果进而实现整个画面的动画效果。

（1）单个雨滴动画：通过线条工具和椭圆工具绘制图形，然后创建传统补间动画。

（2）整个画面动画：绘制好单个雨滴的动画效果后，通过代码实现整个画面的下雨效果。

3．文字内容

通过文本工具添加文字内容，并通过属性面板设置文字的显示样式。

## 7.2.3　任务实现

Step 01 打开Flash CC软件，按【Ctrl+N】组合键打开“新建文档”对话框。在其左侧选择ActionScript 3.0类型，在右侧的参数面板中设置宽度为550像素，高度为400像素，帧频为24 fps，背景颜色为黑色，单击“确定”按钮创建一个空白的Flash动画文档。

Step 02 将图层1命名为“背景”，执行“文件”→“导入”→“导入到舞台”命令，将背景图导入到舞台中，如图7-14所示。

图7-14　背景

Step 03 执行“插入”→“新建元件”命令（或按【Ctrl+8】组合键），弹出“创建新元件”对话框，参数设置如图7-15所示，单击“确定”按钮。

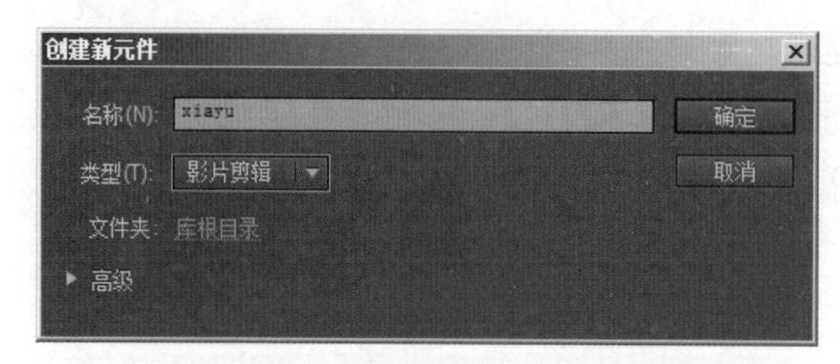


图7-15 “创建新元件”对话框

Step 04 选择“线条工具”，设置笔触颜色为白色，笔触大小为0.5，在元件编辑区域绘制一条线段，位置如图7-16所示。选中图形后，按【F8】键，弹出“转换为元件”对话框，参数设置如图7-17所示，单击“确定”按钮。

图7-16 雨滴

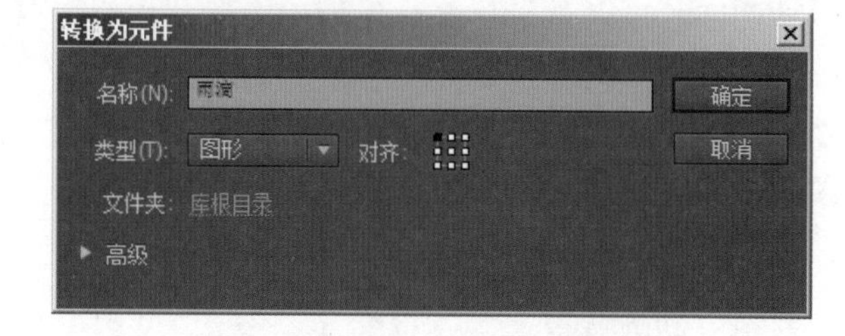


图7-17 “转换为元件”对话框

Step 05 在时间轴上第25帧处插入关键帧，选中该帧处的线条，将其向左下方移动一定距离（可借助标尺与参考线向左移动约230像素，向下移动约600像素），移动的竖直距离即为雨滴从天空落到地面的距离。然后在第1帧与第25帧间创建传统补间动画。

Step 06 新建“图层2”，并将其拖动到“图层1”的下方，在第25帧处插入空白关键帧，选择“椭圆工具”，设置填充为无，笔触色为白色，笔触大小为1，在线条下方绘制图7-18所示的椭圆。在时间轴中选中第25帧，向右移动一帧的距离至第26帧。选中该椭圆，按【F8】键，弹出“转换为元件”对话框，参数设置如图7-19所示，单击“确定”按钮。

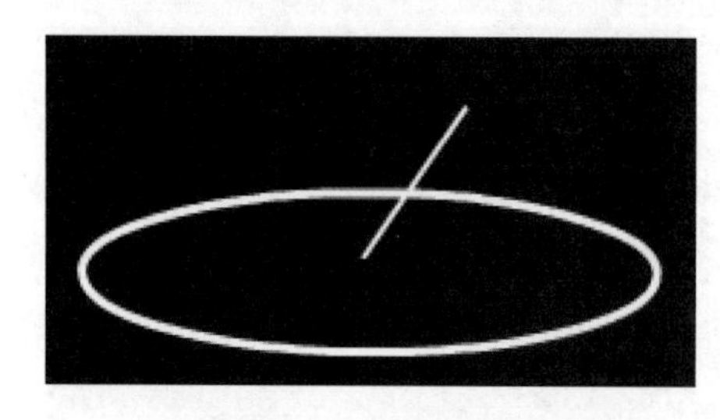

图7-18 绘制椭圆

图7-19 参数设置

Step 07 在第35帧处插入关键帧，选中椭圆后通过“任意变形工具”，将图形适当放大（雨滴与涟漪的大小未给出具体尺寸，可通过测试影片时结合背景图查看效果，若不合适可在影片剪辑中进行调整），在第26帧与35帧间创建传统补间动画。

Step 08 打开“库”面板，右击影片剪辑元件“xiayu”，在弹出的快捷菜单中选择“属性”命令，弹出“元件属性”对话框，单击“高级”按钮，勾选“为ActionScript导出”复选框，如图7-20所示，然后单击“确定”按钮。

Step 09 返回主场景，新建一个图层命名为“特效”，选中该层的第1帧，然后执行“窗口”→“动作”命令（或按【F9】键），打开“动作”面板，添加如下代码。此时即可实现下雨效果。

```
1  //添加 for 循环用于控制雨滴的密集度，i 的值越大越密集
2  for(var i=0;i<100;i++) {
3       //创建显示对象
4       var xiayu_mc=new xiayu();
5       //设置雨滴横向显示范围，0~700 像素
6       xiayu_mc.x=Math.random() * 700;
7       //跳转到 1~35 帧间进行播放，35 的数值和雨点影片剪辑元件帧数相对应
8       xiayu_mc.gotoAndPlay(int(Math.random()*35)+1);
9       //设置下雨效果的不透明度、缩放大小均在 0.3~1 之间
10      xiayu_mc.alpha=xiayu_mc.scaleX=xiayu_mc.scaleY=Math.random()*0.7+0.3;
11      //在舞台中添加显示对象
12      stage.addChild(xiayu_mc);
13 }
```

Step 10 新建图层，命名为“文字”。选择“文本工具”T，设置字体为“苹方”，样式为“粗体”，颜色为白色，输入文字内容，并适当调整大小，如图7-21所示。

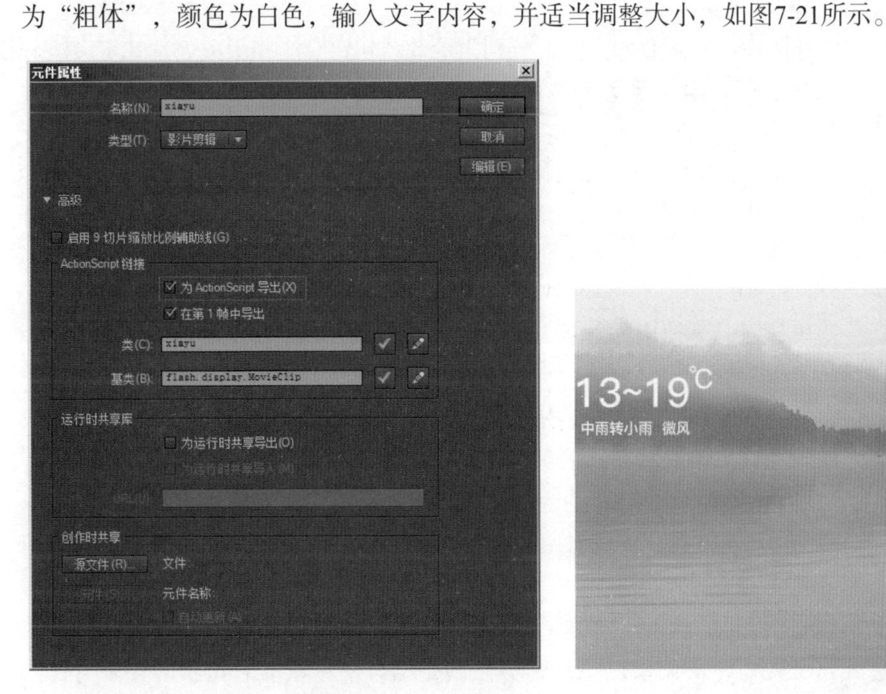


图7-20　参数设置

图7-21　添加文字

Step 11 按【Ctrl+Enter】组合键测试影片。

Step 12 按【Ctrl+S】组合键，将文件命名后保存在指定位置。

Step 13 执行“文件”→“导出”→“导出影片”命令（或按【Ctrl+Shift+Alt+S】组合键）导出SWF格式的文件。

# 7.3【任务15】按钮控制动画播放

在Flash动画中，按钮是实现人机交互的基本元素。通过为按钮添加脚本代码，可以实现对动画的一些基本控制操作。本任务是制作按钮控制动画的播放与暂停效果。通过本任务的学习，读者可以掌握有关函数的相关知识以及事件的添加方法。

## 7.3.1 知识储备

1. 函数

在ActionScript程序编写中，经常会遇到需要多次重复操作的情况，这时就需要重复书写相同的代码，这样不仅加重了开发人员的工作量，而且增加了代码后期维护的困难。为此，ActionScript提供了函数，函数的准确定义为执行特定任务，并可以在程序中重用的代码块。下面，将针对函数的相关知识进行讲解。

1）函数的定义

在ActionScript 3.0中有两种定义函数的方法，分别为函数语句定义法和函数表达式定义法。

（1）函数语句定义法。函数语句定义法是程序语言中基本类似的定义方法，通常使用关键字function来定义，其语法格式如下：

```
function 函数名 (参数1:参数类型，参数2:参数类型，……):返回类型{
    函数体
}
```

对上述语法格式的解释如下：

① function：在声明函数时必需使用的关键字，以小写字母开头。

② 函数名：定义函数的名称。

③ 小括号：定义函数必需的格式，小括号内的参数和参数类型都可选。

④ 参数1/参数2：代表外界传递给函数的值。

⑤ 返回类型：定义函数的返回类型也是可选的，冒号和返回类型必须成对出现。

⑥ 大括号：定义函数的必须格式，要成对出现，括起来的是函数定义的程序内容，是调用函数时执行的代码。

⑦ 函数体：指在函数运行时的执行语句。

（2）函数表达式定义法。定义函数的第二种方法就是结合使用赋值语句和函数表达式，函数表达式又称函数字面值或匿名函数。这是一种较为繁杂的方法，在早期的 ActionScript 版本中广为使用。其语法格式如下：

```
var 函数名:Function=function(参数1:参数类型，参数2:参数类型，……):返回类型{
    函数体
}
```

对上述语法格式的解释如下：

① var：定义函数的关键字，以小写字母开头。

② Function：指示定义数据类型是Function类，开头字母需大写。

③ =：赋值运算符。

④ function：定义函数的关键字，指明定义的是函数。

对于上述两种方法，推荐使用函数语句定义法，除非在特殊情况下要求使用表达式。函数语句较为简洁，而且与函数表达式相比，更有助于保持严格模式和标准模式的一致性。

2）函数的调用

函数定义后并不会自动执行，而是需要在特定的位置调用函数，函数的功能才能够实现。对于没有参数的函数，可以直接使用该函数的名字后跟小括号来调用。例如：

```
function NIHAO(){
    trace(" 你好！ ")
}
NIHAO();
```

在上面的示例代码中，定义了一个函数名为“NIHAO”的函数，用于输出“你好”，然后通过“NIHAO();”调用该函数，代码运行后的输出结果如图7-22所示。

图7-22　输出结果

2．鼠标事件

鼠标事件是指通过鼠标动作触发的事件。在ActionScript 3.0中统一使用MouseEvent类来管理鼠标事件，表7-11中列举出了几种常见的鼠标事件。

表7-11　鼠标事件

| 事　　件 | 含　　义 | 事　　件 | 含　　义 |
|---|---|---|---|
| CLICK | 定义鼠标单击事件 | MOUSE_OVER | 定义鼠标移过事件 |
| DOUBLE_ CLICK | 定义鼠标双击事件 | MOUSE_UP | 定义鼠标抬起事件 |
| MOUSE_DOWN | 定义鼠标按下事件 | MOUSE_WHEEL | 定义鼠标滚轮滚动事件 |
| MOUSE_MOVE | 定义鼠标移动事件 | ROLL_OUT | 定义鼠标滑入事件 |
| MOUSE_OUT | 定义鼠标移出事件 | ROLL_OVER | 定义鼠标滑出事件 |

若要在类中定义鼠标事件，则需引入（import）Flash.events.MouseEvent类。添加鼠标事件的基本语法如下：

```
事件添加者.addEventListener(MouseEvent.鼠标事件，事件名称);
function 事件名称(事件:MouseEvent):void
{
   要执行的代码
}
```

对上述语法格式的解释如下：

（1）事件添加者：添加事件的目标对象，也就是按钮或影片剪辑实例的名称。

（2）addEventListener()：用于注册事件。

（3）MouseEvent：表示鼠标类时间。

（4）Function中的事件：一般用evt或event代替。

（5）void：用于定义函数的返回值undefined，是ActionScript 3.0的固定写法，不可省略。

3．键盘事件

键盘事件是Flash用户交互操作的重要事件，在ActionScript 3.0中统一使用KeyboarEvent类管理键盘事件，它包含两类键盘事件，如表7-12所示。

表7-12　键盘事件

| 事　件 | 含　义 | 事　件 | 含　义 |
| --- | --- | --- | --- |
| KEY_DOWN | 定义按下键盘事件 | KEY_UP | 定义释放键盘事件 |

在使用键盘事件时，要先获得它的焦点，如果不想指定焦点，可以直接把stage作为侦听的目标，事件的基本语法如下：

```
stage.addEventListener(KeyboarEvent.键盘事件，事件名称);
function 事件名称(事件:KeyboarEvent): void
{
    If(key.keyCode==键值){
        要执行的代码
    }
}
```

键盘事件的语法格式和鼠标事件的语法格式基本类似，不同的是在键盘事件中，有一段需要执行的固定代码“If(key.keyCode==键值)”用于侦听按下键盘的键码值。所谓的键码值指的就是把不同的按键翻译成相应的值，以便于操作系统进行处理。表7-13中列举了以下常用的按键和相应的键码值。

表7-13　键码值

<table>
<tr><th>按　键</th><th>键　码</th><th>按　键</th><th>键　码</th><th>按　键</th><th>键　码</th><th>按　键</th><th>键　码</th></tr>
<tr><td>A</td><td>65</td><td>J</td><td>74</td><td>S</td><td>83</td><td>1</td><td>49</td></tr>
<tr><td>B</td><td>66</td><td>K</td><td>75</td><td>T</td><td>84</td><td>2</td><td>50</td></tr>
<tr><td>C</td><td>67</td><td>L</td><td>76</td><td>U</td><td>85</td><td>3</td><td>51</td></tr>
<tr><td>D</td><td>68</td><td>M</td><td>77</td><td>V</td><td>86</td><td>4</td><td>52</td></tr>
<tr><td>E</td><td>69</td><td>N</td><td>78</td><td>W</td><td>87</td><td>5</td><td>53</td></tr>
<tr><td>F</td><td>70</td><td>O</td><td>79</td><td>X</td><td>88</td><td>6</td><td>54</td></tr>
<tr><td>G</td><td>71</td><td>P</td><td>80</td><td>Y</td><td>89</td><td>7</td><td>55</td></tr>
<tr><td>H</td><td>72</td><td>Q</td><td>81</td><td>Z</td><td>90</td><td>8</td><td>56</td></tr>
<tr><td>I</td><td>73</td><td>R</td><td>82</td><td>0</td><td>48</td><td>9</td><td>57</td></tr>
<tr><th>按　键</th><th>键　码</th><th>按　键</th><th>键　码</th><th>按　键</th><th>键　码</th><th>按　键</th><th>键　码</th></tr>
<tr><td>Backspace</td><td>8</td><td>Esc</td><td>27</td><td>right</td><td>39</td><td>-_</td><td>189</td></tr>
<tr><td>Tab</td><td>9</td><td>Spacebar</td><td>32</td><td>down</td><td>40</td><td>.></td><td>190</td></tr>
<tr><td>Clear</td><td>12</td><td>Page up</td><td>33</td><td>Insert</td><td>45</td><td>/?</td><td>191</td></tr>
<tr><td>Enter</td><td>13</td><td>Page down</td><td>34</td><td>Delete</td><td>46</td><td>`~</td><td>192</td></tr>
<tr><td>Shift</td><td>16</td><td>End</td><td>35</td><td>Num Lock</td><td>144</td><td>[{</td><td>219</td></tr>
<tr><td>Ctrl</td><td>17</td><td>Home</td><td>36</td><td>:;</td><td>186</td><td>\|</td><td>220</td></tr>
<tr><td>Alt</td><td>18</td><td>left</td><td>37</td><td>=+</td><td>187</td><td>]}</td><td>221</td></tr>
<tr><td>Caps Lock</td><td>20</td><td>up</td><td>38</td><td>,<</td><td>188</td><td>‘”</td><td>222</td></tr>
</table>

## 7.3.2 任务分析

本任务为通过按钮控制动画播放效果，因此可以从动画素材、控制效果、按钮样式等方面进行分析。

1. 动画素材

可选择简短的卡通动画。

2. 控制效果

单击播放按钮动画开始播放，单击停止按钮动画暂停播放，再次单击播放按钮动画可继续播放，直到播放完一遍为止。

3. 按钮样式

根据动画控制效果可知，本任务包含播放和停止两个按钮，根据动画需求，可设计为文字按钮，选择合适的字体，两个按钮的字体颜色需加以区分。

## 7.3.3 任务实现

Step 01 打开素材文件“动画素材.fla”，此素材为一个Flash动画。

Step 02 执行“插入”→“新建元件”命令（或按【Ctrl+F8】组合键），弹出“创建新元件”对话框，参数设置如图7-23所示，单击“确定”按钮。

Step 03 在按钮元件的编辑状态下，选择“文本工具”T，设置字体为“CODON”，大小为29磅，颜色为浅绿色（RGB：193、249、204），输入文字内容，如图7-24所示。

图7-23 “播放”按钮参数设置

图7-24 文字按钮

Step 04 执行“插入”→“新建元件”命令（或按【Ctrl+F8】组合键），弹出“创建新元件”对话框，参数设置如图7-25所示，单击“确定”按钮。

Step 05 在按钮元件的编辑状态下，选择“文本工具”T，设置字体为“CODON”，大小为29磅，颜色为浅红色（RGB：204、153、153），输入文字内容，如图7-26所示。

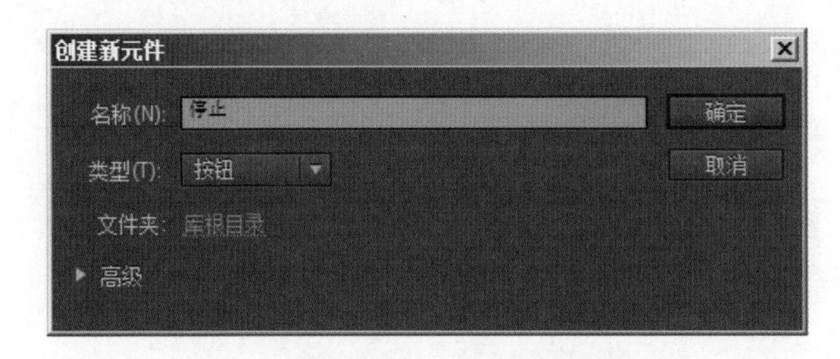


图7-25 “停止”按钮参数设置

图7-26 文字按钮

Step 06 返回主场景中，新建图层并将其命名为“按钮”。然后将“播放”按钮与“停止”按钮从“库”面板中拖动到舞台上，如图7-27所示。

图7-27　添加按钮

Step 07 选中舞台上的“播放”按钮，在“属性”面板中将它的实例名称设置为“play_btn”（不可与库中的名称相同），如图7-28所示。

Step 08 选中舞台上的“停止”按钮，在“属性”面板中将它的实例名称设置为“pause_btn”（不可与库中的名称相同），如图7-29所示。

图7-28　命名“播放”按钮

图7-29　命名“停止”按钮

Step 09 新建图层，将其命名为“代码”，选择该层的第1帧，然后执行“窗口”→“动作”命令（或按【F9】键），打开“动作”面板，添加如下代码。

```
1  //使影片停止在当前时间轴的当前帧中
2  stop();
3  //为播放按钮添加鼠标单击事件
4  play_btn.addEventListener(MouseEvent.CLICK, playMovie);
5  //为停止按钮添加鼠标单击事件
6  pause_btn.addEventListener(MouseEvent.CLICK, pauseMovie);
7  //创建播放侦听函数
8  function playMovie(evt:MouseEvent):void{
9     play();
10 }
```

```
11 //创建停止侦听函数
12 function pauseMovie(evt:MouseEvent):void{
13     stop();
14 }
```

Step 10 按【Ctrl+Enter】组合键测试影片。

Step 11 按【Ctrl+S】组合键，将文件命名后保存在指定位置。

Step 12 执行"文件"→"导出"→"导出影片"命令（或按【Ctrl+Shift+Alt+S】组合键）导出SWF格式的文件。

# 巩固与练习

一、判断题

1. 在Flash中，"动作"面板是专门用来编写程序的窗口。（　）

2. 在 ActionScript 3.0 中，单行注释以一个正斜杠和一个星号"/*"开头，以一个星号和一个正斜杠"*/"结尾。（　）

3. ActionScript 3.0是一种不用区分大小写的语言。（　）

4. 为变量命名时，必须以字母开头，中间可以是数字、字母或下画线。（　）

5. 在ActionScript 3.0中，使用Math对象的random属性，即Math.random()产生随机数。（　）

二、选择题

1. 下列选项中，对ActionScript 3.0中标点符号的描述正确的是（　）。

   A. ";"通常用来终止语句，ActionScript 3.0的语句以分号字符结束

   B. ","主要用于分隔参数

   C. ":"主要用于为变量指定数据类型。

   D. "{}"主要用于数组的定义和访问。

2. 下列选项中，属于逻辑运算符的是（　）。

   A. &&　　B. !=　　C. &　　D. |

3. 下列命令中，用于使影片停止在当前时间轴的当前帧中的是（　）。

   A. play　　B. stop　　C. gotoAndStop　　D. nextFrame

4. 下列属性中，用于设置舞台对象旋转角度的是（　）。

   A. alpha　　B. scaleX　　C. mask　　D. rotation

5. 下列语句中，被称为后测试循环语句的是（　）。

   A. do…while　　B. while　　C. for　　D. switch

# 第 8 章

# 电子相册综合项目

| 知识学习目标 | ☑ 认识电子相册，熟悉电子相册的制作流程和优点。<br>☑ 掌握电子相册的制作方法，能够运用Flash完成电子相册的制作。 |
| --- | --- |

在深入学习了前面7章的知识后，相信读者已经熟练掌握了应用Flash制作动画的基本技巧。为了及时有效地巩固所学的知识，本章将运用前面所学的基础知识制作一个综合项目——电子相册。

# 8.1 电子相册概述

随着智能手机的普及，越来越多的人喜欢用拍照这种方式来记录生活。过去照片都冲洗出来制作成厚厚的影集供人们追忆美好时光。在计算机普及和计算机技术飞速发展的今天这种方式已经发生彻底的改变，人们有了更好的选择——制作电子相册。本节将从电子相册的制作流程、优点带领大家详细了解电子相册。

## 8.1.1　认识电子相册

电子相册是指可以在计算机上观赏的区别于视频文件的特殊文档，其内容不局限于摄影照片，也可以包括各种艺术创作图片。通过制作软件将这些静态的图片连续展示出来，就形成一个电子相册，图8-1~图8-3所示为电子相册的部分截图。

图8-1　电子相册1

图8-2　电子相册2

图8-3　电子相册3

## 8.1.2　电子相册制作流程

在电子相册的制作过程中，主要包括获取素材、处理素材、制作相册等几个流程。

1. 获取素材

制作电子相册首先要获得数字化的图片，即图片文件。用数字照相机或智能手机拍摄，可以直接得到电子图片文件。如果是游戏画面或视频画面，可采用截屏工具获得图片。

2. 处理素材

在获取数字化的图片后，还要对图片进行相应的处理，使图片更加精美，符合电子相册的尺寸设计要求。通常处理素材可以运用Photoshop等图像处理软件。

3. 制成相册

最后使用电子相册制作软件将处理后的图片制作成电子相册。本项目使用Flash完成电子相册的制作。

## 8.1.3　电子相册的优点

和传统的纸质相册相比，电子相册具有以下优点。

（1）应用方便：电子相册可以和很多人同时在大屏幕电视上欣赏，其载体可以是手机、计算机、光碟等。

（2）选择性强：可以用一套图片制作出多种形式的电子相册，便于欣赏。

（3）欣赏性强：以高科技处理照片，并配上优美的音乐，加以动态效果，可以给人以完美的视听享受。

（4）成本低廉：只要会简单的Flash动画操作，都可以制作属于自己的个性相册。此外数字化的图片省去了纸质载体，极大地节约了成本。

## 8.2 项目分析

在开始制作项目之前，有效的项目分析可以帮助设计师快速进行定位，有条不紊地完成设计任务。本节将从设计定位、素材准备、动画效果分析3个方面对电子相册综合项目进行详细分析。

### 8.2.1 设计定位

在设计电子相册之前，需要对电子相册进行整体的规划和构思，定位电子相册的主题、色调，为后续设计提供系统性的规范。

（1）主题：本项目选取婚礼相册作为主题，拟定分为两部分。前半部分为相册打开动画，后半部分为照片展示动画。

（2）色调：根据主题内容，可以选择喜庆、热烈的颜色（如红色、绯红色）或浪漫温馨的颜色（如浅粉色）作为主色调，如图8-4和图8-5所示。

图8-4　红色

图8-5　浅粉色

### 8.2.2 素材准备

电子相册作品制作过程中素材选择很关键，选取素材时即需要借助网络的优势，下载一些符合主题的素材，也需要自己动手，拍摄一些可以使用的数字照片，如图8-6和图8-7所示。

很多素材在制作使用中并不尽如人意，这时可用第三方软件对它们进行加工处理，一般使用Photoshop进行裁剪、调色、修补等处理，实现更加精美的相册制作。图8-8所示为本次任务所用的素材。

图8-6　网络资源

图8-7　照片

music.mp3

花瓣.png

花朵.png

结婚文字.png

卡通人物.png

相片1.jpg

心形.png

心形按钮.png

钥匙.jpg

照片2.png

照片3.png

照片4.png

图8-8　电子相册综合项目素材

素材不局限于图片，在电子相册的制作中，还会包括音乐、视频等素材文件。音乐能使电子相册的效果更加突出，烘托气氛，好的音乐可以起到画龙点睛的效果。而视频贵在真实直接，让观赏的人有一种身临其境的感觉。图8-8所示的素材截图中包含了“music.mp3”音频文件。

## 8.2.3　动画效果和脚本分析

在制作电子相册时，包含了多个动画效果，为了避免混淆，保证效果之间的衔接和过渡，在设计电子相册之前，一定要先预设版式效果，然后预设需要加入的动画和脚本。

在分析动画效果时，可以从相册打开动画、相片展示动画、播放控件3方面进行分析。

（1）相册打开动画：相册打开动画开始和结束画面如图8-9和图8-10所示。

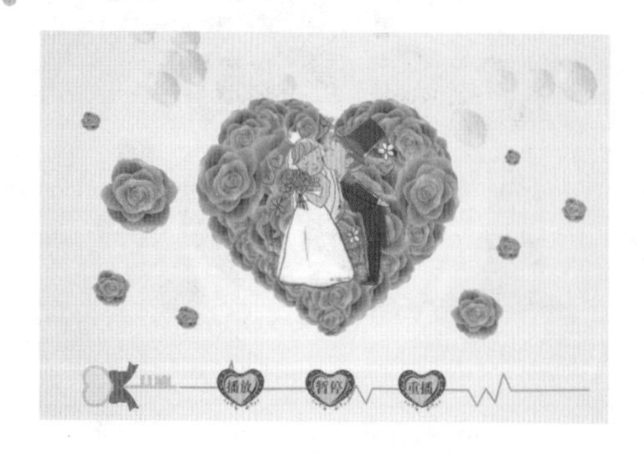


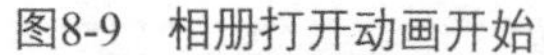
图8-9　相册打开动画开始

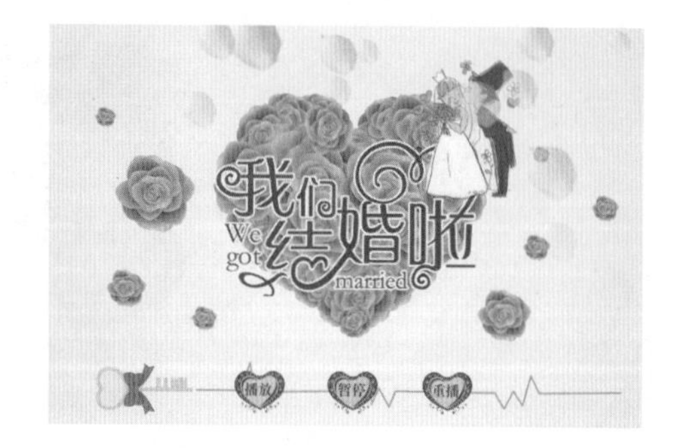


图8-10　相册打开动画结束

通过对比图8-9和图8-10的变化可以为相册打开预设动画效果。

① 点缀的花朵：可以添加传统补间动画，制作花朵旋转的动画效果。

② 卡通任务：有一个位置和大小的变化，可以添加传统补间动画，制作位移和缩小的动画效果。

③ 文字：由隐藏到出现，可以为其添加一个遮罩，制作一个文字由左到右逐渐出现的遮罩动画。

④ 花瓣：图中花瓣的数量、大小、不透明度，因此可以制作一片花瓣飘落的引导层动画，然后通过脚本代码控制器随机改变数量、大小和不透明度。

（2）相片展示动画：照片的开始和结束画面如图8-11和图8-12所示。

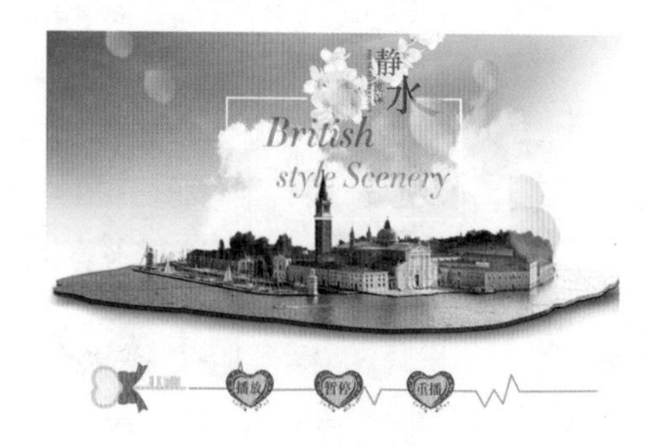


图8-11　照片动画开始

图8-12　照片动画结束

通过对比图8-11和图8-12的变化可以为照片展示预设动画效果。

① 背景照片：可以运用传统补间动画为其制作淡入和逐渐模糊的动画效果。

② 小照片：可以运用传统补间动画制作旋转飞入的动画效果。

（3）播放控件：可以通过脚本代码控制动画的播放、暂停和重播。

## 8.3 项目实现

1. 开场元件和动画制作

Step 01 打开Flash CC软件，按【Ctrl+N】组合键打开“新建文档”对话框。在其左侧

选择ActionScript 3.0类型，右侧的参数面板中设置宽度为1024像素，高度为680像素，帧频为24 fps，背景颜色为白色，单击“确定”按钮创建一个空白的Flash动画文档。

Step 02 执行“文件”→“导入”→“导入到库”命令，弹出“导入到库”对话框，将音频文件“music.mp3”导入到库中。

Step 03 将库中的音频文件拖动到舞台中，继续向后插入普通帧，将音乐波形逐渐释放出来，到1185帧结束。将存放音乐的“图层1”重命名为“音乐”，然后锁定图层。

Step 04 新建“图层2”，将其命名为“背景”。运用“矩形工具”绘制一个和舞台宽高相等的矩形，填充浅粉色（RGB：255、232、238）到白色的径向渐变，如图8-13所示，锁定“背景”图层。

Step 05 新建“图层3”，将其命名为“心形”。将素材“心形.png”导入到舞台，调整至图8-14所示大小。锁定“心形”图层。

图8-13　矩形

图8-14　“心形”素材

Step 06 新建“图层4”，将其命名为“花朵”。将素材“花朵.png”导入到舞台。

Step 07 按【F8】键，弹出“转换为元件”对话框，将其转换为名称为“花朵”的图形元件。

Step 08 按【Ctrl+F8】组合键，弹出“创建新元件”对话框，创建一个名称为“花朵旋转”的影片剪辑元件。

Step 09 将“花朵”图形元件拖动到影片剪辑元件编辑区，如图8-15所示。创建一个120帧的顺时针旋转的影片剪辑动画效果。

Step 10 删除舞台中的“花朵”图形元件，将Step09中制作的“花朵旋转”影片剪辑元件拖动到舞台，调整大小并排列成图8-16所示样式。锁定“花朵”图层。

图8-15　“花朵”图形元件

图8-16　排列元件

Step 11 新建“图层5”，将其命名为“结婚文字”。将素材“结婚文字.png”导入到舞台，调整大小至图8-17所示。

Step 12 新建“图层6”，将其命名为“文字遮罩”。选择“矩形工具”，绘制一个如图8-18所示的矩形。

图8-17 调整文字图片素材

图8-18 绘制矩形

Step 13 在矩形所在图层的第200帧，按【F6】键创建关键帧。调整关键帧中的矩形大小，使其能够完全遮盖文字，如图8-19所示。然后在第0~200帧之间创建形状补间动画。

Step 14 将“文字遮罩”图层转换为遮罩层，实现文字渐渐出现的效果。图8-20所示为第70帧的文字效果。

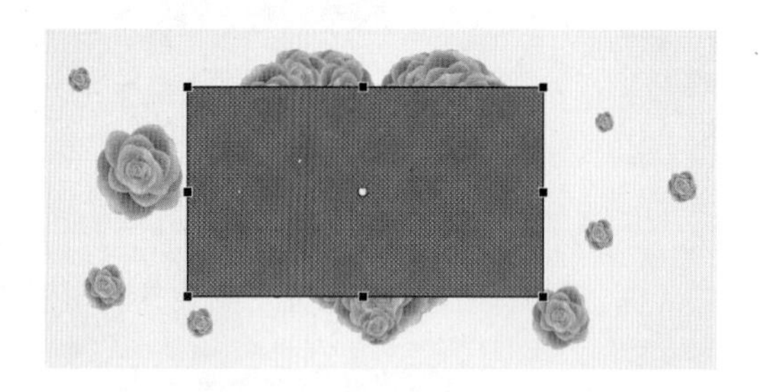
图8-19 调整矩形图形

图8-20 第70帧遮罩效果

Step 15 新建“图层7”，将其命名为“卡通人物”。将素材“结婚文字.png”导入到舞台，调整大小和位置至图8-21所示的效果。

Step 16 选中“卡通人物”素材，按【F8】键，弹出“转换为元件”对话框，将其转换为图形元件。

Step 17 在“卡通人物”素材所在图层的第200帧创建关键帧，调整位置和大小至图8-22所示。然后在第0~200帧之间创建传统补间动画。将“卡通人物”图层锁定。

图8-21 “卡通人物”素材

图8-22 创建调整关键帧

Step 18 新建“图层8”，将其命名为“钥匙”。将素材“钥匙.jpg”导入到舞台，并将其转换为影片剪辑元件。

Step 19 选中“钥匙”实例，在右侧的属性面板中设置其混合选项为“正片叠底”，如图8-23所示，去除“钥匙”的白色背景。

Step 20 调整钥匙的大小、位置和旋转角度至图8-24所示。

图8-23　设置混合选项

图8-24　调整实例

Step 21 运用“线条工具”绘制一条直线，然后运用“选择工具”，编辑直线至图8-25所示样式。

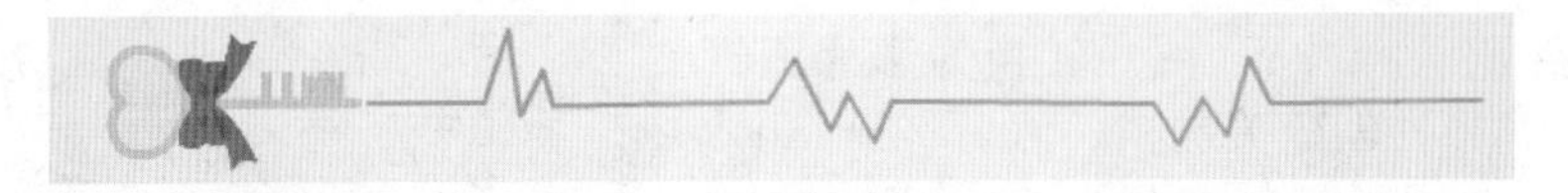

图8-25　绘制和编辑线条

Step 22 新建“图层9”，将其命名为“按钮”。将素材“心形按钮.png”导入到舞台，如图8-26所示。

Step 23 以“心形按钮”图片为基础，结合“文本工具”绘制“开始”“暂停”“重播”3个按钮图形，如图8-27所示。

图8-26　“心形按钮”素材　　　　图8-27　绘制按钮图形

Step 24 选中“播放”文字和其后面的心形图片，按【F8】键，弹出“转换为元件”对话框，设置名称为“btn1”，类型为“按钮”，勾选“为ActionScript导出”复选框（见图8-28），将其转换为按钮元件。

Step 25 按照Step24的方法，将“暂停”和“重播”转换为名称为“btn2”和“btn3”的按钮元件。

2. 照片动画效果制作

Step 01 选中“卡通人物”图层，在其上方新建图层，将其命名为“照片1”，图层所在位置如图8-29所示。

**Step 02** 在“照片1”图层第250帧新建空白关键帧。将素材“相片1.jpg”导入到舞台，如图8-30所示。

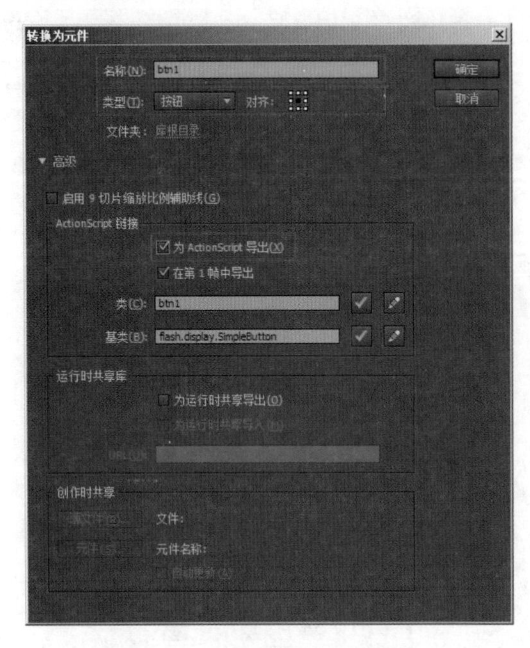


图8-28　“转换为元件”对话框

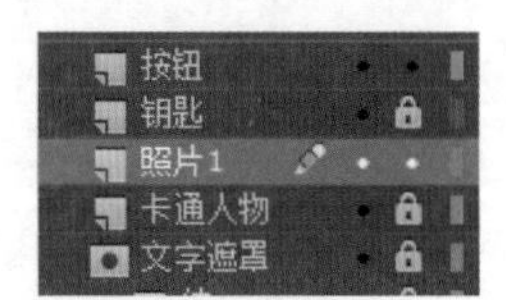


图8-29　图层位置

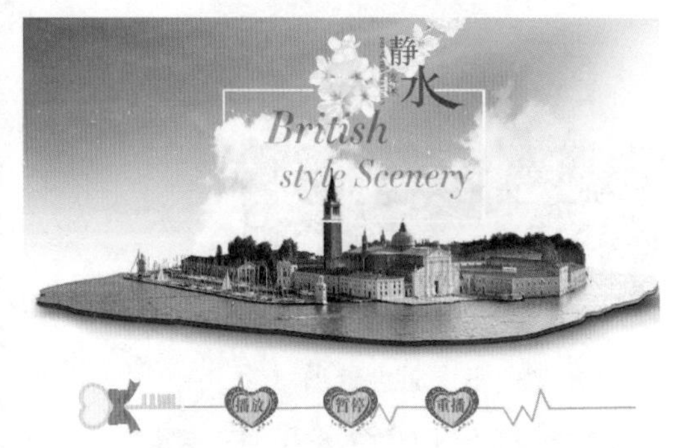


图8-30　“照片1”素材

**Step 03** 将“照片1”图片转换为影片剪辑元件。在第300帧处创建关键帧，然后将第250帧的Alpha值设置为0。在第250~300帧之间创建传统补间动画，制作淡入的动画效果。图8-31所示为第280帧“照片1”淡入时的效果。

**Step 04** 分别在350帧和400帧创建关键帧。为第400帧的影片剪辑元件添加模糊效果，具体参数设置如图8-32所示，模糊效果如图8-33所示。在第350~400帧之间添加传统补间动画。

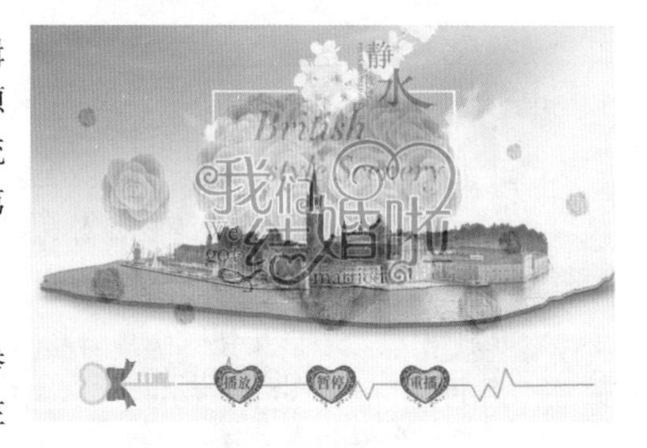


图8-31　照片淡入效果

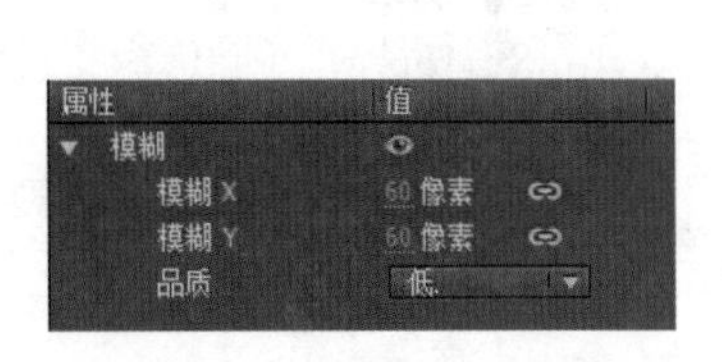


图8-32　“模糊”滤镜效果

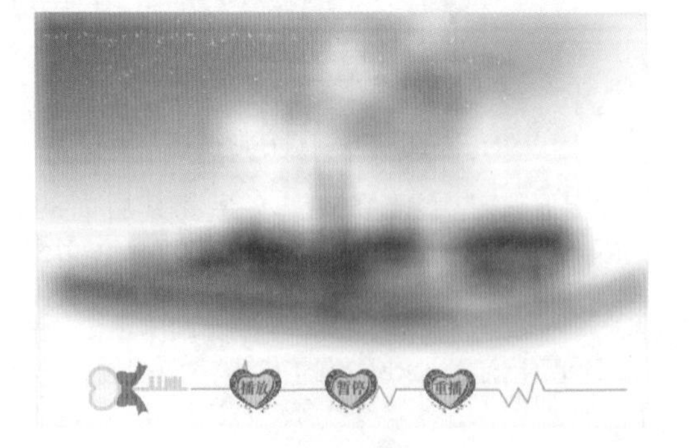

图8-33　模糊滤镜效果

**Step 05** 新建图层，将其命名为“照片2”。在“照片2”图层第400帧创建空白关键帧。将素材“相片2.jpg”导入到库，如图8-34所示。

Step 06 按【Ctrl+B】组合键将“照片2”打散，为其添加白色笔触，如图8-35所示。然后将其转换为影片剪辑元件，在第430帧创建关键帧。

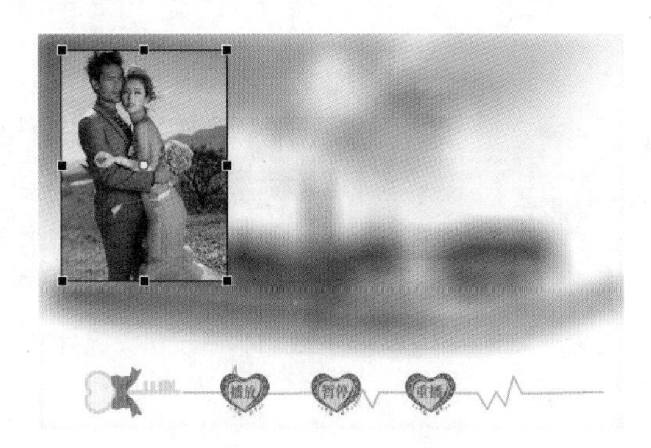

图8-34　导入调整素材

图8-35　添加笔触

Step 07 选择第400帧，将“照片2”影片剪辑元件移动到图8-36所示位置，在第400~430帧之间创建传统补间动画。在右侧的属性面板中设置旋转为“顺时针”，旋转次数为3次，如图8-37所示。

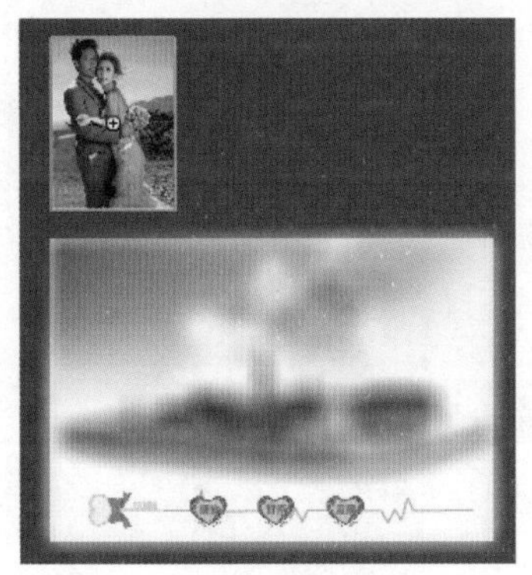

图8-36　调整位置

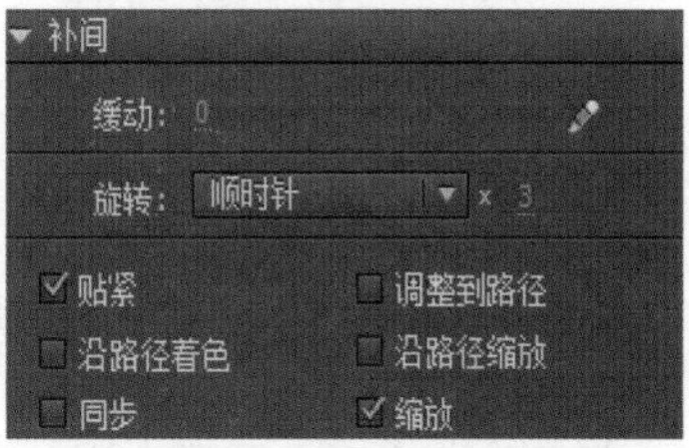

图8-37　设置补间动画效果

Step 08 按照Step05~Step07中的方法分别导入“照片3”和“照片4”并添加动画效果。其中“照片3”动画建立在第440~470帧之间，“照片4”动画建立在第480~510帧。照片的最终排列效果如图8-38所示。

图8-38　照片排列效果

3. 按钮和花瓣飘落动画效果

Step 01 返回第1帧，双击“播放”按钮，进入按钮元件编辑区，在“指针经过”帧创建关键帧。

Step 02 为“指针经过”帧的文字添加“发光”滤镜效果。在右侧属性面板中设置模糊X/模糊Y均为20像素，强度为150%，颜色为黄色（RGB：255、255、0），具体参数设置如图8-39所示，效果如图8-40所示。

Step 03 按照Step01~Step02设置方法为“暂停”按钮和“重播”按钮设置指针经过样式。

Step 04 选中“播放”按钮，在右侧的属性面板中将实例命名为“btna”，如图8-41所示。

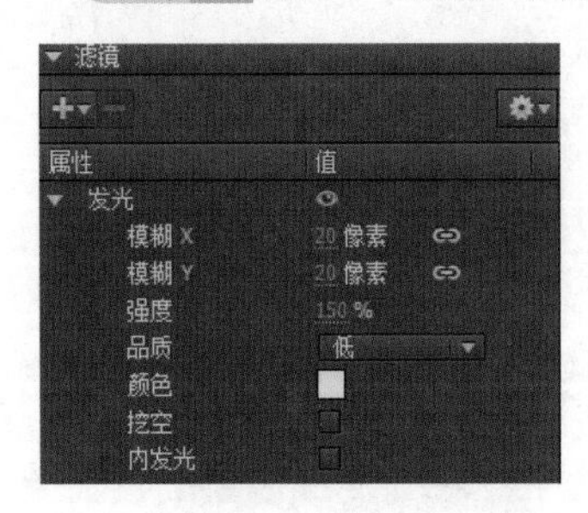

图8-39 “发光”滤镜参数设置

图8-40 “发光”效果

图8-41 将按钮实例命名

Step 05 按照Step04的方法将“暂停”按钮命名为“btnb”，将“重播”按钮命名为“btnc”。

Step 06 新建图层，将其命名为“代码”。选中该层的第1帧，然后执行“窗口”→“动作”命令（或按【F9】键），打开“动作”面板，添加如下代码。此时即可实现按钮对动画效果进行播放、暂停以及重播的控制。

```
1  //使影片停止在当前时间轴的当前帧中
2  stop();
3  //为播放按钮添加鼠标单击事件
4  btna.addEventListener(MouseEvent.CLICK, playMovie);
5  //为暂停按钮添加鼠标单击事件
6  btnb.addEventListener(MouseEvent.CLICK, pauseMovie);
7  //为重播按钮添加鼠标单击事件
8  btnc.addEventListener(MouseEvent.CLICK, replayMovie);
9  //创建播放侦听函数
10 function playMovie(evt: MouseEvent): void {
11     play();
12 }
13 //创建暂停侦听函数
14 function pauseMovie(evt: MouseEvent): void {
15     stop();
16 }
17 //创建重播侦听函数
18 function replayMovie(evt: MouseEvent): void {
19     gotoAndPlay(1);
20 }
```

Step 07 按【Ctrl+F8】组合键，弹出“创建新元件”对话框，创建名称为“huaban”的影片剪辑元件。设置名称为“huaban”，类型为“影片剪辑”，勾选“为ActionScript导出”复选框，类为“huaban”，具体参数设置如图8-42所示。

Step 08 将素材“花瓣.png”导入到“库”中。然后拖动到影片剪辑元件编辑区域，并将其转换为名称为“花瓣转换”的图形元件。

Step 09 按【Ctrl+Shift+Alt+R】组合键，调出标尺。参考标尺刻度，创建一个和舞台宽高等大的方形参考线，如图8-43所示。

Step 10 为“花瓣”所在的“图层1”添加“传统运动引导层”，运用“铅笔工具”绘制一条线条轨迹，如图8-44所示。然后在第150帧创建普通帧，延长轨迹显示时间。

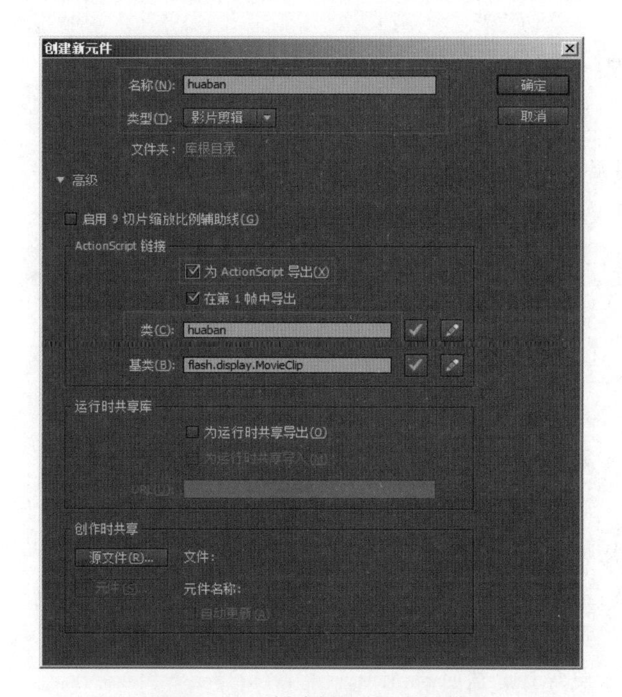


图8-42　“创建新元件”对话框

图8-43　创建参考线

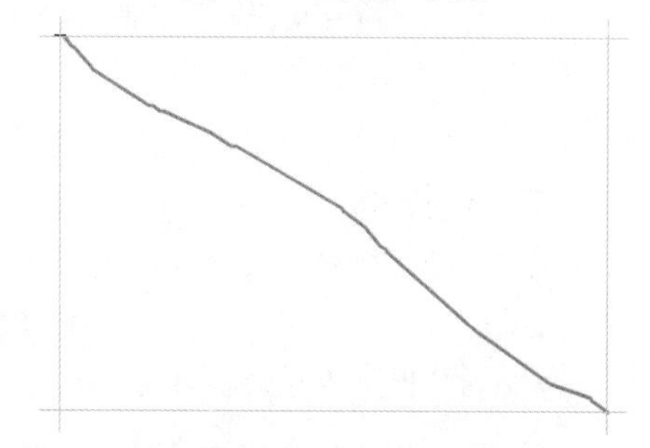

图8-44　绘制线条轨迹

**Step 11** 选中“花瓣”实例，将“花瓣”的注册点和引导线上端点重合，如图8-45所示。

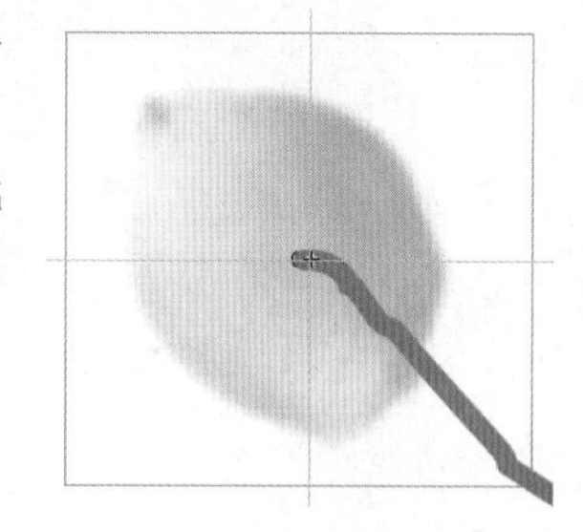

图8-45　调整位置

**Step 12** 在第150帧创建关键帧，将“花瓣”的注册点和引导线下端点重合。设置Alpha参数为0%。然后创建“传统补间动画”，制作花瓣渐隐效果。

**Step 13** 返回主场景，选中“代码”层的第1帧，按【F9】键，打开“动作”面板，添加如下代码。此时即可实现花瓣飞舞效果。

```
1  //添加for循环用于控制花瓣的密集度，i的值越大越密集
2  for(var i=0;i<20;i++) {
3      //创建显示对象
4      var huaban_mc = new huaban();
5      //设置花瓣的横向显示范围，0~1100像素之间
6      huaban_mc.x = Math.random() * 1100;
7      //跳转到1~150帧间进行播放
8      huaban_mc.gotoAndPlay(int(Math.random() * 150) + 1);
9      //设置花瓣的不透明度、缩放大小均在0.3~1之间
10     huaban_mc.alpha=huaban_mc.scaleX=huaban_mc.scaleY=Math.random()*0.7+0.3;
11     //在舞台中添加显示对象
12     stage.addChild(huaban_mc);
13 }
```

**Step 14** 按【Ctrl+Enter】组合键测试影片。

**Step 15** 按【Ctrl+S】组合键，将文件命名后保存在指定位置。

**Step 16** 执行“文件”→“导出”→“导出影片”命令（或按【Ctrl+Shift+Alt+S】组合键）导出SWF格式的文件。

# 巩固与练习

一、判断题

1. 在Flash中重命名图层时，只需在图层名称上单击，激活文本输入框输入新名称即可。（　　）

2. 正片叠底可以将实例的原有颜色与混合色复合，得到较亮的结果色。（　　）

3. 模糊滤镜中，属性面板中的模糊X、模糊Y用于控制投影的横向模糊和纵向模糊。（　　）

4. 标尺是Flash软件的重要辅助工具之一，执行“窗口”→“标尺”命令，会在文件的上方和左侧出现带有刻度的标尺。（　　）

5. 在时间轴中，普通帧显示为空心长方形，通常用于延长动画的播放时间。（　　）

二、选择题

1. 下列选项中，用于插入关键帧的快捷键为（　　）。

A. F5　　B. F6　　C. F7　　D. F8

2. 下列描述中正确的是（　　）。

A. for 循环用于循环访问某个变量以获得特定范围的值

B. if条件语句是通过判断条件表达式的值为true或者false，来确定是否执行某一条语句

C. switch语句中，如果没找到任何匹配的值，就执行default后的执行语句

D. if条件语句主要包括单向判断语句和双向判断语句

3. 在Flash中，按（　　）组合键即可在Flash界面中生成一个SWF文件。

A. Ctrl+Enter　　B. Ctrl+Alt　　C. Shift+ Enter　　D. Shift +Alt

4. 选择“矩形工具”后，在绘制过程中按（　　）键可绘制一个以单击点为中心的矩形或正方形。

A. Shift　　B. Ctrl　　C. Shift+ Ctrl　　D. Alt

5. 下列选项属于线条工具快捷键的是（　　）。

A. N　　B. M　　C. L　　D. I